固体物性の基礎

Fundamentals of Solid State Physics

沼居 貴陽 著

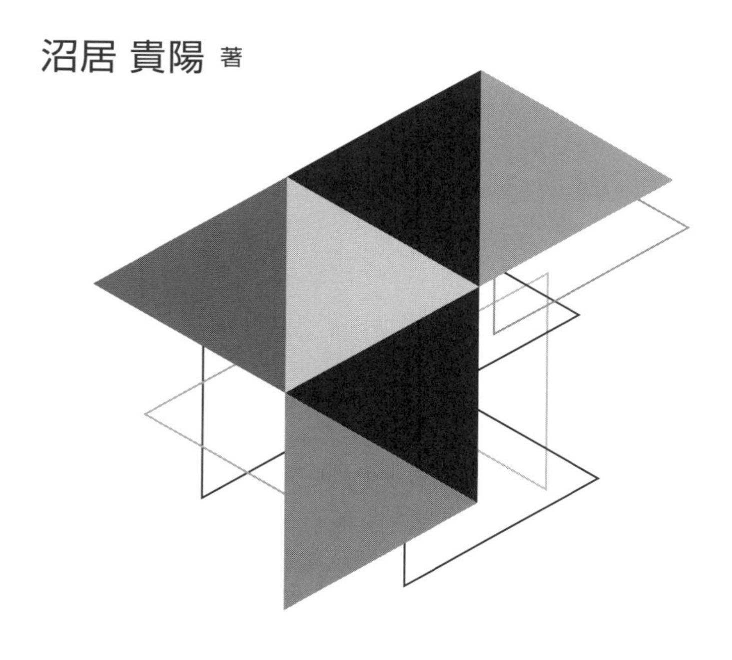

共立出版

まえがき

大学の教科書は，講義において先生が重要なことを説明されることを前提にして，講義中に説明されると想定できる内容をあえて省略していることがあります．また，学生が自分で計算することを期待して，計算過程の一部を省略することも稀ではありません．筆者も大学で講義をしてきましたが，講義中は教科書に書いていない考え方や勘どころを中心に説明してきました．そして，教科書では省略されていた計算過程をいっさい省略することなく示してきました．

では，学生が自習する場合，現状の教科書はどうでしょうか．学力のきわめて高い学生であれば，行間から重要な考え方を読み取り，自分でどんどん計算することもできるかもしれません．しかし，大多数の学生にとっては，現状の教科書は必ずしも自習に適しているとは言い難い面があると思います．そこで，本書では，固体物性の自習にふさわしい書籍を実現することを目指して，筆者が講義中に説明してきた考え方や，計算過程をできるだけ取り入れてみました．教科書として見た場合，講義では先生ご自身の考え方をお話しいただくことを期待していますが，その際に本書は視点を提供するきっかけになると考えています．

さて，固体物性は，数学，電磁気学，統計物理学，量子力学を基礎としています．大学のカリキュラムを見ても，学生は固体物性を履修する前に，数学，電磁気学，統計物理学，量子力学を学んでいるはずです．しかし，せっかく学んできたはずの数学，電磁気学，統計物理学，量子力学のどの項目が固体物性と密接に結びついているかを見出すことは，大多数の学生にとっては，かなり難しいようです．そこで，本書では，思い切って固体物理学を学ぶために必要な，数学，電磁気学，統計物理学，量子力学について説明することにしました．これらの内容は，工学系の大学院であれば，受験準備の一助にもなると思います．固体物理の内容を学ぶための基礎に紙面を割いたので，本章では固体物性に関するテーマを絞り，結晶の構造，結晶結合，固体の比熱，エネルギーバンドについて説明しています．誘電体，磁性体・超伝導体，金属・合金，半導体，表面と界面，格子欠陥などの材料については，拙著『材料物性の基礎』（共立出版）にまとめています．

さて，本書では，各章のはじめに章ごとの目的とキーワードをまとめたうえで，各項目の説明をしています．固体物性のテーマについては，例題も随所に設けています．例題については，解答をいきなり読むのではなく，まずは自分の頭でじっくり考え，ぜひ自分の手を動かして取り組んでほしいと思います．問題を解き終わったら，本書の解答と比べてみるだけでなく，ぜひハンドブックなどを調べて物性値を代入し，物理量のオーダーを頭に入れておきましょう．物理量のオーダーをつかんでおくことは，研究開発にたずさわるうえで，とても大切なことにいずれ気づくでしょう．また，解答を終えた後で復習することは，理解を深めるうえで有効だと思います．例題を活用して，固体物性に対する理解を深めてもらえれば，このうえない喜びです．丸暗記ではなく，理解することに重点をおいて，本書を読み進めていただくことを願っています．単位系としては，特に断りのない限り，国際単位系 (Système International d'Unités) を用いています．それぞれの物理量の単位に留意して，勉学に取り組んでほしいと願っています．そして，本書を卒業したら，ぜひ参考文献に示した書籍を学びましょう．

筆者が，これまで研究や若手の指導に従事してくることができたのは，学生時代からご指導いただいている東京大学名誉教授（元慶應義塾大学教授）霜田光一先生，慶應義塾大学名誉教授 上原喜代治先生，元慶應義塾大学教授 藤岡知夫先生，慶應義塾大学名誉教授 小原實先生のおかげだと思っています．この場をお借りして，改めて感謝いたします．最後に，本書を出版する機会をいただいた共立出版株式会社 山内千尋さん，木村邦光さんはじめ関係者の方々にお礼を申し上げます.

2019 年 7 月

沼　居　貴　陽

目 次

本書でよく用いられる物理定数

名称	記号	値
アボガドロ定数（定義値）	N_{A}	$6.02214076 \times 10^{23}\,\mathrm{mol^{-1}}$
真空中の光速（定義値）	c	$299792458\,\mathrm{m\,s^{-1}}$
真空中の電子の質量	m_0	$9.109 \times 10^{-31}\,\mathrm{kg}$
真空の透磁率	μ_0	$1.25664 \times 10^{-6}\,\mathrm{H\,m^{-1}}$
真空の誘電率	ε_0	$8.854 \times 10^{-12}\,\mathrm{F\,m^{-1}}$
電気素量（定義値）	e	$1.602176634 \times 10^{-19}\,\mathrm{C}$
ディラック定数	$\hbar = \frac{h}{2\pi}$	$1.054571818 \times 10^{-34}\ \mathrm{J\,s}$
プランク定数（定義値）	h	$6.62607015 \times 10^{-34}\ \mathrm{J\,s}$
ボルツマン定数（定義値）	k_{B}	$1.380649 \times 10^{-23}\,\mathrm{J\,K^{-1}}$

物理量と単位（国際単位系，$\boldsymbol{E}$–$\boldsymbol{B}$ 対応）

物理量	物理量の記号	単位	単位の読み方
時間	t	s	
質量	m	kg	キログラム
速度	$\boldsymbol{v}$	$\mathrm{m\,s^{-1}}$	
加速度	$\boldsymbol{a} = \mathrm{d}\boldsymbol{v}/\mathrm{d}t$	$\mathrm{m\,s^{-2}}$	
力	$\boldsymbol{F}$	$\mathrm{N = kg\,m\,s^{-2}}$	ニュートン
エネルギー	U	$\mathrm{J = N\,m}$	ジュール
パワー	W	$\mathrm{W = J\,s^{-1}}$	ワット
電荷	q	C	クーロン
電界	$\boldsymbol{E}$	$\mathrm{V\,m^{-1} = N\,C^{-1}}$	
電位	ϕ	V	ボルト
電流	I	$\mathrm{A = C\,s^{-1}}$	アンペア
電気双極子モーメント	$\boldsymbol{p}$	$\mathrm{C\,m}$	
分極	$\boldsymbol{P}$	$\mathrm{C\,m^{-2}}$	
電束密度	$\boldsymbol{D}$	$\mathrm{C\,m^{-2}}$	
磁荷	q_{m}	$\mathrm{A\,m}$	
磁界	H	$\mathrm{A\,m^{-1}}$	
磁位	ϕ_{m}	A	
磁気双極子モーメント	$\boldsymbol{m}$	$\mathrm{A\,m^2}$	
磁化	$\boldsymbol{M}$	$\mathrm{A\,m^{-1}}$	
磁気分極	$\mu_0\boldsymbol{M}$	$\mathrm{T = Wb\,m^{-2}}$	テスラ
磁束密度	$\boldsymbol{B}$	$\mathrm{T = Wb\,m^{-2}}$	
磁束	$\boldsymbol{\Phi}$	Wb	ウェーバ
スカラーポテンシャル	ϕ	V	
ベクトルポテンシャル	$\boldsymbol{A}$	$\mathrm{T\,m = Wb\,m^{-1}}$	
電気抵抗	R	$\Omega = \mathrm{V\,A^{-1}}$	オーム
電気容量	C	$\mathrm{F = C\,V^{-1}}$	ファラド
インダクタンス	L	$\mathrm{H = Wb\,A^{-1}}$	ヘンリー

ギリシャ文字のアルファベット

小文字，大文字	英語表記	日本語表記
α, A	alpha	アルファ
β, B	beta	ベータ
γ, Γ	gamma	ガンマ
δ, Δ	delta	デルタ
ϵ, E	epsilon	イプシロン
ζ, Z	zeta	ゼータ
η, H	eta	イータ
θ, Θ	theta	シータ
ι, I	iota	イオタ
κ, K	kappa	カッパ
λ, Λ	lambda	ラムダ
μ, M	mu	ミュー
ν, N	nu	ニュー
ξ, Ξ	xi	クシー
o, O	omicron	オミクロン
π, Π	pi	パイ
ρ, P	rho	ロー
σ, Σ	sigma	シグマ
τ, T	tau	タウ
υ, Υ	upsilon	ウプシロン
ϕ, Φ	phi	ファイ
χ, X	chi	カイ
ψ, Ψ	psi	プサイ
ω, Ω	omega	オメガ

第 1 章

固体物性を学ぶための数学

この章の目的

　固体物性を学ぶために必要な数学すなわち関数，微分，テイラー展開，積分，座標系，ベクトル解析，線形代数，複素関数の基礎を本章で学ぶ．繰り返し本章を振り返ってほしい．

キーワード

　関数，微分，偏微分，テイラー展開，マクローリン展開，積分，右手系，左手系，円柱座標，球座標，ベクトル解析，線形代数，複素関数

1.1　関数

1.1.1　関数

　実数の集合を D とする．D に属する各々の実数 a に対して，それぞれ一つの実数 b を対応させるとき，この対応を D で定義された関数 (function) という．実数の集合 D で定義された関数を f とするとき，f によって $a \in D$ に対応する実数 b は，a における f の値 (value) とよばれ，次のように $f(a)$ と表される．

$$f(a) = b \tag{1.1}$$

　対応を矢印で表し，矢印の始点を D に属する各々の実数 a，矢印の終点を実数 b とする．そして，対応を表す矢印の上に関数を f を示すと，図 1.1 のようになる．

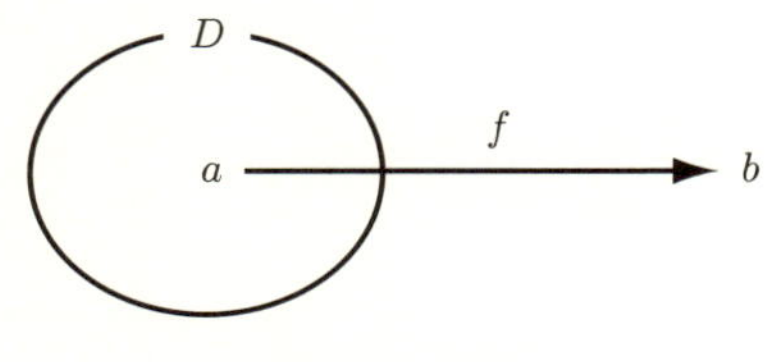

図 1.1　関数

実数 a が属している集合 D を関数 f の**定義域** (domain) という．一方，関数 f の値 $f(a)$ 全体の集合 $\{f(a)|a \in D\}$ を関数 f の**値域** (range) という．関数 f を $f(x)$ と表したとき，x を**変数** (variable)，実数の集合 D を**変域**，$f(x)$ を変数 x の関数という．変数 x を特定の実数 a で置き換えたときの $f(a)$ は，a における関数 $f(x)$ の値を表す．

関数 f の値域に属する各々の実数 y に対して，$y = f(x)$ をみたす実数 $x \in D$ がただ一つしかないとする．この条件のもとで，y にこの x を対応させるとき，この対応を**逆関数** (inverse function) といい，$x = f^{-1}(y)$ と表す．あるいは変数 x と変数 y を入れ替えて $y = f^{-1}(x)$ と書く．

1.1.2　連続関数

ある**区間** (interval) I において，関数 $f(x)$ が定義されたとする．このとき，点 $c \in I$ において

$$\lim_{x \to c} f(x) = f(c) \tag{1.2}$$

ならば，$f(x)$ は点 c で**連続** (continuous) である，あるいは $x = c$ で連続であるという．この連続の定義は，極限の定義を用いると，次のように書き換えられる．

任意の正の実数 ε に対して適切な正の実数 δ を選んで，

$$|x - c| < \delta \text{ ならば } |f(x) - f(c)| < \varepsilon$$

つまり

$$c - \delta < x < c + \delta \text{ ならば } f(c) - \varepsilon < f(x) < f(c) + \varepsilon$$

とすることができれば，$f(x)$ は点 c で連続であると定義する．この定義は，$f(x)$ と $f(c)$ との差の絶対値を ε よりも小さくしようとすれば，それに応じて x と c との差の絶対値を δ よりも小さくすればよいということを意味している．正の実数 δ を選ぶ前に任意の正の実数 ε を決めることがポイントであり，ε を決めてから δ を選ぶ．この定義を図示すると，図 1.2 のようになる．

$f(x)$ が点 c で連続であるという定義は，**全称記号** (universal quantifier) $\forall$ と**特称記号** (existential quantifier) $\exists$ を用いると，次のように表される．

$$\forall\varepsilon > 0,\ \exists\delta > 0 : |x - c| < \delta \Rightarrow |f(x) - f(c)| < \varepsilon$$

または

$$\forall\varepsilon > 0,\ \exists\delta > 0, \forall x\,(|x - c| < \delta) : |f(x) - f(c)| < \varepsilon$$

関数 $f(x)$ が，その定義域である区間 I に属するすべての点で連続であるとき，$f(x)$ を変数 x の**連続関数** (continuous function) とよぶ．あるいは $f(x)$ は区間 I で連続であるという．

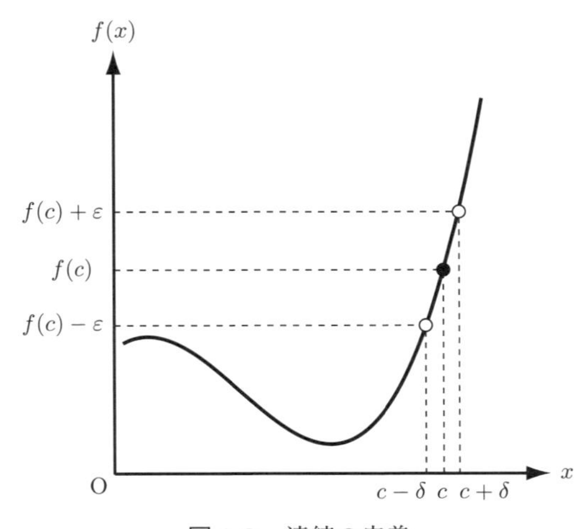

図 1.2　連続の定義

区間 I に属する各々の実数 x に対して，それぞれ一つの複素数 z を対応させるとき，この対応 f を区間 I で定義された複素数値をとる関数という．$f(x)$ が複素数値をとることを強調する必要がない場合，$f(x)$ を単に関数という．

1.1.3　指数関数と対数関数

自然対数の底 $\mathrm{e} = \displaystyle\sum_{n=0}^{\infty} 1/n! = 2.71828\cdots$ を底とする指数関数 $\mathrm{e}^x = \exp(x)$ は，次のように定義される．

$$\mathrm{e}^x = \exp(x) = \lim_{n\to\infty}\left(1+\frac{x}{n}\right)^n = \sum_{n=0}^{\infty}\frac{x^n}{n!} \tag{1.3}$$

式 (1.3) の逆関数を**自然対数** (natural logarithm) といい，変数を入れ替えると $\log_{\mathrm{e}} x = \ln x$ と表される．ここで，ln は数字の 1 とアルファベットの n ではなく，アルファベットの l（エル）とアルファベットの n であり，natural logarithm の頭文字の n と l（エル）の順番を反対にして作った記号である．

指数関数と対数関数の定義によって，$f^{-1}(x) = \log_{\mathrm{e}} x = \ln x$ は $f(x) = \mathrm{e}^x = \exp(x)$ と同値である．つまり，$f(x) = \mathrm{e}^x = \exp(x)$ のとき，$\log_{\mathrm{e}} f(x) = \ln f(x) = x$ である．ここで，$x = \mathrm{e}^X$, $y = \mathrm{e}^Y$ とおくと，$\log_{\mathrm{e}} x = \ln x = X$, $\log_{\mathrm{e}} y = \ln y = Y$ である．したがって，次の関係が得られる．

$$\begin{aligned}\log_{\mathrm{e}} xy &= \ln xy = \ln \mathrm{e}^X\mathrm{e}^Y = \ln \mathrm{e}^{X+Y} = X+Y \\ &= \log_{\mathrm{e}} x + \log_{\mathrm{e}} y = \ln x + \ln y\end{aligned} \tag{1.4}$$

$$\begin{aligned}\log_{\mathrm{e}} \frac{x}{y} &= \ln\frac{x}{y} = \ln\frac{\mathrm{e}^X}{\mathrm{e}^Y} = \ln \mathrm{e}^{X-Y} = X-Y \\ &= \log_{\mathrm{e}} x - \log_{\mathrm{e}} y = \ln x - \ln y\end{aligned} \tag{1.5}$$

$$\begin{aligned}\log_{\mathrm{e}} x^n &= \ln x^n = \ln(\mathrm{e}^X)^n = \ln \mathrm{e}^{nX} = nX \\ &= n\log_{\mathrm{e}} x = n\ln x\end{aligned} \tag{1.6}$$

1.1.4　三角関数

式 (1.3) において，**虚数単位** (imaginary unit) $\mathrm{i} = \sqrt{-1}$ と実数 θ を用いて x の代わりに $\mathrm{i}\theta$ とおくと，次のようになる．

$$
\begin{aligned}
e^{i\theta} = \exp(i\theta) = \lim_{n\to\infty}\left(1+\frac{i\theta}{n}\right)^n &= \sum_{n=0}^{\infty}\frac{(i\theta)^n}{n!} \\
&= 1 + \frac{i\theta}{1!} + \frac{(i\theta)^2}{2!} + \frac{(i\theta)^3}{3!} + \cdots \\
&= 1 - \frac{\theta^2}{2!} + \frac{\theta^4}{4!} - \frac{\theta^6}{6!} + \cdots \\
&\quad + i\left(\theta - \frac{\theta^3}{3!} + \frac{\theta^5}{5!} - \frac{\theta^7}{7!} + \cdots\right)
\end{aligned}
\tag{1.7}
$$

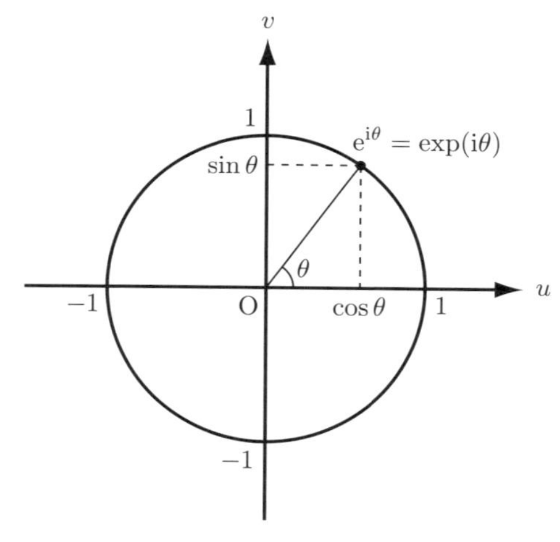

図 **1.3**　複素平面における $e^{i\theta} = \exp(i\theta)$

ここで，**複素平面** (complex plane) を用いると，e を底とする指数関数 $e^{i\theta} = \exp(i\theta)$ は，図 1.3 のように原点 O を中心とする半径 1 の円周上の点として表される．ここで，$e^{i\theta} = \exp(i\theta)$ の実部を $u = \cos\theta$，虚部を $v = \sin\theta$ と定義すると，次のように書くことができる．

$$
e^{i\theta} = \exp(i\theta) = \cos\theta + i\sin\theta \tag{1.8}
$$

式 (1.8) はオイラーの公式として知られている．

式 (1.7) と式 (1.8) の実部どうし，虚部どうしを比較すると，次の結果が得られる．

$$\cos\theta = 1 - \frac{\theta^2}{2!} + \frac{\theta^4}{4!} - \frac{\theta^6}{6!} + \cdots \tag{1.9}$$

$$\sin\theta = \theta - \frac{\theta^3}{3!} + \frac{\theta^5}{5!} - \frac{\theta^7}{7!} + \cdots \tag{1.10}$$

また，式 (1.8) を用いると，次の結果が得られる．

$$\mathrm{e}^{\mathrm{i}(\theta+\varphi)} = \exp[\mathrm{i}(\theta+\varphi)] = \cos(\theta+\varphi) + \mathrm{i}\sin(\theta+\varphi) \tag{1.11}$$

$$\begin{aligned}\mathrm{e}^{\mathrm{i}(\theta+\varphi)} &= \mathrm{e}^{\mathrm{i}\theta}\mathrm{e}^{\mathrm{i}\varphi} = \exp(\mathrm{i}\theta)\exp(\mathrm{i}\varphi) \\ &= (\cos\theta + \mathrm{i}\sin\theta)(\cos\varphi + \mathrm{i}\sin\varphi) \\ &= \cos\theta\cos\varphi - \sin\theta\sin\varphi + \mathrm{i}(\sin\theta\cos\varphi + \cos\theta\sin\varphi)\end{aligned} \tag{1.12}$$

式 (1.11) と式 (1.12) の実部どうし，虚部どうしを比較すると，次のように加法定理が得られる．

$$\cos(\theta+\varphi) = \cos\theta\cos\varphi - \sin\theta\sin\varphi \tag{1.13}$$

$$\sin(\theta+\varphi) = \sin\theta\cos\varphi + \cos\theta\sin\varphi \tag{1.14}$$

オイラーの公式を活用すれば，加法定理を暗記する必要がないことがわかるだろう．

1.2　微分

1.2.1　微分係数と導関数

ある区間 I で関数 $f(x)$ が定義されたとする．このとき，点 $c \in I$ において

$$\lim_{x\to c}\frac{f(x)-f(c)}{x-c} \tag{1.15}$$

という極限値が存在するならば，$f(x)$ は点 c で**微分可能** (differentiable) である，あるいは $x=c$ で微分可能であるという．そして，この極限値を $f'(c)$ と表すと，次のように書くことができる．

$$f'(c) = \lim_{x\to c}\frac{f(x)-f(c)}{x-c} \tag{1.16}$$

この $f'(c)$ を点 c あるいは $x=c$ における**微分係数** (differential coefficient) という．

極限の定義を用いると，微分可能の定義は次のように表される．

$$\forall\varepsilon>0,\ \exists\delta>0: |x-c|<\delta \Rightarrow \left|\frac{f(x)-f(c)}{x-c}-f'(c)\right|<\varepsilon$$

または

$$\forall\varepsilon>0,\ \exists\delta>0, \forall x\,(|x-c|<\delta): \left|\frac{f(x)-f(c)}{x-c}-f'(c)\right|<\varepsilon$$

区間 I に属するすべての点 x で関数 $f(x)$ が微分可能であるとき，関数 $f(x)$ は変数 x について微分可能である，あるいは関数 $f(x)$ は微分可能であるという．このとき，点 x における微分係数 $f'(x)$ は，区間 I で定義された x の関数となる．この $f'(x)$ は関数 $f(x)$ の**導関数** (derived function, derivative) とよばれ，関数 $f(x)$ から導関数 $f'(x)$ を求めることを関数 $f(x)$ を変数 x について微分する，あるいは $f(x)$ を微分するという．

導関数 $f'(x)$ は，式 (1.16) において，c を x で，x を $x+h$ で置き換えることによって，次のように表される．

$$f'(x)=\lim_{x+h\to x}\frac{f(x+h)-f(x)}{x+h-x}=\lim_{h\to 0}\frac{f(x+h)-f(x)}{h} \tag{1.17}$$

また，$f(x)=y$ とおき，$h=\Delta x$, $f(x+h)-f(x)=f(x+\Delta x)-f(x)=\Delta y$ として，次のように書くことも多い．

$$f'(x)=\frac{\mathrm{d}f}{\mathrm{d}x}=\frac{\mathrm{d}y}{\mathrm{d}x}=\lim_{\Delta x\to 0}\frac{\Delta y}{\Delta x} \tag{1.18}$$

ここで，$\mathrm{d}y/\mathrm{d}x$ は，ディーワイ，ディーエックスと読む．分数のように「ディーエックスぶんのディーワイ」と読んではいけない．そして，Δx を x の**増分** (increment), Δy を y の増分という．

さて，$\mathrm{d}x$ と $\mathrm{d}y$ に意味を与える一つの方法として，関数 $y=f(x)$ の**微分** (differential) $\mathrm{d}y=\mathrm{d}f=\mathrm{d}f(x)$ を次式によって定義する．

$$\mathrm{d}y=\mathrm{d}f=\mathrm{d}f(x)=f'(x)\Delta x \tag{1.19}$$

式 (1.19) では，微分 $\mathrm{d}y=\mathrm{d}f(x)$ を変数 x と変数 Δx 両方の関数と考える．ここで，x を x の関数と考えると，微分係数 x' は，次のようになる．

$$x' = \lim_{\Delta x \to 0} \frac{\Delta x}{\Delta x} = 1 \tag{1.20}$$

式(1.19), (1.20)から

$$\mathrm{d}x = x' \Delta x = \Delta x \tag{1.21}$$

であり，式(1.19), (1.21)から次式が得られる．

$$\frac{\mathrm{d}y}{\mathrm{d}x} = \frac{f'(x)\Delta x}{\Delta x} = f'(x) \tag{1.22}$$

区間 I において関数 $f(x)$ が変数 x について微分可能であって，しかも $f'(x) \neq 0$ ならば，逆関数 $x = f^{-1}(y)$ は区間 I において変数 y について微分可能であって，次の関係が成り立つ．

$$\frac{\mathrm{d}x}{\mathrm{d}y} = \frac{1}{\dfrac{\mathrm{d}y}{\mathrm{d}x}} = \frac{1}{\dfrac{\mathrm{d}f}{\mathrm{d}x}} \tag{1.23}$$

さて，x, y を変数として，$f(x, y)$ を平面上のある領域 D で定義された関数とする．そして，点 (a, b) を D に属する一つの点とする．このとき，x の関数 $f(x, b)$ が $x = a$ で x について微分可能であれば，2変数 x, y の関数 $f(x, y)$ は，点 (a, b) で x について**偏微分可能** (partially differentiable) であるという．そして，関数 $f(x, b)$ の $x = a$ における微分係数 $f_x(a, b)$ を次のように定義する．

$$f_x(a, b) = \lim_{x \to a} \frac{f(x, b) - f(a, b)}{x - a} \tag{1.24}$$

この $f_x(a, b)$ は，点 (a, b) における $f(x, y)$ の x に関する**偏微分係数** (partially differential coefficient) とよばれる．

式(1.24)の a, b をそれぞれ x, y で置き換え，さらに，式(1.24)の右辺の x を $x + h$ に置き換えて，$f(x, y)$ の x に関する**偏導関数** (partial derivative) $f_x(x, y) = \partial f / \partial x$ を次式によって定義する．

$$f_x(x, y) = \frac{\partial f}{\partial x} = \lim_{h \to 0} \frac{f(x + h, y) - f(x, y)}{h} \tag{1.25}$$

関数 $f(x, y)$ から偏導関数 $f_x(x, y) = \partial f / \partial x$ を求めることを関数 $f(x, y)$ を変数 x について偏微分するという．変数 x について偏微分するときには，変数 y を定数とみなす．

式 (1.25) と同様にして，次式によって $f(x, y)$ の y に関する偏導関数 $f_y(x, y) = \partial f/\partial y$ を定義する．

$$f_y(x, y) = \frac{\partial f}{\partial y} = \lim_{h \to 0} \frac{f(x, y+h) - f(x, y)}{h} \tag{1.26}$$

関数 $f(x, y)$ から偏導関数 $f_y(x, y) = \partial f/\partial y$ を求めることを関数 $f(x, y)$ を変数 y について偏微分するという．変数 y について偏微分するときには，変数 x を定数とみなす．

さて，1 変数 x の関数 $y = f(x)$ の微分を式 (1.19) で定義したのにならって，2 変数 x, y の関数 $z = f(x, y)$ の**全微分** (total differential) $\mathrm{d}z = \mathrm{d}f = \mathrm{d}f(x, y)$ を次式によって定義する．

$$\begin{aligned} \mathrm{d}z = \mathrm{d}f = \mathrm{d}f(x, y) &= f_x(x, y)\Delta x + f_y(x, y)\Delta y \\ &= \frac{\partial f}{\partial x}\Delta x + \frac{\partial f}{\partial y}\Delta y = \frac{\partial z}{\partial x}\Delta x + \frac{\partial z}{\partial y}\Delta y \end{aligned} \tag{1.27}$$

ここで，x と y の両方を 2 変数 x と y の関数と考えると，偏微分係数は次のようになる．

$$\frac{\partial x}{\partial x} = 1, \quad \frac{\partial x}{\partial y} = 0, \quad \frac{\partial y}{\partial x} = 0, \quad \frac{\partial y}{\partial y} = 1 \tag{1.28}$$

したがって，x の全微分 $\mathrm{d}x$ と y の全微分 $\mathrm{d}y$ は，それぞれ次のようになる．

$$\mathrm{d}x = \frac{\partial x}{\partial x}\Delta x + \frac{\partial x}{\partial y}\Delta y = \Delta x \tag{1.29}$$

$$\mathrm{d}y = \frac{\partial y}{\partial x}\Delta x + \frac{\partial y}{\partial y}\Delta y = \Delta y \tag{1.30}$$

この結果，$z = f(x, y)$ の全微分 $\mathrm{d}z = \mathrm{d}f = \mathrm{d}f(x, y)$ は次のように表される．

$$\begin{aligned} \mathrm{d}z = \mathrm{d}f = \mathrm{d}f(x, y) &= f_x(x, y)\mathrm{d}x + f_y(x, y)\mathrm{d}y \\ &= \frac{\partial f}{\partial x}\mathrm{d}x + \frac{\partial f}{\partial y}\mathrm{d}y = \frac{\partial z}{\partial x}\mathrm{d}x + \frac{\partial z}{\partial y}\mathrm{d}y \end{aligned} \tag{1.31}$$

ここで，偏微分については，一般に式 (1.23) と同様な関係は成り立たず，

$$\frac{\partial x}{\partial f} \neq \frac{1}{\dfrac{\partial f}{\partial x}}, \quad \frac{\partial y}{\partial f} \neq \frac{1}{\dfrac{\partial f}{\partial y}} \tag{1.32}$$

であることに注意しよう．変数 z を表すために，2 個の変数 x, y が必要なとき，一般的に，これらの 2 個の変数 x, y をただ 1 個の変数 z の逆関数として表すことはできない．したがって，式 (1.32) のようになるのである．

なお，関数 f の変数の個数が 3 以上の場合，たとえば関数 f を変数 x について偏微分するときには，変数 x 以外の変数は定数とみなすことはいうまでもない．

1.2.2 べき関数の導関数

自然数 n に対して，$f(x) = x^n$ とおくと，$f'(x) = nx^{n-1}$ である．このことは，数学的帰納法を用いて，次のように証明することができる．

i) $n = 1$ のとき，$f(x) = x$ である．導関数の定義である式 (1.17) から，次のようになる．

$$f'(x) = \lim_{h \to 0} \frac{f(x+h) - f(x)}{h} = \lim_{h \to 0} \frac{x + h - x}{h} = \lim_{h \to 0} 1 = 1 \tag{1.33}$$

一方，

$$nx^{n-1} = 1 \times x^{1-1} = 1 \times x^0 = 1 \tag{1.34}$$

となって，$f'(x) = nx^{n-1}$ が成り立つ．

ii) $n = k > 1$ のとき，$g(x) = x^k$ に対して $g'(x) = kx^{k-1}$ が成り立つとする．このとき，$f(x) = x^{k+1} = x \cdot x^k = xg(x)$ に対して

$$\begin{aligned} f'(x) &= \frac{\mathrm{d}f}{\mathrm{d}x} = \frac{\mathrm{d}}{\mathrm{d}x} f(x) = \frac{\mathrm{d}}{\mathrm{d}x} x^{k+1} = \frac{\mathrm{d}}{\mathrm{d}x} [xg(x)] = g(x) + xg'(x) \\ &= x^k + x\, kx^{k-1} = x^k + kx^k = (k+1)x^k \end{aligned} \tag{1.35}$$

となる．この右辺は，nx^{n-1} において $n = k + 1$ とおいたときの結果である．

以上から，$f(x) = x^n$ に対して $f'(x) = nx^{n-1}$ であることを証明することができた．

1.2.3 指数関数の導関数

$f(x)=\mathrm{e}^x$ とおくと，導関数の定義である式(1.17)から，次のようになる．

$$f'(x)=\lim_{h\to 0}\frac{f(x+h)-f(x)}{h}=\lim_{h\to 0}\frac{\mathrm{e}^{x+h}-\mathrm{e}^x}{h}$$
$$=\lim_{h\to 0}\frac{\mathrm{e}^x\left(\mathrm{e}^h-1\right)}{h}=\lim_{h\to 0}\mathrm{e}^x\lim_{h\to 0}\frac{\mathrm{e}^h-1}{h} \tag{1.36}$$

さて，式(1.3)において x を h で置き換えると，

$$\mathrm{e}^h=\sum_{n=0}^{\infty}\frac{h^n}{n!}=1+h+\sum_{n=2}^{\infty}\frac{h^n}{n!} \tag{1.37}$$

となる．したがって，

$$\frac{\mathrm{e}^h-1}{h}-1=\frac{1}{h}\sum_{n=2}^{\infty}\frac{h^n}{n!}=\sum_{n=2}^{\infty}\frac{h^{n-1}}{n!} \tag{1.38}$$

が得られる．ここで，$|h|<1$ のとき，

$$\left|\frac{\mathrm{e}^h-1}{h}-1\right|=\left|\sum_{n=2}^{\infty}\frac{h^{n-1}}{n!}\right|\leq\sum_{n=1}^{\infty}|h|^n=\frac{|h|}{1-|h|} \tag{1.39}$$

であることを用いると，

$$\lim_{h\to 0}\left|\frac{\mathrm{e}^h-1}{h}-1\right|\leq\lim_{h\to 0}\frac{|h|}{1-|h|}=0 \tag{1.40}$$

となる．したがって，

$$\lim_{h\to 0}\frac{\mathrm{e}^h-1}{h}=1 \tag{1.41}$$

が得られる．式(1.36)と式(1.41)から，次のように $f(x)=\mathrm{e}^x$ の導関数 $f'(x)$ が求められる．

$$f'(x)=\lim_{h\to 0}\mathrm{e}^x=\mathrm{e}^x \tag{1.42}$$

1.2.4　対数関数の導関数

式 (1.3) において x を 1 で置き換えると，次のようになる．

$$\mathrm{e} = \lim_{n \to \infty} \left(1 + \frac{1}{n}\right)^n \tag{1.43}$$

ここで，$n = 1/m$ とおけば，$n \to \infty$ のとき $m \to 0$ となり，式 (1.43) を次のように書き換えることができる．

$$\mathrm{e} = \lim_{m \to 0} (1 + m)^{1/m} \tag{1.44}$$

さて，$f(x) = \log_{\mathrm{e}} x = \ln x$ に対して

$$\begin{aligned} f'(x) &= \lim_{h \to 0} \frac{f(x+h) - f(x)}{h} = \lim_{h \to 0} \frac{\ln(x+h) - \ln x}{h} = \lim_{h \to 0} \frac{1}{h} \ln \frac{x+h}{x} \\ &= \lim_{h \to 0} \frac{1}{h} \ln \left(1 + \frac{h}{x}\right) = \lim_{h \to 0} \ln \left(1 + \frac{h}{x}\right)^{1/h} \end{aligned} \tag{1.45}$$

となる．ここで，$h/x = m$ とおくと，$1/h = 1/mx$ であるから，式 (1.45) は次のように書き換えられる．

$$\begin{aligned} f'(x) &= \lim_{m \to 0} \ln (1+m)^{1/mx} = \lim_{m \to 0} \frac{1}{x} \ln (1+m)^{1/m} \\ &= \frac{1}{x} \lim_{m \to 0} \ln (1+m)^{1/m} = \frac{1}{x} \ln \mathrm{e} = \frac{1}{x} \end{aligned} \tag{1.46}$$

ここで，式 (1.44) を用いた．

以上から $f(x) = \log_{\mathrm{e}} x = \ln x$ の導関数が $f'(x) = 1/x$ であることが明らかになった．

1.2.5　三角関数の導関数

式 (1.13), (1.14) において，θ を x で置き換え，φ を h で置き換えると，次のようになる．ただし，$h \neq 0$ とする．

$$\cos(x+h) = \cos x \cos h - \sin x \sin h \tag{1.47}$$

$$\sin(x+h) = \sin x \cos h + \cos x \sin h \tag{1.48}$$

したがって，次式が得られる．

$$\frac{\cos(x+h)-\cos x}{h} = \frac{\cos h - 1}{h}\cos x - \frac{\sin h}{h}\sin x \tag{1.49}$$

$$\frac{\sin(x+h)-\sin x}{h} = \frac{\cos h - 1}{h}\sin x + \frac{\sin h}{h}\cos x \tag{1.50}$$

さて，式 (1.10) において θ を h で置き換えると，次のようになる．

$$\sin h = h - \frac{h^3}{3!} + \frac{h^5}{5!} - \frac{h^7}{7!} + \cdots \tag{1.51}$$

したがって，$|h| < 1$ のとき，

$$1 - \frac{h^2}{3!} < \frac{\sin h}{h} < 1 \tag{1.52}$$

となるから，はさみ打ちの原理より

$$\lim_{h\to 0}\frac{\sin h}{h} = 1 \tag{1.53}$$

となる．一方，$\sin^2 h = 1 - \cos^2 h = (1+\cos h)(1-\cos h)$ だから，

$$\frac{\cos h - 1}{h} = -\frac{\sin^2 h}{h(1+\cos h)} = -\frac{\sin h}{h}\,\frac{\sin h}{1+\cos h} \tag{1.54}$$

である．ただし，これから $h \to 0$ の場合について考えるので，$1 + \cos h \neq 0$ とした．$h \to 0$ のとき $\sin h \to 0$, $\cos h \to 1$ であり，式 (1.53), (1.54) から

$$\lim_{h\to 0}\frac{\cos h - 1}{h} = -1\cdot\frac{0}{2} = 0 \tag{1.55}$$

となる．式 (1.53) と式 (1.55) を式 (1.49), (1.50) に代入して極限値を求めると，次のように $\cos x$ と $\sin x$ の導関数が求められる．

$$\frac{\mathrm{d}}{\mathrm{d}x}\cos x = \lim_{h\to 0}\frac{\cos(x+h)-\cos x}{h} = -\sin x \tag{1.56}$$

$$\frac{\mathrm{d}}{\mathrm{d}x}\sin x = \lim_{h\to 0}\frac{\sin(x+h)-\sin x}{h} = \cos x \tag{1.57}$$

1.3 テイラー展開

関数 $f(x)$ が 区間 I で n 回微分可能な関数であるとし，点 a が区間 I に属するとする．このとき，区間 I に属する任意の点 x に対して，

$$
\begin{aligned}
f(x) &= f(a) + \sum_{s=1}^{n-1} \frac{(x-a)^s}{s!} \left[\frac{\partial^s f}{\partial x^s}\right]_{x=a} + R_n \\
&= f(a) + \frac{(x-a)}{1!} \left[\frac{\partial f}{\partial x}\right]_{x=a} + \frac{(x-a)^2}{2!} \left[\frac{\partial^2 f}{\partial x^2}\right]_{x=a} + \cdots \\
&\qquad + \frac{(x-a)^{n-1}}{(n-1)!} \left[\frac{\partial^{n-1} f}{\partial x^{n-1}}\right]_{x=a} + R_n
\end{aligned}
\tag{1.58}
$$

$$
R_n = \frac{(x-a)^n}{n!} \left[\frac{\partial^n f}{\partial x^n}\right]_{x=\xi}, \quad a < \xi < x \tag{1.59}
$$

をみたす点 ξ が存在する．式 (1.58) を**テイラーの公式** (Taylor's formula) という．式 (1.58) の最後の項 R_n は**剰余項** (remainder) とよばれ，式 (1.59) によって与えられる．

区間 I の各点 x において，

$$
\lim_{n\to\infty} R_n = 0 \tag{1.60}
$$

であれば，$f(x)$ は

$$
\begin{aligned}
f(x) &= f(a) + \frac{(x-a)}{1!} \left[\frac{\partial f}{\partial x}\right]_{x=a} + \frac{(x-a)^2}{2!} \left[\frac{\partial^2 f}{\partial x^2}\right]_{x=a} + \cdots \\
&\qquad + \frac{(x-a)^n}{n!} \left[\frac{\partial^n f}{\partial x^n}\right]_{x=a} + \cdots
\end{aligned}
\tag{1.61}
$$

と表される．式 (1.61) を点 a を中心とする**テイラー級数** (Taylor's series) あるいは $f(x)$ の点 a を中心とする**テイラー展開** (Taylor expansion) という．また，関数 $f(x)$ を式 (1.61) の右辺のように表すことを，区間 I において $f(x)$ を点 a を中心とするテイラー級数に展開するという．

点 a が 0 の場合，式 (1.61) は次のように書き換えられる．

$$f(x) = f(0) + \frac{x}{1!}\left[\frac{\partial f}{\partial x}\right]_{x=0} + \frac{x^2}{2!}\left[\frac{\partial^2 f}{\partial x^2}\right]_{x=0} + \cdots + \frac{x^n}{n!}\left[\frac{\partial^n f}{\partial x^n}\right]_{x=0} + \cdots \tag{1.62}$$

式 (1.62) を**マクローリン級数** (Maclaurin's series) あるいは $f(x)$ の**マクローリン展開** (Maclaurin expansion) という．また，関数 $f(x)$ を式 (1.62) の右辺のように表すことを，区間 I において $f(x)$ をマクローリン級数に展開するという．

1.4 積分

閉区間 $[a, b]$ で関数 $f(x)$ が連続関数である場合，閉区間 $[a, b]$ の任意の点を x とする．つまり，$a \leq x \leq b$ である．このとき，

$$F(x) = \int_a^x f(x)\,\mathrm{d}x = \int_a^x f(t)\,\mathrm{d}t \tag{1.63}$$

とおく．左辺の x と右辺の積分の上端（上限）を表す x は**独立変数** (independent variable) であり，右辺の $f(x)$ と $\mathrm{d}x$ の x は**積分変数** (integration variable) である．また，右辺の $f(t)$ と $\mathrm{d}t$ の t も積分変数である．式 (1.63) の中央の辺は，関数 $f(x)$ の x についての**不定積分** (indefinite integral) とよばれる．

閉区間 $[a, b]$ で関数 $f(x)$ が連続関数であって，しかも式 (1.63) が成り立つとき，この関数 $F(x)$ は x で微分可能で，

$$F'(x) = f(x) \tag{1.64}$$

となる．式 (1.64) をみたす $F(x)$ を $f(x)$ の**原始関数** (primitive function) という．

関数 $f(x)$ が閉区間 $[a, b]$ で連続関数ではなくても，式 (1.63) によって不定積分を定義することはできる．そして，式 (1.63) によって得られた不定積分は，x の連続関数となる．一方，関数 $f(x)$ が閉区間 $[a, b]$ で連続関数ではない場合，式 (1.64) は成り立たないこと注意しよう．

二つの関数 $f(x)$, $g(x)$ が，ともにある区間 I で微分可能な関数であるとする．このとき，

$$\frac{\mathrm{d}}{\mathrm{d}x}[f(x)g(x)] = f'(x)g(x) + f(x)g'(x) \tag{1.65}$$

である．両辺を x について積分すると，次のようになる．

$$f(x)g(x) = \int f'(x)g(x)\,\mathrm{d}x + \int f(x)g'(x)\,\mathrm{d}x \tag{1.66}$$

式 (1.66) から，次の**部分積分** (integration by parts) の公式が得られる．

$$\int f(x)g'(x)\,\mathrm{d}x = f(x)g(x) - \int f'(x)g(x)\,\mathrm{d}x \tag{1.67}$$

1.5　座標系

1.5.1　右手系，左手系

これから，直交座標系について考える．直交座標系には，図 1.4 のように右手系と左手系がある．

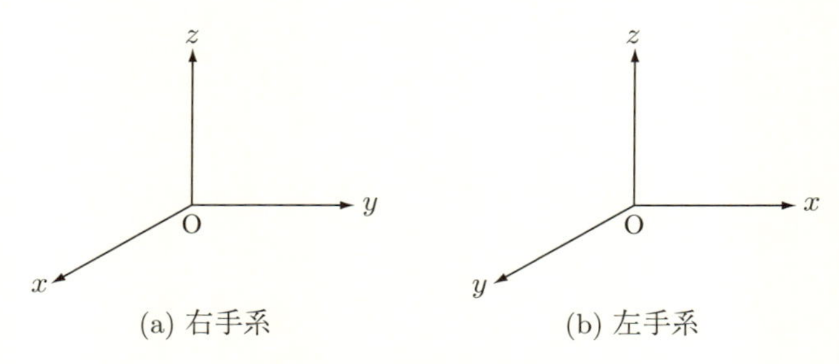

(a) 右手系　(b) 左手系

図 1.4　右手系と左手系

右手系とは，右手の親指，ひとさし指，中指をお互いに直交するように曲げたとき，親指の指す方向を x 軸の正の方向，ひとさし指の指す方向を y 軸の正の方向，中指の指す方向を z 軸の正の方向とした直交座標系である．左手系とは，左手の親指，ひとさし指，中指をお互いに直交するように曲げたとき，

親指の指す方向を x 軸の正の方向，ひとさし指の指す方向を y 軸の正の方向，中指の指す方向を z 軸の正の方向とした直交座標系である．通常は右手系を用いる．本書でも右手系を用いることにする．

1.5.2　円柱座標

図 1.5 を用いて**円柱座標** (cylindrical coordinates) を考える．点 P の座標を xyz-座標系で (x, y, z) とする．円柱座標 (r, φ, z) を用いると，x, y, z は，それぞれ次のように表される．

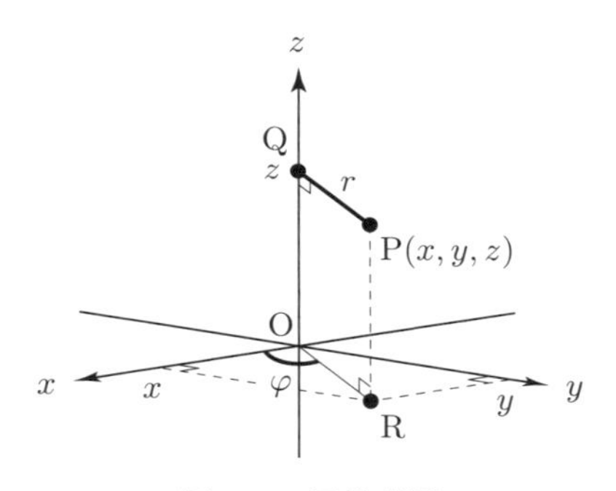

図 1.5　円柱座標

$$x = r\cos\varphi, \quad y = r\sin\varphi, \quad z = z \tag{1.68}$$

ここで，r は z 軸と点 P との距離である．z 軸と点 P との距離は，次のように決められる．点 P から z 軸に垂線を下ろし，この垂線と z 軸との交点を点 Q とする．そして，線分 PQ の長さを z 軸と点 P との距離と定義する．次に，点 P から xy-面に垂線を下ろし，この垂線と xy-面との交点を点 R とする．線分 OR の長さも r であり，線分 OR が x 軸となす角を φ とした．なお，xy-面内おける座標 (r, φ) は**極座標** (polar coordinates) とよばれる．

1.5.3　球座標

図 1.6 を用いて**球座標** (spherical coordinates) を考える．点 P の座標を xyz-座標系で (x, y, z) とする．球座標 (r, θ, φ) を用いると，x, y, z は，それぞれ次のように表される．

$$x = r\sin\theta\cos\varphi, \quad y = r\sin\theta\sin\varphi, \quad z = r\cos\theta \tag{1.69}$$

ここで，r は原点Oと点Pとの距離であり，線分OPと z 軸とのなす角を θ とおく．点Pから z 軸に垂線を下ろし，この垂線と z 軸との交点を点Qとすると，線分PQの長さは $r\sin\theta$ となる．次に，点Pから xy-面に垂線を下ろし，この垂線と xy-面との交点を点Rとする．線分ORの長さも $r\sin\theta$ であり，線分ORが x 軸となす角を φ とした．なお，球座標 (r, θ, φ) も極座標とよばれる．

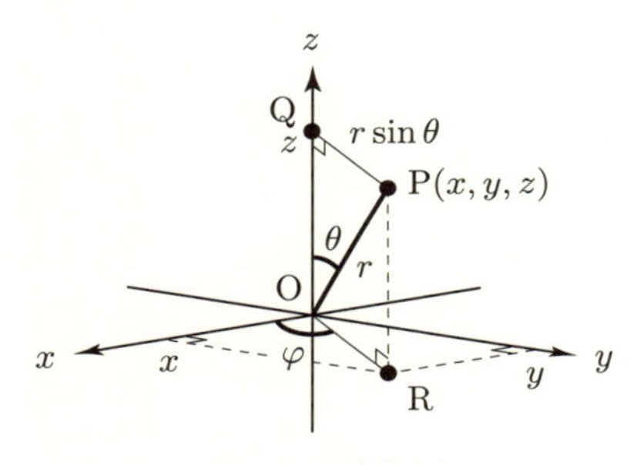

図1.6　球座標

1.5.4　角度

図1.7に半径 r，中心角 φ の扇形を示す．扇形の半径 r と弧の長さ l を用いて，次式によって中心角 φ を定義する．

$$\varphi = \frac{l}{r} \tag{1.70}$$

式(1.70)によって表される φ の単位をラジアン(radian)というが，ラジアンは省略されることが多い．なお，ラジアンを単位として角度を表す方法を弧度法という．

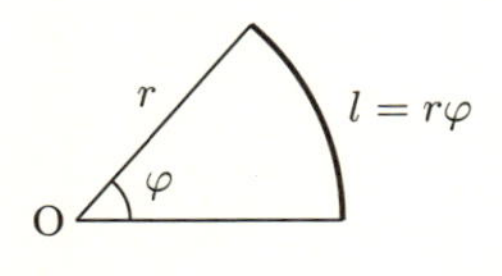

図1.7　扇形

1.5.5　円周の長さ

図 1.8 において，破線は半径 R の円を表している．また，円周上の実線は，微小中心角 $\mathrm{d}\varphi$ をもつ扇形の弧を示している．この弧の微小長さ $\mathrm{d}l$ は，次のように表される．

$$\mathrm{d}l = R\,\mathrm{d}\varphi \tag{1.71}$$

したがって，半径 R の円の円周の長さ l は，φ について 0 から 2π まで積分して次のようになる．

$$l = \int \mathrm{d}l = \int_0^{2\pi} R\,\mathrm{d}\varphi = 2\pi R \tag{1.72}$$

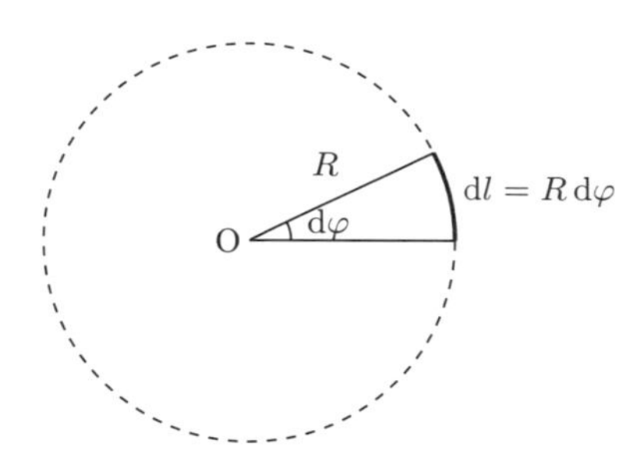

図 **1.8**　極座標における弧の微小長さ

1.5.6　円の面積

図 1.9 において，網掛け部は，共通の中心 O をもち，中心角 $\mathrm{d}\varphi$ が共通な二つの扇形の弧にはさまれた領域を示している．扇形の半径をそれぞれ，r，$r + \mathrm{d}r > r$ とする．ここで，$\mathrm{d}\varphi$ と $\mathrm{d}r$ を十分小さくし，2 次の微小量を無視すると，次のようになる．

$$(r + \mathrm{d}r)\,\mathrm{d}\varphi \simeq r\,\mathrm{d}\varphi \tag{1.73}$$

このとき，網掛け部は，長さ $\mathrm{d}r$ の辺と長さ $r\,\mathrm{d}\varphi$ の辺をもつ長方形であるとみなすことができる．したがって，網掛け部の微小面積 $\mathrm{d}S$ は，次のように表される．

$$\mathrm{d}S = \mathrm{d}r \cdot r\,\mathrm{d}\varphi = r\,\mathrm{d}r\,\mathrm{d}\varphi \tag{1.74}$$

この結果，半径 R の円の面積 S は，r について 0 から R まで，φ について 0 から 2π まで，それぞれ積分して次のようになる．

$$S = \int \mathrm{d}S = \int_0^R r\,\mathrm{d}r \int_0^{2\pi} \mathrm{d}\varphi = \frac{1}{2}R^2 \cdot 2\pi = \pi R^2 \tag{1.75}$$

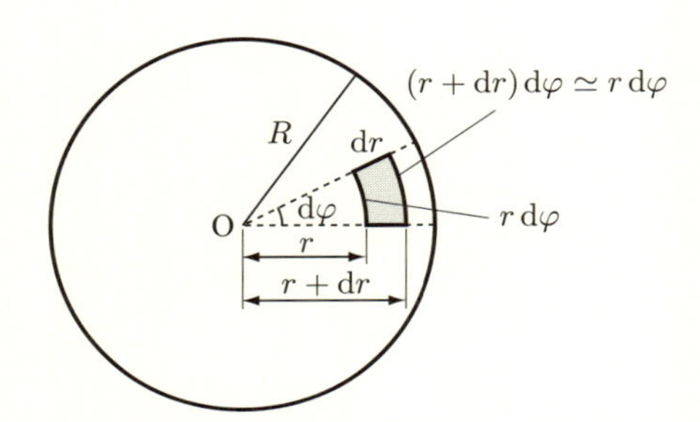

図 1.9　極座標における円内の微小面積

1.5.7　球の表面積

図 1.10 から，半径 R の球の表面における微小面積 $\mathrm{d}S$ は，次のようになる．

$$\mathrm{d}S = R\sin\theta\,\mathrm{d}\varphi \cdot R\,\mathrm{d}\theta = R^2 \sin\theta\,\mathrm{d}\theta\,\mathrm{d}\varphi \tag{1.76}$$

したがって，半径 R の球の表面積 S は，θ について 0 から π まで，φ について 0 から 2π まで，それぞれ積分して次のように求められる．

$$S = \int \mathrm{d}S = R^2 \int_0^{\pi} \sin\theta\,\mathrm{d}\theta \int_0^{2\pi} \mathrm{d}\varphi = 4\pi R^2 \tag{1.77}$$

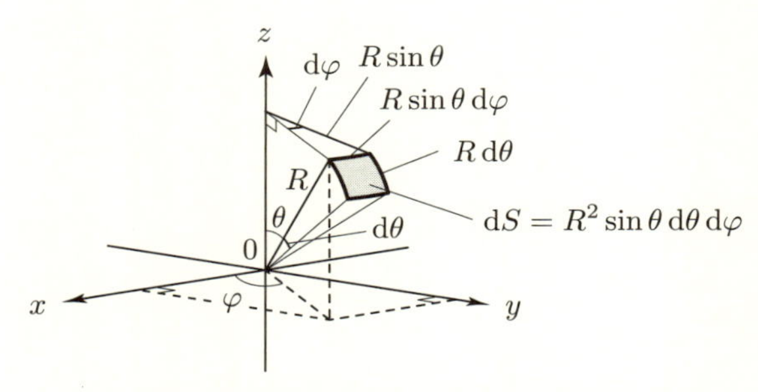

図 1.10　球座標における球表面の微小面積

1.5.8　球の体積

図 1.11 から，球内部の微小体積 $\mathrm{d}V$ は，次のようになる．

$$\mathrm{d}V = r\sin\theta\,\mathrm{d}\varphi\cdot r\,\mathrm{d}\theta\cdot\mathrm{d}r = r^2\sin\theta\,\mathrm{d}r\,\mathrm{d}\theta\,\mathrm{d}\varphi \tag{1.78}$$

したがって，半径 R の球の体積 V は，r について 0 から R まで，θ について 0 から π まで，φ について 0 から 2π まで，それぞれ積分して次のように求められる．

$$V = \int \mathrm{d}V = \int_0^R r^2\,\mathrm{d}r \int_0^{\pi} \sin\theta\,\mathrm{d}\theta \int_0^{2\pi} \mathrm{d}\varphi = \frac{4}{3}\pi R^3 \tag{1.79}$$

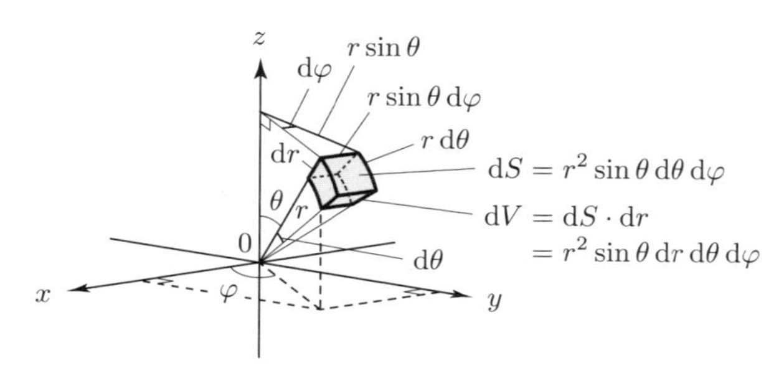

図 1.11　球座標における球内の微小体積

1.6　ベクトル解析

1.6.1　ベクトルの表記

ベクトル (vector) は，大きさと方向をもつ．本書では，ベクトルを $\boldsymbol{F}$ や $\boldsymbol{v}$ のように太字で表す．ここでは，xyz-座標系において，各座標軸の正の方向を向いた単位ベクトル（長さ 1 のベクトル）$\hat{\boldsymbol{x}}$, $\hat{\boldsymbol{y}}$, $\hat{\boldsymbol{z}}$ を用いて，次のようなベクトル $\boldsymbol{A}$, $\boldsymbol{B}$, $\boldsymbol{C}$ を作り，ベクトルの演算について説明する．

$$\boldsymbol{A} = A_x\hat{\boldsymbol{x}} + A_y\hat{\boldsymbol{y}} + A_z\hat{\boldsymbol{z}} = (A_x, A_y, A_z) \tag{1.80}$$

$$\boldsymbol{B} = B_x\hat{\boldsymbol{x}} + B_y\hat{\boldsymbol{y}} + B_z\hat{\boldsymbol{z}} = (B_x, B_y, B_z) \tag{1.81}$$

$$\boldsymbol{C} = C_x\hat{\boldsymbol{x}} + C_y\hat{\boldsymbol{y}} + C_z\hat{\boldsymbol{z}} = (C_x, C_y, C_z) \tag{1.82}$$

なお，式 (1.80)–(1.82) の右辺のようなベクトルの記述を成分表示という．

1.6.2　外積

ベクトル $\boldsymbol{A}$ とベクトル $\boldsymbol{B}$ との外積 (outer product) $\boldsymbol{A} \times \boldsymbol{B}$ は，ベクトル $\boldsymbol{A}$ とベクトル $\boldsymbol{B}$ に垂直なベクトルであり，その大きさは $|\boldsymbol{A}||\boldsymbol{B}| \sin\theta$ である．ここで，θ は，図 1.12 に示すように，ベクトル $\boldsymbol{A}$ とベクトル $\boldsymbol{B}$ との間の角度である．また，ベクトル $\boldsymbol{A} \times \boldsymbol{B}$ の方向は，ベクトル $\boldsymbol{A}$ からベクトル $\boldsymbol{B}$ に向かって右ねじを回したときに，右ねじが進む方向である．

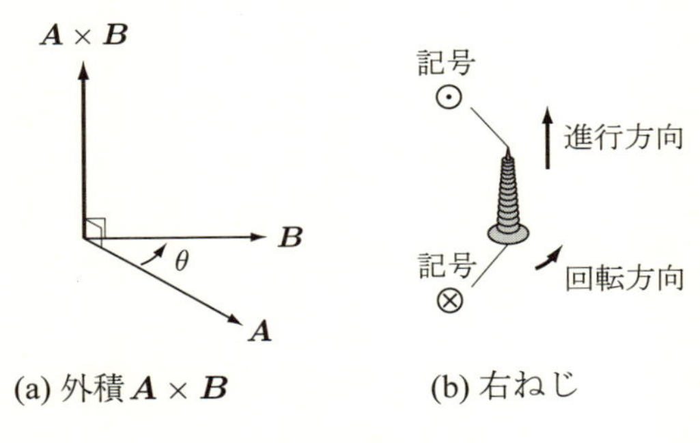

(a) 外積 $\boldsymbol{A} \times \boldsymbol{B}$　　(b) 右ねじ

図 1.12　外積 $\boldsymbol{A} \times \boldsymbol{B}$

図 1.13 は，ベクトル $\boldsymbol{A}$ とベクトル $\boldsymbol{B}$ を同一平面上に描いた図であり，外積 $\boldsymbol{A} \times \boldsymbol{B}$ の方向は，紙面に対して垂直で，奥から手前に向かう方向である．ベクトル $\boldsymbol{A}$ とベクトル $\boldsymbol{B}$ を隣り合った2辺とする平行四辺形において，上辺を $\boldsymbol{B}$ とすると，この平行四辺形の高さは，図 1.13 からわかるように，$|\boldsymbol{A}| \sin\theta$ となる．外積 $\boldsymbol{A} \times \boldsymbol{B}$ の大きさ $|\boldsymbol{A} \times \boldsymbol{B}|$ は，前述のように，

$$|\boldsymbol{A} \times \boldsymbol{B}| = |\boldsymbol{A}||\boldsymbol{B}| \sin\theta \tag{1.83}$$

であり，図 1.13 の平行四辺形の面積を表している．また，外積 $\boldsymbol{A} \times \boldsymbol{B}$ の方向は，この平行四辺形の法線方向である．

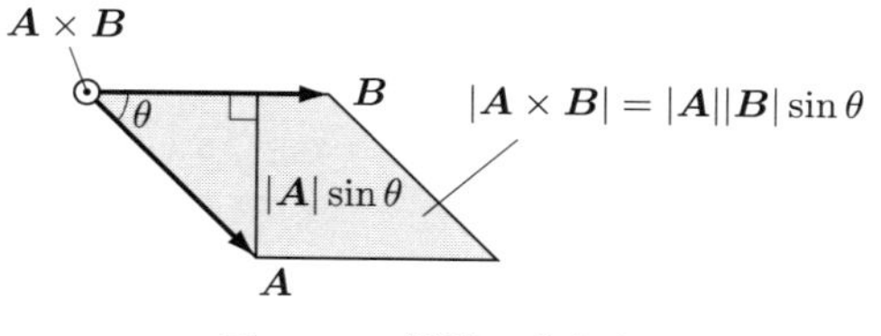

図 1.13　外積の大きさ

外積 $\boldsymbol{A} \times \boldsymbol{B}$ は，ベクトルの各座標成分を用いると，**行列式** (determinant) によって，次のように表すことができる．

$$
\begin{aligned}
\boldsymbol{A} \times \boldsymbol{B} &= \begin{vmatrix} \hat{\boldsymbol{x}} & \hat{\boldsymbol{y}} & \hat{\boldsymbol{z}} \\ A_x & A_y & A_z \\ B_x & B_y & B_z \end{vmatrix} \\
&= \hat{\boldsymbol{x}}(A_y B_z - A_z B_y) + \hat{\boldsymbol{y}}(A_z B_x - A_x B_z) + \hat{\boldsymbol{z}}(A_x B_y - A_y B_x) \\
&= (A_y B_z - A_z B_y, A_z B_x - A_x B_z, A_x B_y - A_y B_x) \qquad (1.84)
\end{aligned}
$$

式 (1.84) の 2 行目において，単位ベクトルと，ベクトル成分の積 $A_m B_n$ の添え字 m, n の順番が，$x \to y \to z \to x \to y \to z \to \cdots$ となっているときに符号が正で，それ以外のときに符号が負になっている．この関係は，図 1.14 のように表すことができ，覚えておくとよいだろう．

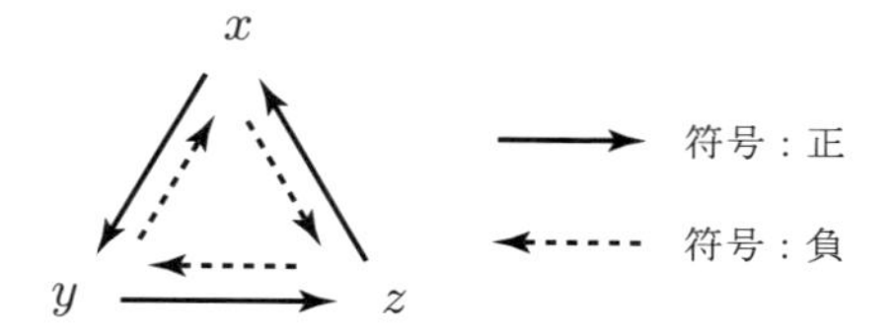

図 1.14　外積における単位ベクトル／ベクトル成分と符号との関係

1.6.3　内積

ベクトル $\boldsymbol{A}$ とベクトル $\boldsymbol{B}$ との**内積** (inner product) $\boldsymbol{A}\cdot\boldsymbol{B}$ は，大きさだけをもつ**スカラー** (scalar) であり，次式によって与えられる．

$$\boldsymbol{A}\cdot\boldsymbol{B} = |\boldsymbol{A}||\boldsymbol{B}|\cos\theta \tag{1.85}$$

ただし，θ は，図1.15に示すように，ベクトル $\boldsymbol{A}$ とベクトル $\boldsymbol{B}$ との間の角度である．また，ベクトルの成分を用いて，次のように表すこともできる．

$$\begin{aligned}\boldsymbol{A}\cdot\boldsymbol{B} &= (A_x\hat{\boldsymbol{x}} + A_y\hat{\boldsymbol{y}} + A_z\hat{\boldsymbol{z}})\cdot(B_x\hat{\boldsymbol{x}} + B_y\hat{\boldsymbol{y}} + B_z\hat{\boldsymbol{z}})\\ &= A_xB_x + A_yB_y + A_zB_z\end{aligned} \tag{1.86}$$

ここで，$\hat{\boldsymbol{x}}$, $\hat{\boldsymbol{y}}$, $\hat{\boldsymbol{z}}$ がお互いに直交しているという性質を用いた．

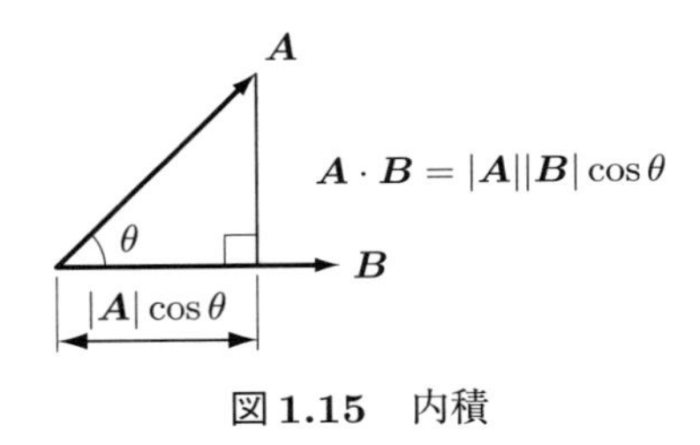

図**1.15**　内積

1.6.4　平行六面体の体積

図1.16のような，ベクトル $\boldsymbol{A}$, $\boldsymbol{B}$, $\boldsymbol{C}$ を1辺とする平行六面体は，ベクトル $\boldsymbol{A}$, $\boldsymbol{B}$ を隣り合った2辺とする平行四辺形を底面としてもつ．この平行六面体の高さ h は，ベクトル $\boldsymbol{C}$ の，平行四辺形の法線方向への射影成分によって与えられる．すなわち，法線方向の単位ベクトル $\boldsymbol{A}\times\boldsymbol{B}/|\boldsymbol{A}\times\boldsymbol{B}|$ とベクトル $\boldsymbol{C}$ との内積として，h は次のように表される．

$$h = \frac{\boldsymbol{A}\times\boldsymbol{B}}{|\boldsymbol{A}\times\boldsymbol{B}|}\cdot\boldsymbol{C} \tag{1.87}$$

一方，平行四辺形の面積 S は，式(1.83)のところで説明したように次のように表される．

$$S = |\boldsymbol{A}\times\boldsymbol{B}| \tag{1.88}$$

したがって，平行六面体の体積 V は，次式で与えられる．

$$V = Sh = |\boldsymbol{A} \times \boldsymbol{B}| \frac{\boldsymbol{A} \times \boldsymbol{B}}{|\boldsymbol{A} \times \boldsymbol{B}|} \cdot \boldsymbol{C} = (\boldsymbol{A} \times \boldsymbol{B}) \cdot \boldsymbol{C} = \boldsymbol{A} \times \boldsymbol{B} \cdot \boldsymbol{C} \tag{1.89}$$

つまり，この平行六面体の体積 V は，外積 $\boldsymbol{A} \times \boldsymbol{B}$ とベクトル $\boldsymbol{C}$ との内積で与えられる．

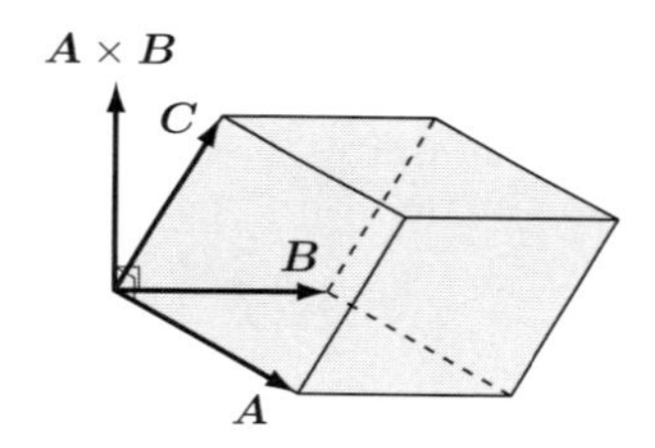

図 **1.16**　ベクトル $\boldsymbol{A}$, $\boldsymbol{B}$, $\boldsymbol{C}$ を 1 辺とする平行六面体

さて，この平行六面体の底面としては，どの面をとってもよいので，次の関係が成り立つ．

$$V = (\boldsymbol{A} \times \boldsymbol{B}) \cdot \boldsymbol{C} = (\boldsymbol{B} \times \boldsymbol{C}) \cdot \boldsymbol{A} = (\boldsymbol{C} \times \boldsymbol{A}) \cdot \boldsymbol{B} \tag{1.90}$$

また，ベクトルの成分を用いると，平行六面体の体積 V を次のように行列式によって表すこともできる．

$$\begin{aligned} V &= \begin{vmatrix} A_x & A_y & A_z \\ B_x & B_y & B_z \\ C_x & C_y & C_z \end{vmatrix} \\ &= A_x(B_yC_z - B_zC_y) + A_y(B_zC_x - B_xC_z) + A_z(B_xC_y - B_yC_x) \end{aligned} \tag{1.91}$$

式 (1.91) の 2 行目において，ベクトル成分の積 $A_lB_mC_n$ の添え字 l, m, n の順番が，$x \to y \to z \to x \to y \to z \to \cdots$ となっているときに符号が正で，それ以外のときに符号が負になっていることに注意してほしい．この関係は，図 1.14 とまったく同じである．

1.6.5 勾配

次のようなベクトル微分演算子

$$\nabla = \hat{\boldsymbol{x}}\frac{\partial}{\partial x} + \hat{\boldsymbol{y}}\frac{\partial}{\partial y} + \hat{\boldsymbol{z}}\frac{\partial}{\partial z} = \left(\frac{\partial}{\partial x}, \frac{\partial}{\partial y}, \frac{\partial}{\partial z}\right) \tag{1.92}$$

を導入する．このベクトル微分演算子 ∇ は，**ハミルトンの演算子** (Hamilton's operator) とよばれ，ナブラまたはデルと読む． ∇ をスカラー φ に作用させて，スカラー φ の**勾配** (gradient) grad ϕ を次のように定義する．

$$\mathrm{grad}\ \phi = \nabla\phi = \hat{\boldsymbol{x}}\frac{\partial}{\partial x}\phi + \hat{\boldsymbol{y}}\frac{\partial}{\partial y}\phi + \hat{\boldsymbol{z}}\frac{\partial}{\partial z}\phi \tag{1.93}$$

なお，ハミルトンの演算子 ∇ とスカラー ϕ の順番を入れ替えて，$\phi\nabla$ としてはいけない．

1.6.6 発散

ベクトル $\boldsymbol{E}$ を次のようにおく．

$$\boldsymbol{E} = \hat{\boldsymbol{x}}E_x + \hat{\boldsymbol{y}}E_y + \hat{\boldsymbol{z}}E_z = (E_x, E_y, E_z) \tag{1.94}$$

このとき，ハミルトンの演算子 ∇ とベクトル $\boldsymbol{E}$ の内積として，ベクトル $\boldsymbol{E}$ の**発散** (divergence) div $\boldsymbol{E}$ を次のように定義する．

$$\mathrm{div}\ \boldsymbol{E} = \nabla\cdot\boldsymbol{E} = \frac{\partial}{\partial x}E_x + \frac{\partial}{\partial y}E_y + \frac{\partial}{\partial z}E_z \tag{1.95}$$

なお，ハミルトンの演算子 ∇ とベクトル $\boldsymbol{E}$ の順番を入れ替えて，$\boldsymbol{E}\cdot\nabla$ としてはいけない．

1.6.7 回転

ベクトル $\boldsymbol{H}$ を次のようにおく．

$$\boldsymbol{H} = \hat{\boldsymbol{x}}H_x + \hat{\boldsymbol{y}}H_y + \hat{\boldsymbol{z}}H_z = (H_x, H_y, H_z) \tag{1.96}$$

このとき，ベクトル $\boldsymbol{H}$ の**回転** (rotation) rot $\boldsymbol{H}$ は，ハミルトンの演算子 ∇ とベクトル $\boldsymbol{H}$ との外積として，次のように定義される．

$$\mathrm{rot}\ \boldsymbol{H} = \nabla \times \boldsymbol{H} = \begin{vmatrix} \hat{\boldsymbol{x}} & \hat{\boldsymbol{y}} & \hat{\boldsymbol{z}} \\ \dfrac{\partial}{\partial x} & \dfrac{\partial}{\partial y} & \dfrac{\partial}{\partial z} \\ H_x & H_y & H_z \end{vmatrix}$$
$$= \hat{\boldsymbol{x}} \left(\frac{\partial}{\partial y} H_z - \frac{\partial}{\partial z} H_y \right) + \hat{\boldsymbol{y}} \left(\frac{\partial}{\partial z} H_x - \frac{\partial}{\partial x} H_z \right)$$
$$+ \hat{\boldsymbol{z}} \left(\frac{\partial}{\partial x} H_y - \frac{\partial}{\partial y} H_x \right) \tag{1.97}$$

なお，ハミルトンの演算子 ∇ とベクトル $\boldsymbol{H}$ の順番を入れ替えて，$\boldsymbol{H} \times \nabla$ としてはいけない．ベクトル $\boldsymbol{H}$ の回転 rot $\boldsymbol{H}$ は，ベクトル $\boldsymbol{H}$ がつくる閉曲線を縁とする面に垂直なベクトルである．図 1.17 のように，ベクトル $\boldsymbol{H}$ が回転する方向に右ねじが回転したとき，rot $\boldsymbol{H}$ は，右ねじが進む方向を向いている．

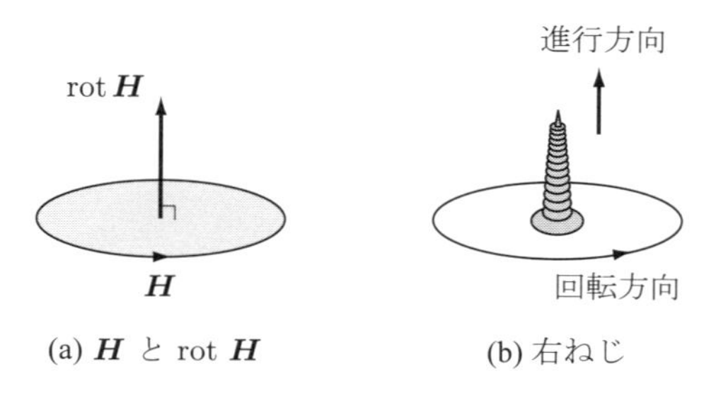

図 1.17　ベクトルの回転

1.6.8　ガウスの定理

ガウスの定理 (Gauss's theorem) は，閉曲面の表面と内部との関係を示す．ベクトル $\boldsymbol{E}$ に対して，ガウスの定理は次のように表される．

$$\iint \boldsymbol{E} \cdot \boldsymbol{n}\, \mathrm{d}S = \iiint \mathrm{div}\ \boldsymbol{E}\, \mathrm{d}V \tag{1.98}$$

左辺に積分記号が二つある理由は，左辺では閉曲面の表面積について積分する，つまり 2 変数について積分するからである．右辺に積分記号が三つある理由は，右辺では閉曲面の体積について積分する，つまり3変数について積分するからである．

図1.18を用いて，ガウスの定理を導く．ここでは，閉曲面として，各辺がそれぞれ x 軸，y 軸，z 軸に平行な直方体を考える．そして，x 軸の正の方向を向いたベクトル $\boldsymbol{E}$ が，yz 面を貫いているとする．また，この直方体の二つの yz 面の x 座標を x と $x+\Delta x$ とする．同様に，二つの zx 面の y 座標を y と $y+\Delta y$，二つの xy 面の z 座標を z と $z+\Delta z$ とする．

さて，閉曲面の単位法線ベクトル $\boldsymbol{n}$ は，閉曲面の内側から外側に向かう方向をもつ長さ1のベクトルである．したがって，図1.18において，$x=x$ での yz 面の単位法線ベクトルは $\boldsymbol{n}=-\hat{\boldsymbol{x}}$，$x=x+\Delta x$ での yz 面の単位法線ベクトルは $\boldsymbol{n}=\hat{\boldsymbol{x}}$ である．

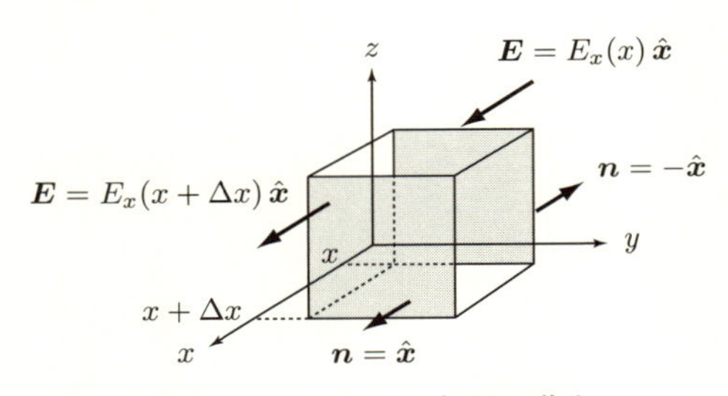

図1.18　ガウスの定理の導出

図1.18において，ベクトル $\boldsymbol{E}=E_x(x)\,\hat{\boldsymbol{x}}$ は x 軸に沿っている．したがって，$x=x$ における yz 面上での $\boldsymbol{E}\cdot\boldsymbol{n}$ と，$x=x+\Delta x$ における yz 面上での $\boldsymbol{E}\cdot\boldsymbol{n}$ を求める．ここで，$E_x(x+\Delta x)\,\hat{\boldsymbol{x}}$ と $\boldsymbol{n}=\hat{\boldsymbol{x}}$ が平行であり，$E_x(x)\,\hat{\boldsymbol{x}}$ と $\boldsymbol{n}=-\hat{\boldsymbol{x}}$ が反平行（平行であって向きが反対）だから，次のようになる．

$$E_x(x+\Delta x)\,\hat{\boldsymbol{x}}\cdot\boldsymbol{n}=E_x(x+\Delta x)\,\hat{\boldsymbol{x}}\cdot\hat{\boldsymbol{x}}=E_x(x+\Delta x) \tag{1.99}$$

$$E_x(x)\,\hat{\boldsymbol{x}}\cdot\boldsymbol{n}=E_x(x)\,\hat{\boldsymbol{x}}\cdot(-\hat{\boldsymbol{x}})=-E_x(x) \tag{1.100}$$

したがって，yz 面上での $\boldsymbol{E}\cdot\boldsymbol{n}\Delta S$ は，次のようになる．

$$\begin{aligned}\boldsymbol{E}\cdot\boldsymbol{n}\,\Delta S&=[E_x(x+\Delta x)\hat{\boldsymbol{x}}\cdot\boldsymbol{n}+E_x(x)\hat{\boldsymbol{x}}\cdot\boldsymbol{n}]\,\Delta S\\&=[E_x(x+\Delta x)-E_x(x)]\,\Delta y\Delta z\end{aligned} \tag{1.101}$$

ここで，$\Delta S = \Delta y \Delta z$ は yz 面の面積である．

次に，$x = x + \Delta x$ におけるベクトル成分 $E_x(x + \Delta x)$ を x を中心としてテイラー展開し，1 次の項まで残すと，次式が得られる．

$$E_x(x + \Delta x) \simeq E_x(x) + \frac{\partial E_x}{\partial x} \Delta x \tag{1.102}$$

式 (1.102) を式 (1.101) に代入すると，yz 面上での $\boldsymbol{E} \cdot \boldsymbol{n} \Delta S$ は，次のようになる．

$$\boldsymbol{E} \cdot \boldsymbol{n} \, \Delta S \simeq \frac{\partial E_x}{\partial x} \, \Delta x \Delta y \Delta z \tag{1.103}$$

ここでは，ベクトル $\boldsymbol{E}$ が x 成分のみをもっている場合を考えた．ベクトル $\boldsymbol{E}$ が x 成分，y 成分，z 成分すべてをもっている場合，y 成分と z 成分についても，それぞれ zx 面上と xy 面上において同様な計算をおこなうと，$\boldsymbol{E} \cdot \boldsymbol{n} \Delta S$ は次のように求められる．

$$\begin{aligned} \boldsymbol{E} \cdot \boldsymbol{n} \, \Delta S &\simeq \left(\frac{\partial}{\partial x} E_x + \frac{\partial}{\partial y} E_y + \frac{\partial}{\partial z} E_z \right) \Delta x \Delta y \Delta z \\ &= \mathrm{div} \, \boldsymbol{E} \, \Delta V = \nabla \cdot \boldsymbol{E} \, \Delta V \end{aligned} \tag{1.104}$$

ここで，式 (1.95) を用い，さらに微小体積 $\Delta V = \Delta x \Delta y \Delta z$ を導入した．

微小体積 ΔV が十分小さいときは，ベクトル $\boldsymbol{E}$ の発散 $\mathrm{div} \, \boldsymbol{E}$ は，次のように表される．

$$\mathrm{div} \, \boldsymbol{E} = \nabla \cdot \boldsymbol{E} = \lim_{\Delta V \to 0} \frac{\boldsymbol{E} \cdot \boldsymbol{n} \Delta S}{\Delta V} \tag{1.105}$$

式 (1.105) は，$\boldsymbol{E} \cdot \boldsymbol{n} S$ を体積 V について微分したものであると解釈できる．したがって，式 (1.105) を積分形式で表すと，次のようにガウスの定理が得られる．

$$\iint \boldsymbol{E} \cdot \boldsymbol{n} \, \mathrm{d}S = \iiint \mathrm{div} \, \boldsymbol{E} \, \mathrm{d}V \tag{1.106}$$

1.6.9　ストークスの定理

ストークスの定理 (Stokes's theorem) は，閉曲線上と，閉曲線を縁とする面との関係を示す．なお，閉曲線とは，輪ゴムなどのような閉じた周回経路のことである．ベクトル $\boldsymbol{H}$ に対して，ストークスの定理は次のように表される．

$$\oint \boldsymbol{H} \cdot \mathrm{d}\boldsymbol{l} = \iint \mathrm{rot}\ \boldsymbol{H} \cdot \boldsymbol{n}\, \mathrm{d}S \tag{1.107}$$

左辺の積分記号に○がついている理由は，左辺では閉曲線を1周して積分するからである．右辺に積分記号が二つある理由は，右辺では閉曲線を縁とする面について積分する，つまり2変数について積分するからである．

図1.19を用いて，ストークスの定理を導く．ここでは，閉曲線として，各辺がそれぞれ x 軸，y 軸に平行な長方形を用いる．そして，ベクトル $\boldsymbol{H}$ が，xy 面に平行であるとする．また，この長方形の x 軸に平行な二つの辺の両端の x 座標をそれぞれ x と $x+\Delta x$ とする．同様に，y 軸に平行な二つの辺の両端の y 座標をそれぞれ y と $y+\Delta y$ とする．

さて，閉曲線で囲まれた面の単位法線ベクトル $\boldsymbol{n}$ は，閉曲線上の微小素片ベクトル $\mathrm{d}\boldsymbol{l}$ と同じ向きに右ねじを回転したときに右ねじが進む方向を向く長さ1のベクトルである．

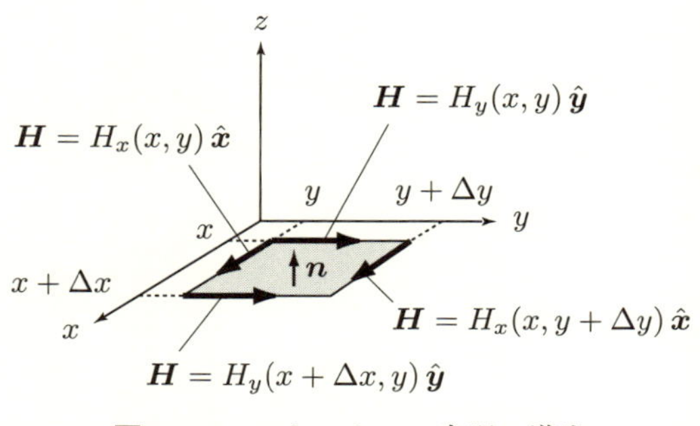

図 1.19　ストークスの定理の導出

図1.19において，長さ Δx，Δy をもつ長方形の各辺に沿って，閉曲線の反時計回りの微小ベクトル $\Delta\boldsymbol{l}$ を用いて $\boldsymbol{H}\cdot\Delta\boldsymbol{l}$ を計算する．ここで，$H_x(x,y)\,\hat{\boldsymbol{x}}$ と閉曲線上の微小素片ベクトル $\Delta\boldsymbol{l} = \hat{\boldsymbol{x}}\,\Delta x$ が平行，$H_x(x,y+\Delta y)\,\hat{\boldsymbol{x}}$ と

$\Delta \boldsymbol{l} = -\hat{\boldsymbol{x}}\,\Delta x$ が反平行，$H_y(x+\Delta x, y)\,\hat{\boldsymbol{y}}$ と $\Delta \boldsymbol{l} = \hat{\boldsymbol{y}}\,\Delta y$ が平行，$H_y(x, y)\,\hat{\boldsymbol{y}}$ と $\Delta \boldsymbol{l} = -\hat{\boldsymbol{y}}\,\Delta y$ が反平行だから，次のようになる．

$$H_x(x, y)\,\hat{\boldsymbol{x}} \cdot \Delta \boldsymbol{l} = H_x(x, y)\Delta x \tag{1.108}$$

$$H_x(x, y+\Delta y)\,\hat{\boldsymbol{x}} \cdot \Delta \boldsymbol{l} = -H_x(x, y+\Delta y)\Delta x \tag{1.109}$$

$$H_y(x+\Delta x, y)\,\hat{\boldsymbol{y}} \cdot \Delta \boldsymbol{l} = H_y(x+\Delta x, y)\Delta y \tag{1.110}$$

$$H_y(x, y)\,\hat{\boldsymbol{y}} \cdot \Delta \boldsymbol{l} = -H_y(x, y)\Delta y \tag{1.111}$$

したがって，閉曲線上での $\boldsymbol{H} \cdot \Delta \boldsymbol{l}$ は，次のようになる．

$$\begin{aligned} \boldsymbol{H} \cdot \Delta \boldsymbol{l} = {} & [H_x(x, y) - H_x(x, y+\Delta y)]\ \Delta x \\ & + [H_y(x+\Delta x, y) - H_y(x, y)]\ \Delta y \end{aligned} \tag{1.112}$$

次に，$y = y + \Delta y$ におけるベクトルの x 成分 $H_x(y+\Delta y)$ を y を中心としてテイラー展開し，1 次の項まで残すと，次式が得られる．

$$H_x(y+\Delta y) \simeq H_x(y) + \frac{\partial H_x}{\partial y}\Delta y \tag{1.113}$$

同様にして，$x = x + \Delta x$ におけるベクトルの y 成分 $H_y(x+\Delta x)$ を x を中心としてテイラー展開し，1 次の項まで残すと，次式が得られる．

$$H_y(x+\Delta x) \simeq H_y(x) + \frac{\partial H_y}{\partial x}\Delta x \tag{1.114}$$

式 (1.113), (1.114) を式 (1.112) に代入すると，閉曲線上での $\boldsymbol{H} \cdot \Delta \boldsymbol{l}$ は，次のようになる．

$$\boldsymbol{H} \cdot \Delta \boldsymbol{l} \simeq \left(\frac{\partial H_y}{\partial x} - \frac{\partial H_x}{\partial y} \right) \Delta x \Delta y \tag{1.115}$$

式 (1.97) を用いると，式 (1.115) は，次のように簡略化される．

$$\boldsymbol{H} \cdot \Delta \boldsymbol{l} \simeq (\mathrm{rot}\ \boldsymbol{H})_z\,\Delta S = (\nabla \times \boldsymbol{H})_z\,\Delta S \tag{1.116}$$

ここで，$(\mathrm{rot}\ \boldsymbol{H})_z$ は $\mathrm{rot}\ \boldsymbol{H}$ の z 成分，$(\nabla \times \boldsymbol{H})_z$ は $\nabla \times \boldsymbol{H}$ の z 成分である．また，微小面積 $\Delta S = \Delta x \Delta y$ を導入した．

微小面積 ΔS が十分小さいときは，ベクトル $\boldsymbol{H}$ の回転 $\mathrm{rot}\ \boldsymbol{H}$ は，次のように表される．

$$(\mathrm{rot}\ \boldsymbol{H})_z = (\nabla \times \boldsymbol{H})_z = \lim_{\Delta S \to 0} \frac{\boldsymbol{H} \cdot \Delta \boldsymbol{l}}{\Delta S} \tag{1.117}$$

式 (1.117) は，$\boldsymbol{H} \cdot \boldsymbol{l}$ を面積 S について微分したものであると解釈できる．したがって，式 (1.117) を積分形式で表すと，次のようにストークスの定理が得られる．

$$\oint \boldsymbol{H} \cdot \mathrm{d}\boldsymbol{l} = \iint \mathrm{rot}\ \boldsymbol{H} \cdot \boldsymbol{n}\,\mathrm{d}S \tag{1.118}$$

1.7　線形代数

次式のように，いくつかの数を長方形状に並べたものを行列 (matrix) という．行列において，横の並びを行 (row)，縦の並びを列 (column) とよぶ．そして，並べられた個々の数をその行列の成分 (element) という．

$$\begin{bmatrix} 1 & 2 \\ 3 & 4 \end{bmatrix}, \quad \begin{bmatrix} 1 & 3 & -1 \\ 3 & 0 & 2 \end{bmatrix}, \quad \begin{bmatrix} 3 & 1 & 2 \\ -1 & 0 & 2 \\ -2 & 1 & 0 \end{bmatrix} \tag{1.119}$$

二つの行列 A, B において，行列 A の行数と行列 B の行数とが等しく，しかも行列 A の列数と行列 B の列数とが等しいとき，行列 A と行列 B とは同型であるという．行列 A と行列 B とが同型であるときに限り，行列 A と行列 B に対して加法と減法ができる．この規則は，次のように定められている．

$A + B$：対応する成分の加法をおこなって得られる行列
$A - B$：対応する成分の減法をおこなって得られる行列

たとえば，

$$A = \begin{bmatrix} a & b \\ c & d \end{bmatrix}, \quad B = \begin{bmatrix} e & f \\ g & h \end{bmatrix} \tag{1.120}$$

ならば，次のようになる．

$$A + B = \begin{bmatrix} a+e & b+f \\ c+g & d+h \end{bmatrix}, \quad A - B = \begin{bmatrix} a-e & b-f \\ c-g & d-h \end{bmatrix} \tag{1.121}$$

行列の加法については，次のように交換法則と結合法則が成り立つ．

$$A + B = B + A：交換法則$$
$$(A + B) + C = A + (B + C)：結合法則$$

行列の乗法は，次のように定める．

$$\begin{bmatrix} a & b \end{bmatrix} \begin{bmatrix} e \\ g \end{bmatrix} = \begin{bmatrix} ae + bg \end{bmatrix} \tag{1.122}$$

$$\begin{bmatrix} a & b \end{bmatrix} \begin{bmatrix} e & f \\ g & h \end{bmatrix} = \begin{bmatrix} ae + bg & af + bh \end{bmatrix} \tag{1.123}$$

$$\begin{bmatrix} a \\ c \end{bmatrix} \begin{bmatrix} e & f \end{bmatrix} = \begin{bmatrix} ae & af \\ ce & cf \end{bmatrix} \tag{1.124}$$

$$\begin{bmatrix} a & b \\ c & d \end{bmatrix} \begin{bmatrix} e \\ g \end{bmatrix} = \begin{bmatrix} ae + bg \\ ce + dg \end{bmatrix} \tag{1.125}$$

$$\begin{bmatrix} a & b \\ c & d \end{bmatrix} \begin{bmatrix} e & f \\ g & h \end{bmatrix} = \begin{bmatrix} ae + bg & af + bh \\ ce + dg & cf + dh \end{bmatrix} \tag{1.126}$$

ここで，行列の乗法では，交換法則が成り立たないことに注意しておこう．もちろん，$AB = BA$ が成り立つこともあるが，任意の行列 A, B に対して $AB = BA$ が成り立つわけではない．ただし，行列の乗法では，次のように結合法則と分配法則は成り立つ．

$$(AB)C = A(BC)：結合法則$$
$$A(B + C) = AB + AC,\ (B + C)A = BA + CA：分配法則$$

1.8　複素関数

1.8.1　極形式

二つの実数 x, y と虚数単位 $\mathrm{i} = \sqrt{-1}$ を用いて，**複素数** (complex number) z を次のように表す．

$$z = x + \mathrm{i}y \tag{1.127}$$

このとき，x を z の**実部** (real part)，y を z の**虚部** (imaginaryl part) とい

い，$x = \mathrm{Re}(z)$, $y = \mathrm{Im}(z)$ と表す．xy-平面上の点 (x, y) を表すとき，極座標を使って，

$$x = r\cos\theta \tag{1.128}$$

$$y = r\sin\theta \tag{1.129}$$

とすれば，複素数 z は次のように表される．

$$z = r\cos\theta + \mathrm{i}r\sin\theta = r\mathrm{e}^{\mathrm{i}\theta} = r\exp(\mathrm{i}\theta) \tag{1.130}$$

$$r = |z| = \sqrt{x^2 + y^2} \tag{1.131}$$

式 (1.130) を z の**極形式** (polar form) という．式 (1.131) の $r = |z|$ を複素数 z の**絶対値** (absolute value) といい，θ を z の**偏角** (argument) といって，$\theta = \arg z$ と表す．z の偏角のうち $-\pi < \theta \leq \pi$ をみたす θ を**偏角の主値** (principal value) といって，$\theta = \mathrm{Arg}\, z$ と書く．

1.8.2　線積分

n を整数として，関数 $f(z) = (z - \alpha)^n$ を中心 α，半径 r の円周 C に沿って積分しよう．このとき，$C = \{z | z = \alpha + r\mathrm{e}^{\mathrm{i}\theta},\ 0 \leq \theta \leq 2\pi\}$ と表すことができる．そして

$$f(z) = (z - \alpha)^n = (r\mathrm{e}^{\mathrm{i}\theta})^n = r^n\mathrm{e}^{\mathrm{i}n\theta} \tag{1.132}$$

$$\mathrm{d}z = \frac{\partial z}{\partial \theta}\,\mathrm{d}\theta = \mathrm{i}r\mathrm{e}^{\mathrm{i}\theta}\,\mathrm{d}\theta \tag{1.133}$$

である．したがって，中心 α，半径 r の円周 C に沿った関数 $f(z) = (z - \alpha)^n$ の積分は，次のようになる．

$$\begin{aligned}\int_C f(z)\,\mathrm{d}z = \int_C (z - \alpha)^n\,\mathrm{d}z &= \int_0^{2\pi} r^n\mathrm{e}^{\mathrm{i}n\theta}\mathrm{i}r\mathrm{e}^{\mathrm{i}\theta}\,\mathrm{d}\theta \\ &= \mathrm{i}r^{n+1}\int_0^{2\pi} \mathrm{e}^{\mathrm{i}(n+1)\theta}\,\mathrm{d}\theta \\ &= \mathrm{i}r^{n+1}\int_0^{2\pi} \{\cos[(n+1)\theta] + \mathrm{i}\,\sin[(n+1)\theta]\}\,\mathrm{d}\theta\end{aligned} \tag{1.134}$$

ここで，$n + 1 = 0$ のときと $n + 1 \neq 0$ のときとで場合分けすると，次のようになる．

i) $n+1=0$ すなわち $n=-1$ のとき

$$\int_C f(z)\,\mathrm{d}z = \int_C (z-\alpha)^{-1}\,\mathrm{d}z = \int_C \frac{1}{z-\alpha}\,\mathrm{d}z = \mathrm{i}\int_0^{2\pi} \mathrm{d}\theta = 2\pi\mathrm{i} \quad (1.135)$$

ii) $n+1 \neq 0$ すなわち $n \neq -1$ のとき

$$\begin{aligned}\int_C f(z)\,\mathrm{d}z &= \int_C (z-\alpha)^n\,\mathrm{d}z \\ &= \mathrm{i}r^{n+1}\int_0^{2\pi}\{\cos[(n+1)\theta] + \mathrm{i}\,\sin[(n+1)\theta]\}\,\mathrm{d}\theta \\ &= \mathrm{i}r^{n+1}\left[\frac{\sin[(n+1)\theta]}{n+1} - \mathrm{i}\,\frac{\cos[(n+1)\theta]}{n+1}\right]_0^{2\pi} = 0 \end{aligned} \quad (1.136)$$

以上をまとめると，次のようになる．

$$\int_C f(z)\,\mathrm{d}z = \int_C (z-\alpha)^n\,\mathrm{d}z = \begin{cases} 2\pi\mathrm{i} & (n=-1) \\ 0 & (n \neq -1) \end{cases} \quad (1.137)$$

1.8.3　Cauchy の積分公式

領域 D のすべての点で関数 $f(z)$ が微分可能なとき，$f(z)$ は D で正則 (regular) であるという．いま，$f(z)$ が D で正則であり，C を反時計回りの単一閉曲線とする．なお，この反時計回りの単一閉曲線を正方向の単一閉曲線という．さらに，C の周と C の内部が D に含まれるとする．このとき，式 (1.137) から，C 内の 1 点 α に対して，次式が成り立つ．

$$f(\alpha) = \frac{1}{2\pi\mathrm{i}}\int_C \frac{f(z)}{z-\alpha}\,\mathrm{d}z \quad (1.138)$$

ここで，式 (1.138) における $f(z)$ は，式 (1.132) における $f(z)$ であるとは限らないことに注意しておこう．

1.8.4 留数の原理

関数 $f(z)$ が α では正則ではないとする．そして，ある正の数 ρ に対して，$|z-\alpha|<\rho$ において $f(z)$ が正則となるとき，α を $f(z)$ の**孤立特異点** (isolated singular point) という．関数 $f(z)$ が α を孤立特異点としてもつとき，α を中心とする Laurent 展開を次のように表す．

$$
\begin{aligned}
f(z) &= \sum_{k=-\infty}^{\infty} a_k (z-\alpha)^k \\
&= \cdots \frac{a_{-2}}{(z-\alpha)^2} + \frac{a_{-1}}{z-\alpha} + a_0 + a_1(z-\alpha) + a_2(z-\alpha)^2 + \cdots
\end{aligned}
\tag{1.139}
$$

式 (1.139) における係数 a_{-1} を $f(z)$ の α における**留数** (residue) という．この留数を

$$
\operatorname*{Res}_{z=\alpha} f(z) \quad \text{または単に} \quad \mathrm{Res}(\alpha)
$$

と書くことにすると，次のように表される．

$$
a_{-1} = \operatorname*{Res}_{z=\alpha} f(z) \quad \text{または} \quad a_{-1} = \mathrm{Res}(\alpha)
$$

関数 $f(z)$ が 単一閉曲線 C を境界とする領域に有限個の孤立特異点 $\alpha_1, \alpha_2, \cdots, \alpha_m$ をもち，これら以外では境界 C も含めて正則であるとする．このとき，式 (1.137) から次式が成り立つ．

$$
\int_C f(z)\,\mathrm{d}z = 2\pi \mathrm{i} \sum_{l=1}^{m} \operatorname*{Res}_{z=\alpha_l} f(z) \tag{1.140}
$$

式 (1.140) を**留数の原理** (theorem of residue) という．

第2章

固体物性を学ぶための電磁気学

この章の目的

固体物性を学ぶために必要な電磁気学として，マクスウェル方程式，ガウスの法則，アンペールの法則，ビオー–サヴァールの法則，ポアソン方程式，境界条件について復習する．

キーワード

マクスウェル方程式，スカラーポテンシャル，ベクトルポテンシャル，電荷，電界，ガウスの法則，電位，磁界，アンペールの法則，ビオー–サヴァールの法則，磁位，ポアソン方程式，境界条件

2.1 電磁気学の基本方程式

2.1.1 マクスウェル方程式

磁界 (magnetic field) $\boldsymbol{H}\,(\mathrm{A\,m^{-1}})$，電流密度 (current density) $\boldsymbol{i}\,(\mathrm{A\,m^{-2}})$，電束密度 (electric flux density) $\boldsymbol{D}\,(\mathrm{C\,m^{-2}})$，電界 (electric field) $\boldsymbol{E}\,(\mathrm{V\,m^{-1}})$，磁束密度 (magnetic flux density) $\boldsymbol{B}\,(\mathrm{T})$，真電荷密度 (true electric charge density) $\rho\,(\mathrm{C\,m^{-3}})$ の間の関係は，次の四つの方程式から構成されるマクスウェル方程式 (Maxwell equations) によって表すことができる．

$$\mathrm{rot}\,\boldsymbol{H} = \nabla \times \boldsymbol{H} = \boldsymbol{i} + \frac{\partial \boldsymbol{D}}{\partial t} \tag{2.1}$$

$$\mathrm{rot}\,\boldsymbol{E} = \nabla \times \boldsymbol{E} = -\frac{\partial \boldsymbol{B}}{\partial t} \tag{2.2}$$

$$\mathrm{div}\,\boldsymbol{D} = \nabla \cdot \boldsymbol{D} = \rho \tag{2.3}$$

$$\mathrm{div}\,\boldsymbol{B} = \nabla \cdot \boldsymbol{B} = 0 \tag{2.4}$$

ここで，太字の記号は，すべてベクトルを表す．そして，$\times$ は外積を，$\cdot$ は内積を示す．なお，∇ は式 (1.92) で示したハミルトンの演算子である．

真電荷密度 $\rho\,(\mathrm{C\,m^{-3}})$ は，単位体積あたりの**真電荷** (true electric charge) であって，**分極電荷** (polarized electric charge) を含んでいないことに注意してほしい．

2.1.2　電界と電束密度

外部から電界 $\boldsymbol{E}_0$ を印加したとき，電荷がわずかに移動することによって電荷分布が変化し，**分極** (polarization) $\boldsymbol{P}\,(\mathrm{C\,m^{-2}})$ が生じるような物質を**誘電体** (dielectrics) という．分極によって**反分極電界** (depolarizing field) $\boldsymbol{E}_1$ が生じ，外部から印加した電界 $\boldsymbol{E}_0$ と分極によって生じた反分極電界 $\boldsymbol{E}_1$ のベクトル和として，合成電界 $\boldsymbol{E} = \boldsymbol{E}_0 + \boldsymbol{E}_1$ が決まる．このとき，次式によって電束密度 $\boldsymbol{D}$ を定義する．

$$\boldsymbol{D} = \varepsilon_0 \boldsymbol{E} + \boldsymbol{P} = \varepsilon \boldsymbol{E} = \varepsilon_0 \varepsilon_{\mathrm{r}} \boldsymbol{E} \tag{2.5}$$

ここで，$\varepsilon_0 = 8.854 \times 10^{-12}\,\mathrm{F\,m^{-1}}$ は**真空の誘電率** (permittivity of free space)，$c = 299792458\,\mathrm{m\,s^{-1}}$ は真空中の光速，ε は**誘電率** (dielectric constant) である．また，ε_{r} は**比誘電率** (relative dielectric constant) であり，真空中では $\varepsilon_{\mathrm{r}} = 1$ である．なお，物理量は，数値と単位をかけたものであり，高校数学とは違って，数値の後の単位には，かっこを付けないことに注意してほしい．ただし，物理量を表す記号の後に単位を付けるときは，記号と単位を区別しやすいように，単位をかっこの中に入れる．単位とかっことの関係については，高校物理の教科書を復習しておくとよい．

誘電体中では，式 (2.3)，(2.5) から，次の関係が成り立つ．

$$\operatorname{div} \boldsymbol{E} = \nabla \cdot \boldsymbol{E} = \frac{\rho}{\varepsilon} = \frac{\rho}{\varepsilon_0 \varepsilon_{\mathrm{r}}} \tag{2.6}$$

一方，真空中では分極が生じないので，$\boldsymbol{P} = \boldsymbol{0}$, $\boldsymbol{E}_1 = \boldsymbol{0}$ である．したがって，真空中では $\boldsymbol{E} = \boldsymbol{E}_0$ となり，電束密度 $\boldsymbol{D}$ は次のように表される．

$$\boldsymbol{D} = \varepsilon_0 \boldsymbol{E} = \varepsilon_0 \boldsymbol{E}_0 \tag{2.7}$$

真空中では，式 (2.3)，(2.7) から次の関係が成り立つ．

$$\operatorname{div} \boldsymbol{E} = \nabla \cdot \boldsymbol{E} = \frac{\rho}{\varepsilon_0} \tag{2.8}$$

2.1.3 磁界と磁束密度

外部から磁界 $\boldsymbol{H}_0$ を印加すると，磁荷分布が変化して**磁化** (magnetization) $\boldsymbol{M}$ ($\mathrm{A\,m^{-1}}$) が生じるような物質を**磁性体** (magnetic substance) という．磁化によって**反（磁化）磁界** (demagnetizing field) $\boldsymbol{H}_1$ が生じ，外部から印加した磁界 $\boldsymbol{H}_0$ と磁化によって生じた反（磁化）磁界 $\boldsymbol{H}_1$ のベクトル和として，合成磁界 $\boldsymbol{H} = \boldsymbol{H}_0 + \boldsymbol{H}_1$ が決まる．このとき，次式によって磁束密度 $\boldsymbol{B}$ を定義する．

$$\boldsymbol{B} = \mu_0 (\boldsymbol{H} + \boldsymbol{M}) = \mu \boldsymbol{H} = \mu_0 \mu_{\mathrm{r}} \boldsymbol{H} \tag{2.9}$$

ただし，$\mu_0 = 1.25664 \times 10^{-6}\,\mathrm{H\,m^{-1}}$ は**真空の透磁率** (permiability of free space)，μ は**透磁率** (magnetic permiability) である．また，μ_{r} は**比誘磁率** (relative magnetic permiability) であり，真空中では $\mu_{\mathrm{r}} = 1$ である．多くの光学媒質では，$\mu_{\mathrm{r}} = 1$ とみなしても，よい近似となることが多い．式 (2.9) は $\boldsymbol{E}$–$\boldsymbol{B}$ 対応による表現であり，$\mu_0 \boldsymbol{M}$ (T) は**磁気分極** (magnetic polarization) とよばれる．なお，$\boldsymbol{E}$–$\boldsymbol{H}$ 対応では $\boldsymbol{B} = \mu_0 \boldsymbol{H} + \boldsymbol{M}$ と表し，磁化 $\boldsymbol{M}$ の単位は T である．

真空中では磁化が生じないので，$\boldsymbol{M} = \boldsymbol{0}$, $\boldsymbol{H}_1 = \boldsymbol{0}$ である．したがって，真空中では $\boldsymbol{H} = \boldsymbol{H}_0$ となり，磁束密度 $\boldsymbol{B}$ は次のように表される．

$$\boldsymbol{B} = \mu_0 \boldsymbol{H} = \mu_0 \boldsymbol{H}_0 \tag{2.10}$$

2.1.4　ベクトルポテンシャルとスカラーポテンシャル

ベクトルポテンシャル (vector potential) $\boldsymbol{A}\,(\mathrm{T\,m})$ とスカラーポテンシャル (scalar potential) $\phi\,(\mathrm{V})$ を用いると，磁束密度 $\boldsymbol{B}$ と電界 $\boldsymbol{E}$ は，それぞれ次のように表される．

$$\boldsymbol{B} = \mathrm{rot}\,\boldsymbol{A} = \nabla \times \boldsymbol{A} \tag{2.11}$$

$$\boldsymbol{E} = -\mathrm{grad}\,\phi - \frac{\partial \boldsymbol{A}}{\partial t} = -\nabla\phi - \frac{\partial \boldsymbol{A}}{\partial t} \tag{2.12}$$

式 (2.11) は，**磁気単極子** (magnetic monopole) が実験的に見つかっていないことを反映した式 (2.4) と，次のベクトル解析の公式を組み合わせることで導かれたものである．

$$\mathrm{div}\,\boldsymbol{B} = \mathrm{div}(\mathrm{rot}\,\boldsymbol{A}) = 0 \tag{2.13}$$

式 (2.11), (2.12) から，ファラデーの誘導法則を示す式 (2.2) を次のように再現することもできる．

$$\mathrm{rot}\,\boldsymbol{E} = \mathrm{rot}\left(-\nabla\,\phi - \frac{\partial \boldsymbol{A}}{\partial t}\right) = -\mathrm{rot}\,(\nabla\phi) - \frac{\partial}{\partial t}\mathrm{rot}\,\boldsymbol{A} = -\frac{\partial \boldsymbol{B}}{\partial t} \tag{2.14}$$

ここで，ベクトル解析の公式 $\mathrm{rot}\,(\nabla\phi) = \boldsymbol{0}$ を用いた．

2.1.5　ローレンツ力とクーロン力

電界 $\boldsymbol{E}$ と磁界 $\boldsymbol{H}$（磁束密度 $\boldsymbol{B}$）が存在する空間では，速度 $\boldsymbol{v}$ で運動している電荷 $q\,(\mathrm{C})$ をもつ粒子に対して，次のような**ローレンツ力** (Lorentz force) $\boldsymbol{F}\,(\mathrm{N})$ がはたらく．

$$\boldsymbol{F} = q\boldsymbol{E} + q\boldsymbol{v} \times \boldsymbol{B} \tag{2.15}$$

なお，式 (2.15) の右辺第2項 $q\boldsymbol{v} \times \boldsymbol{B}$ だけをローレンツ力ということもある．

電界 $\boldsymbol{E}$ だけが存在し，磁束密度 $\boldsymbol{B} = \boldsymbol{0}$ の場合，電荷 q をもつ粒子に対して，次のような**クーロン力** (Coulomb force) $\boldsymbol{F}$ がはたらく．

$$\boldsymbol{F} = q\boldsymbol{E} \tag{2.16}$$

式 (2.15) から，磁束密度 $\boldsymbol{B}\,(\mathrm{T})$ が存在する空間で，導体が速度 $\boldsymbol{v}\,(\mathrm{m\,s^{-1}})$ で運動しているとき，導体は誘導電界 $\boldsymbol{v} \times \boldsymbol{B}\,(\mathrm{V\,m^{-1}})$ を感じているといえる．

したがって，速度 $\boldsymbol{v}$ で移動している座標系から観測した電界 $\boldsymbol{E}'$ は，式 (2.12) に誘導電界 $\boldsymbol{v} \times \boldsymbol{B}$ を加え，次のように表される．

$$\boldsymbol{E}' = -\nabla\phi - \frac{\partial \boldsymbol{A}}{\partial t} + \boldsymbol{v} \times \boldsymbol{B} \tag{2.17}$$

なお，静止した座標系から観測した電界 $\boldsymbol{E}$ は式 (2.12) であり，観測する座標系によって，電界を表す式が異なることに注意してほしい．

2.1.6 連続の式

電荷 (electric charge) は，突然消滅することはない．つまり，電荷は保存される．したがって，ある空間に存在していた電荷が減ると，減った分の電荷が外部に電流として流れる．この関係は，真電荷密度 $\rho\,(\mathrm{C\,m^{-3}})$ と電流密度 $\boldsymbol{i}\,(\mathrm{A\,m^{-2}})$ を用いて，次のように表される．

$$\frac{\partial \rho}{\partial t} + \mathrm{div}\,\boldsymbol{i} = 0 \tag{2.18}$$

式 (2.18) は，**連続の式** (continuity equation) とよばれている．

2.1.7 電荷の単位

国際単位系では，電荷の単位は，**クーロン** (Coulomb) とよばれ，C という記号で表す．電荷の単位クーロンは，2 本の平行な直線状の導線に電流を流したときに，この導線にはたらく力によって定義された．図 2.1 に示すように，2 本の平行な直線状の導線の距離が 1 m のとき，この 2 本の導線に同一の値の電流

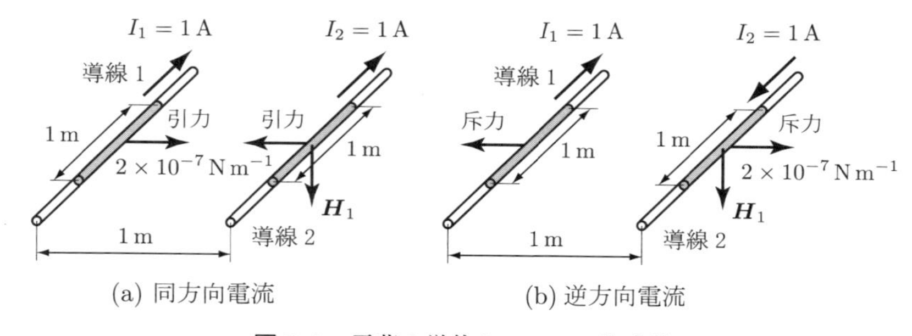

(a) 同方向電流　　(b) 逆方向電流

図 2.1　電荷の単位クーロンの決定法

を流す．そして，この導線にはたらく単位長さあたりの力が $2 \times 10^{-7}\,\mathrm{N\,m^{-1}}$ であれば1s 間に電荷が 1C 流れたと，1948年の国際度量衡総会において決定された．このときの電流の大きさは $1\,\mathrm{C\,s^{-1}} = 1\,\mathrm{A}$ と表され，A はアンペア (Ampere) とよばれている．ただし，2019年5月20日からは，電気素量の値を正確に $1.602176634 \times 10^{-19}\mathrm{C}$ と定めることによって，アンペアは設定されることになった．

空気中に置かれた直線状の導線1に電流 I_1 (A) を流すと，直線状の導線1から距離 r (m) の点に，周回上の磁界 $\boldsymbol{H}_1$ が発生し，その大きさ H_1 ($\mathrm{A\,m^{-1}}$) は，

$$H_1 = \frac{I_1}{2\pi r} \tag{2.19}$$

となる．このとき，直線状の導線1から距離 r (m) の点における磁束密度の大きさ B_1 (T) は，式 (2.10) から

$$B_1 = \frac{\mu_0 I_1}{2\pi r} \tag{2.20}$$

となる．導線1と導線2の距離を r (m) とし，導線2に電流 I_2 (A) を流すと，導線2にはたらく単位長さあたりの力の大きさ f ($\mathrm{N\,m^{-1}}$) は，次のように表される．

$$f = I_2 B_1 = \frac{\mu_0 I_1 I_2}{2\pi r} \tag{2.21}$$

国際単位系では，式 (2.21) に $f = 2 \times 10^{-7}\,\mathrm{N\,m^{-1}}$，$r = 1\,\mathrm{m}$，$I_1 = I_2 = 1\,\mathrm{C\,s^{-1}} = 1\,\mathrm{A}$ を代入して，真空の透磁率 $\mu_0 = 4\pi \times 10^{-7}\,\mathrm{H\,m^{-1}} = 1.25664 \times 10^{-6}\,\mathrm{H\,m^{-1}}$ を決めたのである．ただし，前述のように2019年5月20日からは電流の定義が変わったので，μ_0 を実験的に決定しなければならなくなった．電流の定義を変更した時点での μ_0 は，相対的標準不確定性 2.3×10^{-10} のもとで (with a relative standard uncertainty of 2.3×10^{-10}) $4\pi \times 10^{-7}\,\mathrm{H\,m^{-1}}$ に等しかった．

2.2 静電界と電位

2.2.1 時間的に変化しない電荷の周辺

時間的に変化しない電荷の周辺には電気的な山や谷ができており，この電気的な山や谷の勾配を**静電界** (electrostatic electric field) という．真空中あるいは空気中に電荷だけが存在し，しかも電荷の量が時間的に変化しない場合，$\boldsymbol{B} = \mathrm{rot}\,\boldsymbol{A} = \boldsymbol{0}$ となる．このとき，式 (2.2) において $\partial \boldsymbol{B}/\partial t = \boldsymbol{0}$ となり，次の関係が得られる．

$$\mathrm{rot}\,\boldsymbol{E} = \nabla \times \boldsymbol{E} = \boldsymbol{0} \tag{2.22}$$

式 (2.22), (2.12) から，スカラーポテンシャル ϕ(V) を用いて，静電界 $\boldsymbol{E}$ $(\mathrm{V\,m^{-1}})$ は次のように表される．

$$\boldsymbol{E} = -\mathrm{grad}\,\phi = -\nabla\phi \tag{2.23}$$

なお，$\mathrm{rot}\,\boldsymbol{E} = \nabla \times \boldsymbol{E} = \boldsymbol{0}$ をみたすスカラーポテンシャル ϕ は，**電位** (electric potential) とよばれ，2 点間の電位差を**電圧** (voltage) という．式 (2.23) における負の符号は，静電界 $\boldsymbol{E}$ が電位 ϕ の高い方から低い方に向かうと約束したことに由来する．

線積分 (line integral) を用いると，電位 ϕ と静電界 $\boldsymbol{E}$ との関係は，次のように表される．

$$\phi = -\int_{\boldsymbol{r}_0}^{\boldsymbol{r}} \boldsymbol{E} \cdot \mathrm{d}\boldsymbol{r} \tag{2.24}$$

ここで，$\boldsymbol{r}_0$ は電位の基準（$\phi = 0\,\mathrm{V}$）となる点の位置ベクトル，$\boldsymbol{r}$ は電位 ϕ を求めるべき点の位置ベクトルである．

式 (2.24) から，二つの点 A, B の間の電位差すなわち電圧 $\Delta\phi$ (V) は，

$$\Delta\phi = -\int_{\boldsymbol{r}_\mathrm{A}}^{\boldsymbol{r}_\mathrm{B}} \boldsymbol{E} \cdot \mathrm{d}\boldsymbol{r} \tag{2.25}$$

と表される．ここで，$\boldsymbol{r}_\mathrm{A}$ と $\boldsymbol{r}_\mathrm{B}$ は，それぞれ点 A, B の位置ベクトルである．2 点の位置が決まれば，2 点間の電位差は，積分経路によらず，ただ一つの値

に決まる．したがって，回路部品を並列接続したとき，各回路部品における電圧が等しくなるのである．

静電界 $\boldsymbol{E}$ に対して重ね合わせの原理が成り立つので，式 (2.24) から，電位 ϕ に対しても重ね合わせの原理が成り立つ．電荷 q_n によって点Pに生じる電界と電位をそれぞれ $\boldsymbol{E}_n, \phi_n$ と表すと，点Pにおける電界 $\boldsymbol{E}$ と電位 ϕ は，次のように表される．

$$\boldsymbol{E} = \sum_n \boldsymbol{E}_n, \quad \phi = \sum_n \phi_n \tag{2.26}$$

点電荷の周囲の電位を求める場合，電位の基準（$\phi = 0\,\mathrm{V}$）となる点は，無限遠の点に選ぶことが多い．ただし，電荷の形状によっては，電位の基準（$\phi = 0\,\mathrm{V}$）となる点を無限遠の点に選ぶと，求めるべき点において電位 ϕ が発散する．このような場合は，求めるべき点において電位 ϕ が発散しないように，電荷をもつ物体の表面に電位の基準（$\phi = 0\,\mathrm{V}$）となる点を選ぶなど，工夫する必要がある．

2.2.2　ガウスの法則

式 (1.98) によって表されるガウスの定理と，式 (2.6) を組み合わせると，次式が得られる．

$$\begin{aligned}\iint \boldsymbol{E}\cdot\boldsymbol{n}\,\mathrm{d}S &= \frac{1}{\varepsilon}\times(\text{閉曲面内の全電荷}) \\ &= \frac{1}{\varepsilon_0\varepsilon_\mathrm{r}}\times(\text{閉曲面内の全電荷})\end{aligned} \tag{2.27}$$

真空中あるいは空気中では，式 (2.27) において $\varepsilon = \varepsilon_0$, $\varepsilon_\mathrm{r} = 1$ とすればよい．式 (2.27) をガウスの法則 (Gauss's law) という．

2.2.3　ポアソン方程式

式 (2.6) に式 (2.23) を代入すると，次の関係が得られる．

$$\nabla\cdot(-\nabla\phi) = -\nabla^2\phi = \frac{\rho}{\varepsilon} = \frac{\rho}{\varepsilon_0\varepsilon_\mathrm{r}} \tag{2.28}$$

真空中あるいは空気中では，式 (2.27) において $\varepsilon = \varepsilon_0$, $\varepsilon_\mathrm{r} = 1$ とすればよい．式 (2.28) はポアソン方程式 (Poisson equation) とよばれ，この方程式を

解くことで，静電界 $\boldsymbol{E}$ と電位 ϕ を求めることができる．境界条件に応じて式(2.28) を解くことで，pn 接合，金属–半導体接合，ヘテロ接合，MIS トランジスタや MOS トランジスタの伝導チャネルにおける静電界，電位，エネルギー分布を求めることができる．このように，ポアソン方程式は，半導体デバイスの解析をするうえで，とても大切である．

2.2.4 ポテンシャルエネルギー

電荷 $q\,(\mathrm{C})$ が静電界 $\boldsymbol{E}\,(\mathrm{V\,m^{-1}})$ 中に置かれると，電荷にクーロン力 $\boldsymbol{F} = q\boldsymbol{E}\,(\mathrm{N})$ がはたらく．このクーロン力に逆らって電荷を距離 $r\,(\mathrm{m})$ だけ移動しようとすれば，クーロン力と反対方向に力 $-\boldsymbol{F} = -q\boldsymbol{E}\,(\mathrm{N})$ を及ぼす必要がある．電荷の変位を $\boldsymbol{r}\,(\mathrm{m})$ と表すと，この移動に要するエネルギー $U\,(\mathrm{J})$ は，次のように表される．

$$U = \int_0^r -\boldsymbol{F}\cdot \mathrm{d}\boldsymbol{r} = q\left(-\int_0^r \boldsymbol{E}\cdot \mathrm{d}\boldsymbol{r}\right) = q\phi \tag{2.29}$$

静電界 $\boldsymbol{E}$ に対して，$\mathrm{rot}\,\boldsymbol{E} = \boldsymbol{0}$ が成り立っているので，式(2.29) で与えられる U は，積分経路によって値が変わらない．このようなエネルギー U をポテンシャルエネルギー (potential energy) という．

式(2.29) において，$q = 1\,\mathrm{C}$ とすれば，次の関係が得られる．

$$U = \phi \tag{2.30}$$

したがって，電位 ϕ は，単位電荷（$1\,\mathrm{C}$）を移動するのに必要なエネルギーであるといえる．

2.3 電気双極子モーメントと分極

図 2.2 (a) のように，正の電荷 $q_n\,(\mathrm{C})$ と負の電荷 $-q_n\,(\mathrm{C})$ が近接して配置された電気双極子を考える．ここで，近接とは，電荷間の距離が $10^{-10}\,\mathrm{m} = 0.1\,\mathrm{nm}$ のオーダーであることを意味している．このとき，負の電荷 $-q_n$ を始点とし，正の電荷 q_n を終点とするベクトル $\boldsymbol{r}_n\,(\mathrm{m})$ を用いて，**電気双極子モーメント** (electric dipole moment) $\boldsymbol{p}_n\,(\mathrm{C\,m})$ は，次式によって定義される．

$$\boldsymbol{p}_n = q_n\boldsymbol{r}_n \tag{2.31}$$

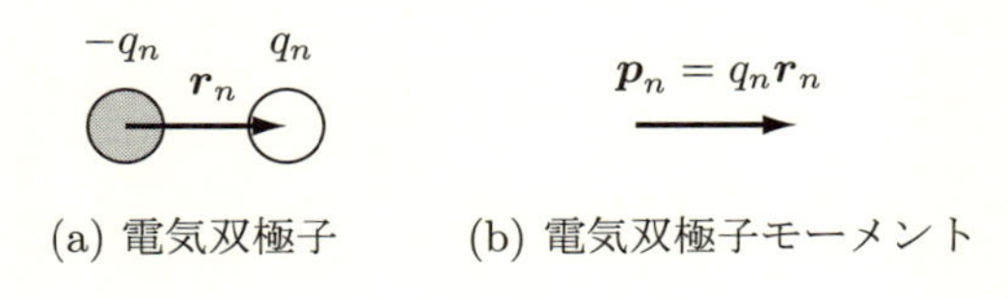

図 2.2　電気双極子モーメント

図 2.2 (b) では，ベクトルを用いて，電気双極子モーメント $\boldsymbol{p}_n$ を示している．電荷が移動して電気双極子モーメント $\boldsymbol{p}_n$ が形成されたときは，正の電荷が移動した方向を $\boldsymbol{p}_n$ の方向と約束する．負の電荷が移動した場合は，負の電荷が移動した方向と反対方向を $\boldsymbol{p}_n$ の方向と約束する．

分極 $\boldsymbol{P}\,(\mathrm{C\,m^{-2}})$ は，単位体積あたりの電気双極子モーメント，すなわち電気双極子モーメントを単位体積にわたって加え合わせたものである．図 2.3 のように，誘電体のうち体積 V の部分に存在する電気双極子モーメント $\boldsymbol{p}_n\,(\mathrm{C\,m})$ の和を用いて，分極 $\boldsymbol{P}\,(\mathrm{C\,m^{-2}})$ は次式によって表される．

$$\boldsymbol{P} = \frac{1}{V}\sum_{n=1}\boldsymbol{p}_n \tag{2.32}$$

電荷が移動して分極 $\boldsymbol{P}$ が形成されたときは，正の電荷が移動した方向を $\boldsymbol{P}$ の方向と約束する．負の電荷が移動した場合は，負の電荷が移動した方向と反対方向を $\boldsymbol{P}$ の方向と約束する．

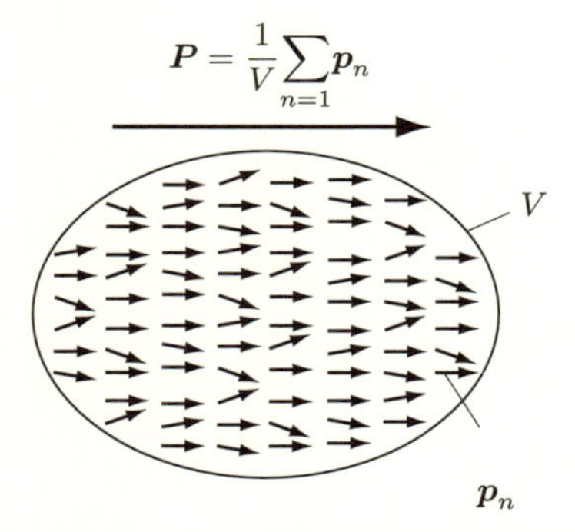

図 2.3　分極 $\boldsymbol{P}$ と電気双極子モーメント $\boldsymbol{p}_n$

2.4　静電界と電束密度の境界条件

二つの領域が接しており，境界面に真電荷は存在しないとする．図 2.4 のように，境界面をはさんで，それぞれの領域の誘電率が $\varepsilon_1, \varepsilon_2$ であるとし，それぞれの領域の静電界を $\boldsymbol{E}_1, \boldsymbol{E}_2$ とおく．また，境界面の法線と静電界とがなす角をそれぞれ θ_1, θ_2 とする．

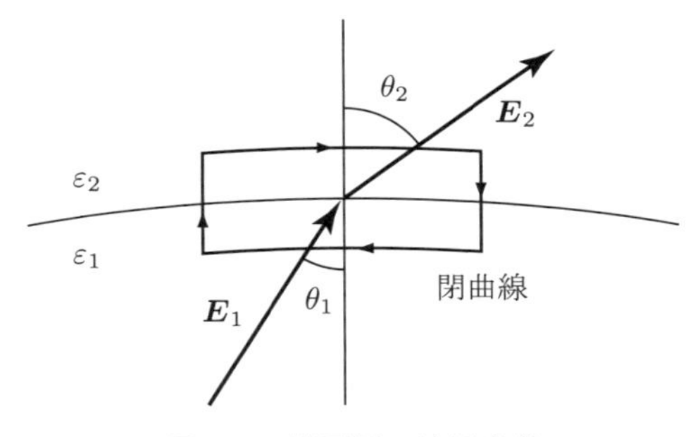

図 **2.4**　静電界の境界条件

図 2.4 のような，境界面に沿った経路をもつ閉曲線を考える．境界面に沿った経路のうち，静電界と交差する経路の長さを δl とし，境界面に垂直な方向の閉曲線を貫く静電界が存在しないように閉曲線を選ぶ．この閉曲線に対してストークスの定理を適用すると，静電界に対して次のようになる．

$$\begin{aligned}\oint \boldsymbol{E}\cdot \mathrm{d}\boldsymbol{l} &= \boldsymbol{E}_1\cdot\boldsymbol{\delta l}+\boldsymbol{E}_2\cdot\boldsymbol{\delta l}\\ &= E_1\cos\left(\frac{\pi}{2}+\theta_1\right)\delta l + E_2\cos\left(\frac{\pi}{2}-\theta_2\right)\delta l\\ &= (-E_1\sin\theta_1+E_2\sin\theta_2)\,\delta l = 0 \end{aligned}\tag{2.33}$$

式 (2.33) から，次の関係が得られる．

$$E_1\sin\theta_1 = E_2\sin\theta_2 \tag{2.34}$$

式 (2.34) は，静電界の接線成分が等しいことを示している．

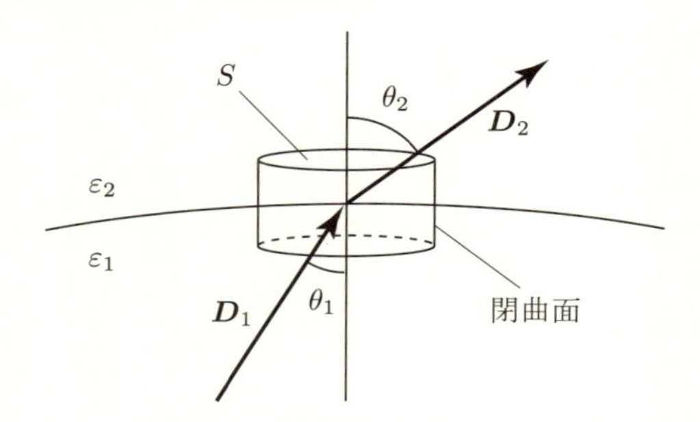

図 2.5　電束密度の境界条件

図 2.5 のように，境界面をはさんで誘電率がそれぞれ $\varepsilon_1, \varepsilon_2$ であるとし，それぞれの領域の電束密度を $\boldsymbol{D}_1, \boldsymbol{D}_2$ とおく．また，境界面の法線と電束密度とがなす角をそれぞれ θ_1, θ_2 とする．

ここで，微小厚さの閉曲面を選び，閉曲面の上面と底面が，境界面に平行であるとする．そして，閉曲面の上面と底面の面積は等しいとし，この面積を S とおく．また，閉曲面の側面を貫く電束密度が存在しないように閉曲面を選ぶ．このとき，電束密度に対してガウスの法則を適用すると，

$$\begin{aligned}\iint \boldsymbol{D}\cdot\boldsymbol{n}\,\mathrm{d}S &= \boldsymbol{D}_1\cdot\boldsymbol{n}\,S + \boldsymbol{D}_2\cdot\boldsymbol{n}\,S \\ &= D_1\cos(\pi-\theta_1)\ S + D_2\cos\theta_2\,S \\ &= (-D_1\cos\theta_1 + D_2\cos\theta_2)\,S = 0 \end{aligned} \tag{2.35}$$

となる．ここで，境界面に真電荷が存在しないと仮定したので，式 (2.3) から $\mathrm{div}\,\boldsymbol{D} = \nabla\cdot\boldsymbol{D} = 0$ としたことに注意してほしい．

式 (2.35) から，次の関係が得られる．

$$D_1\cos\theta_1 = D_2\cos\theta_2 \tag{2.36}$$

式 (2.36) は，電束密度の法線成分が等しいことを示している．

2.5 磁気双極子モーメントと磁化

図2.6(a)のように，正の磁荷 q_{mn} (A m) と負の磁荷 $-q_{mn}$ (A m) が近接して配置された磁気双極子を考える．このとき，負の磁荷 $-q_{mn}$ を始点とし，正の磁荷 q_{mn} を終点とするベクトル $\boldsymbol{r}_n$ (m) を用いて，次式によって**磁気双極子モーメント** (magnetic dipole moment) $\boldsymbol{m}_n$ (A m^2) は，次式によって定義される．

$$\boldsymbol{m}_n = q_{mn}\boldsymbol{r}_n \tag{2.37}$$

図2.6(b)では，ベクトルを用いて，磁気双極子モーメント $\boldsymbol{m}_n$ を示している．

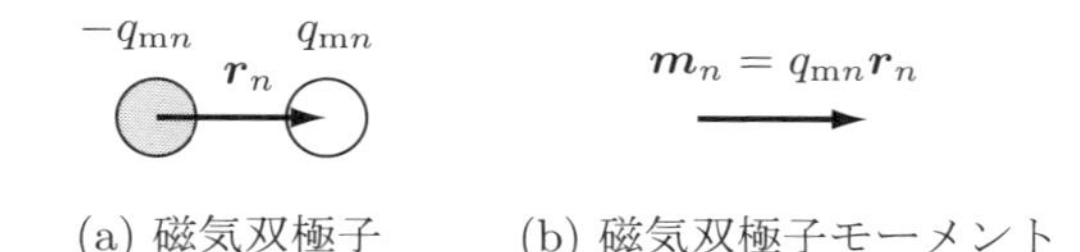

(a) 磁気双極子　　(b) 磁気双極子モーメント

図2.6　磁気双極子モーメント

磁化 $\boldsymbol{M}$ (A m^{-1}) は，単位体積あたりの磁気双極子モーメント，すなわち磁気双極子モーメントを単位体積にわたって加え合わせたものである．図2.7のように，磁性体のうち体積 V の部分に存在する磁気双極子モーメント $\boldsymbol{m}_n$ (A m^2) の和を用いて，磁化 $\boldsymbol{M}$ (A m^{-1}) は，次式によって表される．

$$\boldsymbol{M} = \frac{1}{V}\sum_{n=1}\boldsymbol{m}_n \tag{2.38}$$

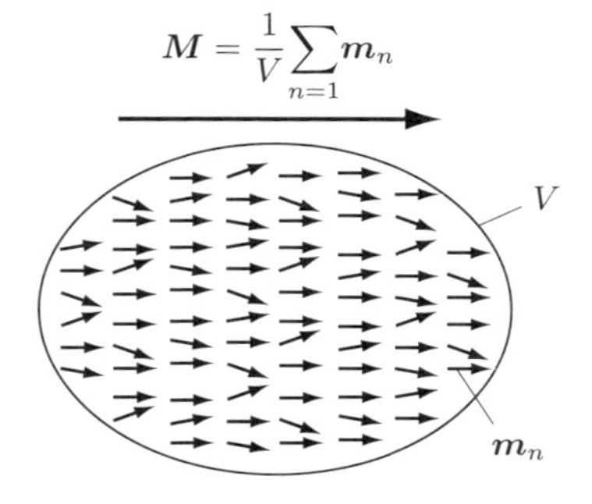

図2.7　磁化 $\boldsymbol{M}$ と磁気双極子モーメント $\boldsymbol{m}_n$

2.5.1　磁束密度

磁化 $\boldsymbol{M}\,(\mathrm{A\,m^{-1}})$ と磁性体内の巨視的な全磁界 $\boldsymbol{H}\,(\mathrm{A\,m^{-1}})$ を用いて，磁束密度 $\boldsymbol{B}\,(\mathrm{T})$ が，次式によって定義されている．

$$\boldsymbol{B} = \mu_0(\boldsymbol{H} + \boldsymbol{M}) = \mu_0\mu_{\mathrm{r}}\boldsymbol{H} = \mu\boldsymbol{H} \tag{2.39}$$

ここで，磁界 $\boldsymbol{H}$ が，外部から印加した磁界 $\boldsymbol{H}_0$ と，磁化 $\boldsymbol{M}$ によって生じた反（磁化）磁界 $\boldsymbol{H}_1$ との合成磁界，すなわち $\boldsymbol{H} = \boldsymbol{H}_0 + \boldsymbol{H}_1$ であることに注意してほしい．なお，$\mu_0\boldsymbol{M}$ は，**磁気分極** (magnetic polarization) とよばれている．

磁荷はつねに正負ペアで存在し，現実に考えられるどのような閉曲面を選んでも，閉曲面内の磁荷の総和は 0 となる．したがって，次のように，マクスウェル方程式のうちの一つである式 (2.4) が得られる．

$$\mathrm{div}\,\boldsymbol{B} = \nabla \cdot \boldsymbol{B} = 0 \tag{2.40}$$

2.6　静磁界と磁束密度の境界条件

二つの領域が接しており，境界面に電流は流れていないとする．図 2.8 のように，境界面をはさんで，それぞれの領域の透磁率が μ_1, μ_2 であるとし，それぞれの領域の磁界を $\boldsymbol{H}_1$, $\boldsymbol{H}_2$ とおく．また，境界面の法線と磁界とがなす角をそれぞれ θ_1, θ_2 とする．

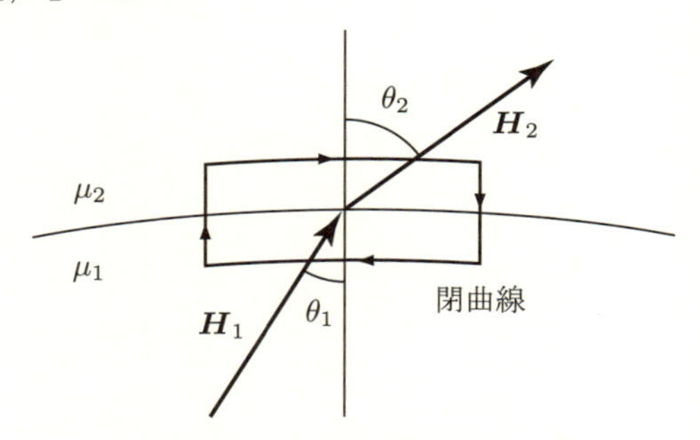

図 2.8　静磁界の境界条件

図 2.8 のような，境界面に沿った経路をもつ閉曲線を考える．境界面に沿った経路のうち，磁界と交差する経路の長さを δl とし，境界面に垂直な方向の閉曲線を貫く磁界が存在しないように閉曲線を選ぶ．この閉曲線に対してストークスの定理を適用すると，静磁界に対して次のようになる．

$$\begin{aligned}\oint \boldsymbol{H} \cdot \mathrm{d}\boldsymbol{l} &= \boldsymbol{H}_1 \cdot \boldsymbol{\delta l} + \boldsymbol{H}_2 \cdot \boldsymbol{\delta l} \\ &= H_1 \cos\left(\frac{\pi}{2} + \theta_1\right)\delta l + H_2 \cos\left(\frac{\pi}{2} - \theta_2\right)\delta l \\ &= (-H_1 \sin\theta_1 + H_2 \sin\theta_2)\,\delta l = 0 \end{aligned} \tag{2.41}$$

式 (2.41) から，次の関係が得られる．

$$H_1 \sin\theta_1 = H_2 \sin\theta_2 \tag{2.42}$$

式 (2.42) は，磁界の接線成分が等しいことを示している．

次に図 2.9 のように，境界面をはさんで透磁率がそれぞれ μ_1, μ_2 であるとし，それぞれの領域の磁束密度を $\boldsymbol{B}_1$, $\boldsymbol{B}_2$ とおく．また，境界面の法線と磁束密度とがなす角をそれぞれ θ_1, θ_2 とする．

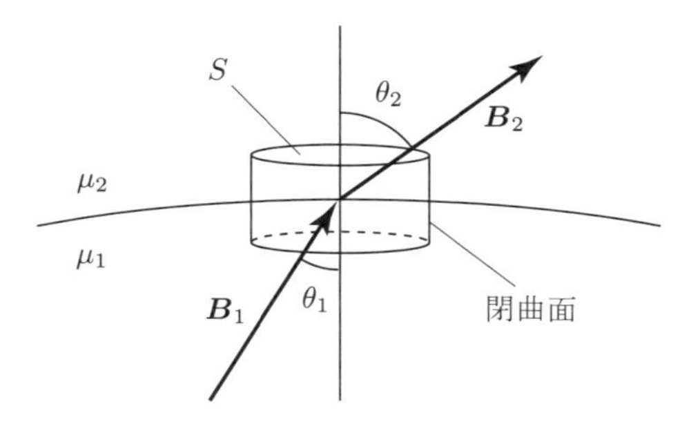

図 2.9　磁束密度の境界条件

ここで，微小厚さの閉曲面を選び，閉曲面の上面と底面が，境界面に平行であるとする．そして，閉曲面の上面と底面の面積は等しく，この面積を S とおく．また，閉曲面の側面を貫く磁束密度が存在しないように閉曲面を選ぶ．このとき，磁束密度に対してガウスの法則を適用すると，

$$
\begin{aligned}
\iint \boldsymbol{B} \cdot \boldsymbol{n} \, \mathrm{d}S &= \boldsymbol{B}_1 \cdot \boldsymbol{n} \, S + \boldsymbol{B}_2 \cdot \boldsymbol{n} \, S \\
&= B_1 \cos(\pi - \theta_1) \; S + B_2 \cos\theta_2 \, S \\
&= (-B_1 \cos\theta_1 + B_2 \cos\theta_2) \, S = 0
\end{aligned}
\tag{2.43}
$$

となる．ここで，式 (2.4) から $\mathrm{div}\,\boldsymbol{B} = \nabla \cdot \boldsymbol{B} = 0$ としたことに注意しよう．

式 (2.43) から，次の関係が得られる．

$$
B_1 \cos\theta_1 = B_2 \cos\theta_2 \tag{2.44}
$$

式 (2.44) は，磁束密度の法線成分が等しいことを示している．

2.7 ビオー–サヴァールの法則

2.7.1 定常電流の周囲の静磁界

図 2.10 のように，導線に定常電流 I が流れているとき，定常電流 I と同じ方向をもつ導線上の微小経路ベクトル $\mathrm{d}\boldsymbol{s}$ を考える．さらに，この微小経路ベクトル $\mathrm{d}\boldsymbol{s}$ の始点から点 P に向かうベクトルを $\boldsymbol{r}$ とする．このとき，点 P における静磁界 $\boldsymbol{H}$ は，次式で与えられる．

$$
\boldsymbol{H} = \int \frac{I}{4\pi r^3} \, \mathrm{d}\boldsymbol{s} \times \boldsymbol{r} = \int \frac{I}{4\pi r^2} \, \mathrm{d}\boldsymbol{s} \times \frac{\boldsymbol{r}}{r} \tag{2.45}
$$

ここで，$r = |\boldsymbol{r}|$ であり，式 (2.45) は，ビオー–サヴァールの法則 (Bio-Savart's law) とよばれている．

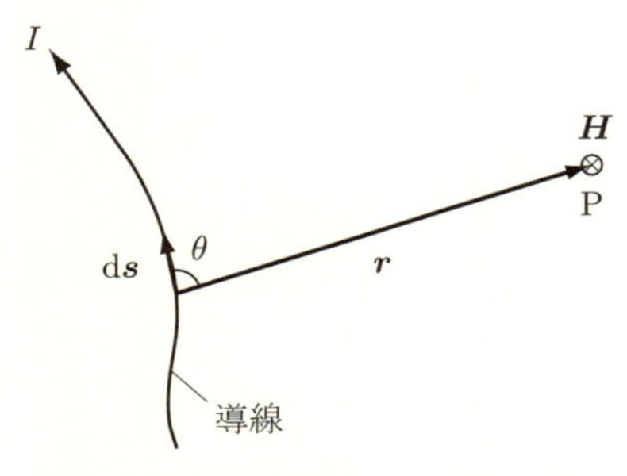

図 2.10　ビオー–サヴァールの法則

点Pにおける静磁界 $\boldsymbol{H}$ の大きさ H は，次式で与えられる．

$$H = \int \frac{I \sin\theta}{4\pi r^2}\,\mathrm{d}s \tag{2.46}$$

ここで，θ は $\mathrm{d}\boldsymbol{s}$ と $\boldsymbol{r}$ とがなす角，$\mathrm{d}s = |\mathrm{d}\boldsymbol{s}|$ であり，$|\mathrm{d}\boldsymbol{s} \times \boldsymbol{r}/r| = \sin\theta\,\mathrm{d}s$ を用いた．

2.7.2 定常電流に対するベクトルポテンシャル

真空中あるいは空気中では，式 (2.39) において $\boldsymbol{M} = \boldsymbol{0}$ として，真空中あるいは空気中における磁束密度 $\boldsymbol{B}$ は，次のように表される．

$$\boldsymbol{B} = \mu_0 \boldsymbol{H} \tag{2.47}$$

真空中あるいは空気中において，定常電流 I によって生じる磁束密度 $\boldsymbol{B}$ は，式 (2.45), (2.47) から，次のように書くことができる．

$$\boldsymbol{B} = \mu_0 \boldsymbol{H} = \int \frac{\mu_0 I}{4\pi r^3}\,\mathrm{d}\boldsymbol{s} \times \boldsymbol{r} \tag{2.48}$$

定常電流 I を用いて，ベクトルポテンシャル $\boldsymbol{A}$ を

$$\boldsymbol{A} = \int \frac{\mu_0 I}{4\pi r}\,\mathrm{d}\boldsymbol{s} \tag{2.49}$$

とおくと，磁束密度 $\boldsymbol{B}$ を次のように表すことができる．

$$\boldsymbol{B} = \mathrm{rot}\,\boldsymbol{A} = \nabla \times \boldsymbol{A} \tag{2.50}$$

2.7.3 スカラーポテンシャルに対するポアソン方程式

スカラーポテンシャル ϕ に対するポアソン方程式は，$\partial \boldsymbol{A}/\partial t = \boldsymbol{0}$ という条件のもとで成立する．真空中あるいは空気中では，スカラーポテンシャル ϕ に対するポアソン方程式は，式 (2.28) において $\varepsilon = \varepsilon_0$, $\varepsilon_\mathrm{r} = 1$ として，次式によって与えられる．

$$\nabla^2 \phi = -\frac{\rho}{\varepsilon_0} \tag{2.51}$$

点電荷 q_n から距離 r_n だけ離れた点Pに生じる電位 ϕ_n は，

$$\phi_n = \frac{q_n}{4\pi\varepsilon_0 r_n} \tag{2.52}$$

となり，これは式 (2.51) の解であることはいうまでもない．

さて，物質は点の集合であると考えられるから，物質のもつ電荷は，点電荷の集合であるとみなすことができる．また，電位 ϕ に対して重ね合わせの原理が成り立つから，物質のもつ電荷によって点Pに生じる電位 ϕ は，次のように表される．

$$\phi = \sum_n \phi_n = \sum_n \frac{q_n}{4\pi\varepsilon_0 r_n} = \iiint \frac{\rho}{4\pi\varepsilon_0 r}\,\mathrm{d}V \tag{2.53}$$

ただし，最後の等号において，電荷が連続的に分布していると仮定し，和を体積分で置き換えた．なお，ρ は電荷密度，r は電荷が存在する各点から点Pまでの距離である．もちろん，式 (2.53) も式 (2.51) の解である．ここまで，式 (2.51) を直接解くことなく，式 (2.51) の解である式 (2.53) が得られたことは，とても興味深い．

2.7.4　ベクトルポテンシャルに対するポアソン方程式

電束密度 $\boldsymbol{D}$ の時間変化がなく ($\partial\boldsymbol{D}/\partial t = 0$)，定常電流 I が流れているとき，電流密度を $\boldsymbol{i}$ とおくと，式 (2.1) から次の関係が得られる．

$$\mathrm{rot}\,\boldsymbol{H} = \nabla\times\boldsymbol{H} = \boldsymbol{i} \tag{2.54}$$

クーロン・ゲージ (Coulomb gauge) div $\boldsymbol{A} = \nabla\cdot\boldsymbol{A} = 0$（ベクトルポテンシャル $\boldsymbol{A}$ の発散が存在しない）という条件のもとでは，式 (2.47), (2.50), (2.54) とベクトル解析の公式から，次のようになる．

$$\mathrm{rot}\,\boldsymbol{B} = \mathrm{rot}\,\mathrm{rot}\,\boldsymbol{A} = \mathrm{grad}\,(\mathrm{div}\,\boldsymbol{A}) - \nabla^2\boldsymbol{A} = -\nabla^2\boldsymbol{A} = \mu_0\boldsymbol{i} \tag{2.55}$$

式 (2.55) から，次式が得られる．

$$\nabla^2\boldsymbol{A} = -\mu_0\boldsymbol{i} \tag{2.56}$$

式 (2.56) は，式 (2.51) とよく似た形をしており，ベクトルポテンシャルに対するポアソン方程式とよばれている．

式 (2.51) と (2.53) との関係から類推すると，式 (2.56) は，次のような解をもつといえる．

$$\boldsymbol{A} = \iiint \frac{\mu_0 \boldsymbol{i}}{4\pi r}\,\mathrm{d}V \tag{2.57}$$

さて，電流密度 $\boldsymbol{i}\,(\mathrm{A\,m^{-2}})$ と電流 $I\,(\mathrm{A})$ に対して，次の関係が成り立つ．

$$\iiint \boldsymbol{i}\,\mathrm{d}V = \int \left(\iint \boldsymbol{i} \cdot \boldsymbol{n}\,\mathrm{d}S \right) \mathrm{d}\boldsymbol{s} = \int I\,\mathrm{d}\boldsymbol{s} \tag{2.58}$$

ここで，$\boldsymbol{n}$ は，電流 I が貫く面の単位法線ベクトル，$\mathrm{d}\boldsymbol{s}$ は電流密度 $\boldsymbol{i}$ と同じ方向をもつ微小電流経路である．

式 (2.57), (2.58) から次式が導かれ，式 (2.49) と一致する．

$$\boldsymbol{A} = \int \frac{\mu_0 I}{4\pi r}\,\mathrm{d}\boldsymbol{s} \tag{2.59}$$

ただし，r は定数ではなく，微小電流経路 $\mathrm{d}\boldsymbol{s}$ の位置によって r の値が異なることに注意しよう．

2.8 アンペールの法則

2.8.1 ストークスの定理

図 2.11 (a) の閉曲線に沿った静磁界 $\boldsymbol{H}$ の周回積分と，図 2.11 (b) の閉曲線を縁とする面上での $\mathrm{rot}\,\boldsymbol{H}$ の面積分との関係は，次式のストークスの定理 (Stokes's theorem) によって表される．

$$\oint \boldsymbol{H} \cdot \mathrm{d}\boldsymbol{l} = \iint \mathrm{rot}\,\boldsymbol{H} \cdot \boldsymbol{n}\,\mathrm{d}S \tag{2.60}$$

なお，図 2.11 (c) のように，$\mathrm{rot}\ \boldsymbol{H}$ の方向は，静磁界 $\boldsymbol{H}$ の方向に右ねじを回したときに，右ねじが進む方向である．

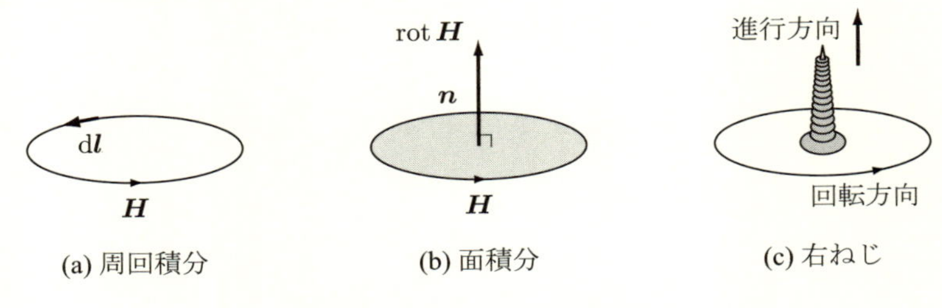

(a) 周回積分　(b) 面積分　(c) 右ねじ

図 2.11　ストークスの定理

2.8.2 アンペールの法則

電束密度 $\boldsymbol{D}$ の時間変化がないとき，式 (2.1) において，$\partial \boldsymbol{D}/\partial t = \boldsymbol{0}$ として，次式が得られる．

$$\mathrm{rot}\,\boldsymbol{H} = \boldsymbol{i} \tag{2.61}$$

式 (2.61) を式 (2.60) に代入すると，次式が導かれる．

$$\oint \boldsymbol{H}\cdot \mathrm{d}\boldsymbol{l} = \iint \boldsymbol{i}\cdot\boldsymbol{n}\,\mathrm{d}S = I \tag{2.62}$$

ただし，I は閉曲線を縁とする面（図 2.11 (b) の網掛部）を貫く全電流である．式 (2.62) は，アンペールの法則 (Ampère's law) として知られている．アンペールの法則は，$\partial \boldsymbol{D}/\partial t = \boldsymbol{0}$ という条件のもとでだけ成り立つ法則であることに注意しよう．

第3章

固体物性を学ぶための統計物理学

この章の目的

固体物性を学ぶために必要な統計物理学として，ボルツマン因子，分配関数，プランク分布関数，ギブス因子，ギブス分布関数，フェルミ–ディラック分布関数，ボーズ–アインシュタイン分布関数について復習する．

キーワード

ボルツマン因子，分配関数，プランク分布関数，ギブス因子，ギブス分布関数，フェルミ–ディラック分布関数，ボーズ–アインシュタイン分布関数

3.1 エントロピー

状態数 W の自然対数 $\ln W$ として，次式によって，エントロピー (entropy) σ を定義する．

$$\sigma = \ln W \tag{3.1}$$

式 (3.1) にボルツマン定数 (Boltzmann constant) k_{B} をかけ，次式によって定義した S もエントロピーとよばれている．

$$S = k_{\mathrm{B}}\sigma = k_{\mathrm{B}} \ln W \tag{3.2}$$

状態数 W は，エネルギー U，粒子数 N，体積 V を独立変数とする関数である．したがって，エントロピー σ, S も U，N，V を独立変数とする関数である．

3.2 熱平衡と温度

3.2.1 熱平衡

図3.1のように，エネルギー U_1 をもつ系 1 とエネルギー U_2 をもつ系 2 とが接触している場合を考える．そして，系 1 の体積 V_1 と系 2 の体積 V_2 は，どちらも一定であるとする．これら二つの系をまとめた全系は，一定のエネルギー $U = U_1 + U_2$ をもち，二つの系の間では，エネルギーのやり取りはあるが，粒子のやり取りはないと仮定する．つまり，系 1 の粒子数 N_1 と系 2 の粒子数 N_2 は，どちらも一定であるとする．このような二つの系の接触は，**熱的接触** (thermal contact) とよばれる．全系の状態数 W は，系 1 の状態数 W_1 と系 2 の状態数 W_2 を用いて，次のように表すことができる．

$$W = W_1 W_2 \tag{3.3}$$

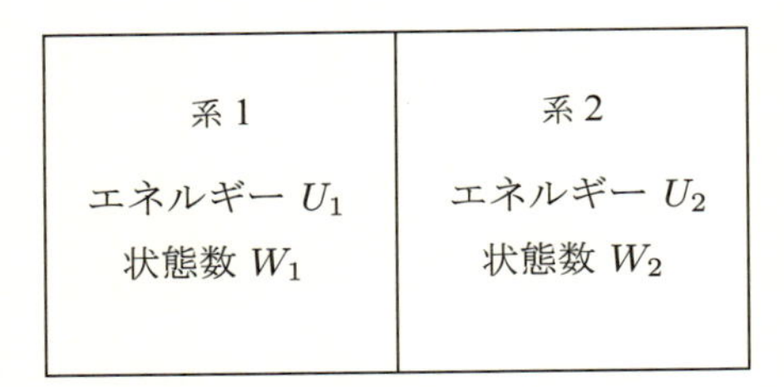

図 3.1　熱的接触している二つの系

熱的接触している二つの系の間で，エネルギーの正味の流れが無くなっているとき，これらの二つの系は，**熱平衡** (thermal equilibrium) になっているという．自然界では，状態数が増えるように現象が生じ，つりあいのとれた平衡状態に達すると考えられる．状態数が増えるときの極限は，状態数が最大となるときである．したがって，系 1 と系 2 が熱平衡になるのは，全系の状態数 W が最大値をとるときであると考える．

系 1 と系 2 の体積と粒子数が一定で，状態数 W_1, W_2 が，それぞれエネルギー U_1, U_2 の関数であることに留意すると，全系の状態数 W は次のように表される．

$$W = W_1(U_1)\,W_2(U_2) \tag{3.4}$$

ここで，$W_1(U_1)$ は，系 1 の状態数 W_1 が系 1 のエネルギー U_1 の関数であることを示している．また，$W_2(U_2)$ は，系 2 の状態数 W_2 が系 2 のエネルギー U_2 の関数であることを示している．このとき，全系のエントロピー σ は，系 1 のエントロピー $\sigma_1 = \ln W_1$ と 系 2 のエントロピー $\sigma_2 = \ln W_2$ を用いて次のように表される．

$$\sigma = \ln W = \ln(W_1 W_2) = \ln W_1 + \ln W_2 = \sigma_1 + \sigma_2 \tag{3.5}$$

全系の状態数 W が最大値をとるとき，すなわち全系のエントロピー σ が最大値をとるときは，σ の全微分 $\mathrm{d}\sigma$ に対して $\mathrm{d}\sigma = 0$ が成り立ち，この条件は次のように表される．

$$\mathrm{d}\sigma = \frac{\partial \sigma_1}{\partial U_1}\mathrm{d}U_1 + \frac{\partial \sigma_2}{\partial U_2}\mathrm{d}U_2 = 0 \tag{3.6}$$

エネルギー $U = U_1 + U_2$ が一定であることに注意すると，全系，系 1，系 2 のエネルギー U, U_1, U_2 の間に次の関係が成り立つ．

$$\mathrm{d}U = \mathrm{d}U_1 + \mathrm{d}U_2 = 0, \quad \therefore \mathrm{d}U_2 = -\mathrm{d}U_1 \tag{3.7}$$

つまり，エネルギー U が一定であるということは，式 (3.7) のように，エネルギーの全微分 $\mathrm{d}U$ に対して $\mathrm{d}U = 0$ と考えるのである．

式 (3.6), (3.7) を用いると，次の関係が得られる．

$$\left(\frac{\partial \sigma_1}{\partial U_1} - \frac{\partial \sigma_2}{\partial U_2}\right)\mathrm{d}U_1 = 0 \tag{3.8}$$

任意の $\mathrm{d}U_1$ に対して式 (3.8) が成り立つ必要があるから，熱平衡条件として次式が得られる．

$$\frac{\partial \sigma_1}{\partial U_1} = \frac{\partial \sigma_2}{\partial U_2} \tag{3.9}$$

式 (3.9) は，エントロピーのエネルギーについての偏微分，すなわちエントロピーのエネルギーについての勾配が等しいときに，系 1 と系 2 が熱平衡になることを示している．なお，勾配という言葉は，通常は変数が位置のときに用いられるが，本書では，変数が位置以外のときでも，広義の意味で勾配という用語を用いることにする．これは，勾配という共通の概念から，さまざまな現象を理解することができるからである．

3.2.2　温度

熱平衡条件を表す式 (3.9) は，偏導関数によって表されており，複雑に見える．そこで，式 (3.9) を簡単化するために，次式によって，**基本温度** (fundamental temperature) τ_n を定義する．

$$\frac{1}{\tau_n} = \frac{\partial \sigma_n}{\partial U_n} = \left(\frac{\partial \sigma_n}{\partial U_n}\right)_{N,V} \tag{3.10}$$

ここで，右辺の添え字 N と V は，独立変数のうち，粒子数 N と体積 V が一定であることを示している．いつも，どの変数を一定にして議論をしているかを理解しておくことは大切であり，添え字の有無に関係なく，どの変数が一定なのかということに留意しておいてほしい．

基本温度 τ_n を用いると，式 (3.9) は次のように簡単化される．

$$\tau_1 = \tau_2 \tag{3.11}$$

さらに，基本温度とボルツマン定数 k_B を用いて，**絶対温度** (absolute temperature) T_n を次のように定義する．

$$T_n = \frac{\tau_n}{k_B} \tag{3.12}$$

式 (3.12) を用いると，系 1 と系 2 が熱平衡になる条件は，次のように表される．

$$T_1 = T_2 \tag{3.13}$$

つまり，二つの系が熱平衡状態にある場合，二つの系の絶対温度は等しい．

3.3　ボルツマン因子

統計物理学では，着目する系は自然界のほんの一部であり，着目する系の状態が一つに決まっても，その他の自然界は多くの状態をとると考える．この考え方にもとづいて，図3.2のように，着目する系 $\mathcal{S}$ が，$\mathcal{S}$ に比べて非常に大きな系である**熱浴** (reservoir) $\mathcal{R}$ と熱的接触している場合を考えよう．ただし，系 $\mathcal{S}$ と熱浴 $\mathcal{R}$ の体積は一定で，系 $\mathcal{S}$ と熱浴 $\mathcal{R}$ をまとめた全系のエネルギーも一定であるとする．

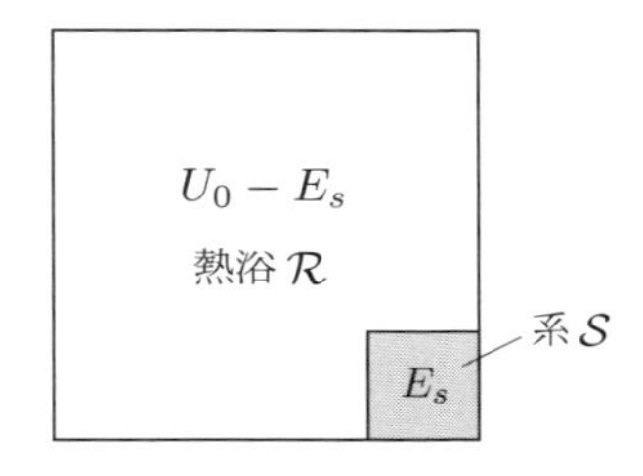

図 3.2　系 $\mathcal{S}$ と 熱浴 $\mathcal{R}$ との熱的接触

系 $\mathcal{S}$ と熱浴 $\mathcal{R}$ をまとめた全系のエネルギーは一定値 U_0 であり，系 $\mathcal{S}$ が状態 s をとるとき系 $\mathcal{S}$ はエネルギー E_s をもつとする．このとき，熱浴 $\mathcal{R}$ は，エネルギー $U_0 - E_s$ をもつ．ただし，熱浴 $\mathcal{R}$ が，系 $\mathcal{S}$ に比べて非常に大きいため，$U_0 - E_s \gg E_s$ が成り立つ．また，系 $\mathcal{S}$ の状態が一つに決まっても，熱浴 $\mathcal{R}$ は多くの状態をとる．したがって，系 $\mathcal{S}$ の状態が一つに指定されて状態 s になると，全系がとりうる状態数は，熱浴 $\mathcal{R}$ がとりうる状態数 W_s になる．なお，熱浴 $\mathcal{R}$ は，どの状態に対しても，等しい確率で状態をとると仮定する．

系 $\mathcal{S}$ のエネルギーが E_s となる確率，つまり熱浴 $\mathcal{R}$ のエネルギーが $U_0 - E_s$ となる確率 $P(E_s)$ は，熱浴 $\mathcal{R}$ の状態数 W_s に比例する．

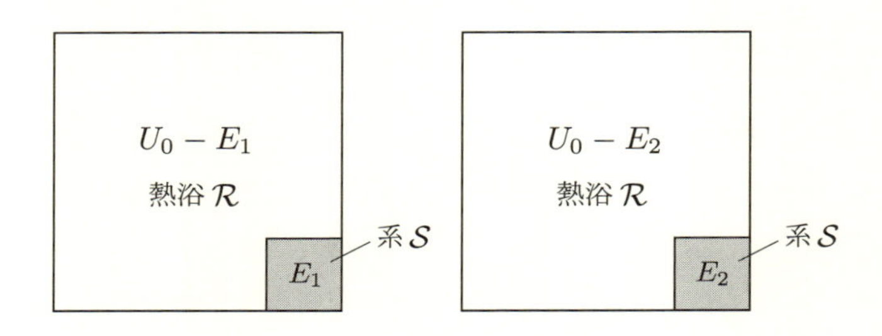

図 3.3　系 $\mathcal{S}$ と 熱浴 $\mathcal{R}$ との熱的接触：2 種類の状態の例

図 3.3 のように，系 $\mathcal{S}$ がエネルギー E_1 をもつ場合と，系 $\mathcal{S}$ がエネルギー E_2 をもつ場合を取り上げよう．このとき，熱浴 $\mathcal{R}$ の状態数 W_1, W_2 を用いて，確率の比 $P(E_1)/P(E_2)$ は，次のように表される．

$$\frac{P(E_1)}{P(E_2)} = \frac{W_1}{W_2} \tag{3.14}$$

ここで，エントロピーの定義を示す式 (3.1) から

$$W_s = \exp(\sigma_s) = \mathrm{e}^{\sigma_s} \tag{3.15}$$

となることに注意すると，エントロピー σ_1, σ_2 を用いて，式 (3.14) を次のように書き換えることができる．

$$\frac{P(E_1)}{P(E_2)} = \frac{\exp(\sigma_1)}{\exp(\sigma_2)} \tag{3.16}$$

熱浴 $\mathcal{R}$ は系 $\mathcal{S}$ に比べて非常に大きい系であり，全系のエネルギー U_0 は，系 $\mathcal{S}$ のエネルギー E_s に比べて十分大きい ($U_0 \gg E_s$)．熱浴 $\mathcal{R}$ のエネルギー $U = U_0 - E_s$ の関数として，熱浴 $\mathcal{R}$ のエントロピーを $\sigma_s(U)$ と表し，さらに $|U - U_0| = E_s \ll U_0$ であることに着目する．このとき，$\sigma_s(U)$ を U_0 を中心としてテイラー展開すると，次のようなテイラー級数になる．

$$\sigma_s(U) = \sum_{m=0}^{\infty} \frac{1}{m!} (U - U_0)^m \left[\frac{\partial^m \sigma_s}{\partial U^m}\right]_{U=U_0} \tag{3.17}$$

式 (3.10), (3.12) から，絶対温度 T_s が

$$\frac{1}{T_s} = k_{\mathrm{B}} \left[\frac{\partial \sigma_s}{\partial U} \right]_{U=U_0} \tag{3.18}$$

によって与えられることを用い，さらに $(U - U_0)$ の 2 次以上の項を十分小さいとして無視すると，式 (3.17) は次のように簡単化される．

$$\sigma_s(U) = \sigma_s(U_0) + \frac{U - U_0}{k_{\mathrm{B}} T_s} \tag{3.19}$$

ここで，$U = U_0 - E_s$ とおくと，次の結果が得られる．

$$\sigma_s(U_0 - E_s) = \sigma_s(U_0) - \frac{E_s}{k_{\mathrm{B}} T_s} \tag{3.20}$$

式 (3.20) を用いると，式 (3.16) は次のように書き換えられる．

$$\frac{P(E_1)}{P(E_2)} = \frac{\exp(-E_1/k_{\mathrm{B}}T)}{\exp(-E_2/k_{\mathrm{B}}T)} \tag{3.21}$$

ただし，系 $\mathcal{S}$ のエネルギー E_s に関係なく，絶対温度は一定であり，$T_1 = T_2 = T$ とした．式 (3.21) の右辺の $\exp(-E_s/k_{\mathrm{B}}T)$ をボルツマン因子 (Boltzmann factor) という．

3.4　分配関数

3.4.1　分配関数の定義

式 (3.21) から，系 $\mathcal{S}$ が状態 s をとる確率すなわち系 $\mathcal{S}$ がエネルギー E_s をもつ確率 $P(E_s)$ は，ボルツマン因子に比例することがわかる．そこで，比例定数を P_0 とおくと，$P(E_s)$ は次のように表される．

$$P(E_s) = P_0 \exp\left(-\frac{E_s}{k_{\mathrm{B}}T}\right) \tag{3.22}$$

確率の総和は 1 だから，次式が成り立つ．

$$\sum_s P(E_s) = \sum_s P_0 \exp\left(-\frac{E_s}{k_{\mathrm{B}}T}\right) = P_0 \sum_s \exp\left(-\frac{E_s}{k_{\mathrm{B}}T}\right) = 1 \tag{3.23}$$

したがって，比例定数 P_0 は次のように表される．

$$P_0 = \left[\sum_s \exp\left(-\frac{E_s}{k_B T}\right)\right]^{-1} \tag{3.24}$$

ボルツマン因子を用いて，**分配関数** (partition function) Z を次式で定義する．

$$Z = \sum_s \exp\left(-\frac{E_s}{k_B T}\right) = \sum_s \exp\left(-\frac{E_s}{\tau}\right) \tag{3.25}$$

式 (3.24), (3.25) から，比例定数 P_0 は次のように表される．

$$P_0 = \frac{1}{Z} \tag{3.26}$$

式 (3.22), (3.26) から，系 $\mathcal{S}$ が状態 s をとる確率すなわち系 $\mathcal{S}$ がエネルギー E_s をもつ確率 $P(E_s)$ は，次のように表される．

$$P(E_s) = \frac{1}{Z} \exp\left(-\frac{E_s}{k_B T}\right) \tag{3.27}$$

3.5　プランクの放射法則

3.5.1　プランク分布関数

格子振動や電磁波を量子化すると，格子振動や電磁波を調和振動子として扱うことができる．量子力学では，調和振動子のエネルギー固有値 E_n は，次式によって与えられる．

$$E_n = \left(n + \frac{1}{2}\right)\hbar\omega \tag{3.28}$$

ここで，n は振動量子数とよばれ，0 以上の整数，すなわち $n = 0, 1, 2, \cdots$ である．なお，振動量子数 n は，格子振動の場合は **フォノン** (phonon) の個数，電磁波の場合は **光子** (photon) の個数とみなすことができる．$\hbar$ はプランク定数 h を 2π で割ったものであり，ディラック定数とよばれることもある．そして，ω は調和振動子の角振動数である．基底状態 $(n = 0)$ において，エネルギー $\frac{1}{2}\hbar\omega$ が存在し，このエネルギーは**零点エネルギー** (zero point energy) とよばれている．

調和振動子から構成されている系 $\mathcal{S}$ が，熱浴 $\mathcal{R}$ と熱的接触していると仮定する．このとき，式 (3.28) を用いると，振動量子数 n の平均値 $\langle n \rangle$ は，次のように表される．

$$
\begin{aligned}
\langle n \rangle &= \sum_n n P(E_n) = \frac{\displaystyle\sum_n n \exp(-E_n/k_\mathrm{B}T)}{\displaystyle\sum_n \exp(-E_n/k_\mathrm{B}T)} \\
&= \frac{\displaystyle\sum_n n \exp\left[-\left(n+\frac{1}{2}\right)\hbar\omega/k_\mathrm{B}T\right]}{\displaystyle\sum_n \exp\left[-\left(n+\frac{1}{2}\right)\hbar\omega/k_\mathrm{B}T\right]} = \frac{\displaystyle\sum_n n \exp(-n\hbar\omega/k_\mathrm{B}T)}{\displaystyle\sum_n \exp(-n\hbar\omega/k_\mathrm{B}T)}
\end{aligned} \tag{3.29}
$$

式 (3.29) において，

$$
\frac{\hbar\omega}{k_\mathrm{B}T} = x \tag{3.30}
$$

とおくと，式 (3.29) の分母と分子は，それぞれ次のように簡単化される．

$$
(\text{分母}) = \sum_n \exp(-nx) = \frac{1}{1-\exp(-x)} \tag{3.31}
$$

$$
\begin{aligned}
(\text{分子}) &= \sum_n n \exp(-nx) = \sum_n -\frac{\mathrm{d}}{\mathrm{d}x}\exp(-nx) \\
&= -\frac{\mathrm{d}}{\mathrm{d}x}\sum_n \exp(-nx) = \frac{\exp(-x)}{[1-\exp(-x)]^2}
\end{aligned} \tag{3.32}
$$

式 (3.31), (3.32) から，振動量子数 n の平均値 $\langle n \rangle$ は，次のように求められる．

$$
\begin{aligned}
\langle n \rangle &= \frac{\exp(-x)}{1-\exp(-x)} = \frac{1}{\exp(x)-1} \\
&= \frac{1}{\exp(\hbar\omega/k_\mathrm{B}T)-1} = \frac{1}{\exp(\hbar\omega/\tau)-1}
\end{aligned} \tag{3.33}
$$

振動量子数 n の平均値 $\langle n \rangle$ は，**プランク分布関数** (Planck distribution function) とよばれ，$\langle n \rangle$ を $\hbar\omega/k_\mathrm{B}T$ の関数として表すと，図 3.4 のようになる．

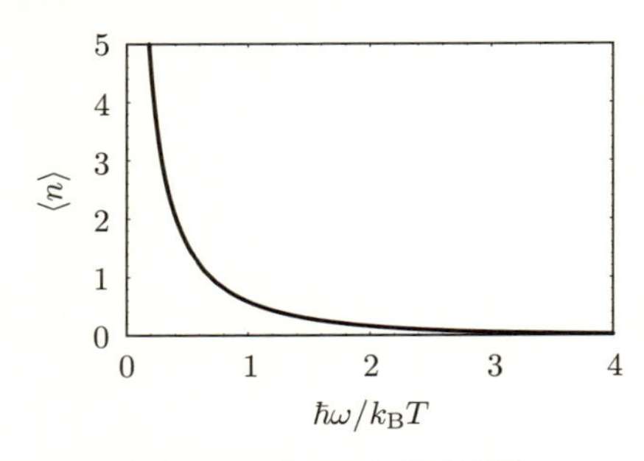

図 3.4　プランク分布関数

3.5.2　黒体放射

光を完全に吸収し，しかもいったん吸収した光をすべて放出するような物体を**黒体** (black body) という．図 3.5 のように，黒体で囲まれた空洞 (cavity) の中に，高温に熱せられて溶融した鉄が存在する場合を考えよう．このとき，溶融した鉄から光が放出され，この光と黒体とが熱平衡状態にあるとする．また，溶融した鉄から放出された光を観測するための窓が，黒体でできた壁に開いているとする．ただし，窓の大きさは十分小さく，窓の存在によって，空洞内の光は影響を受けないとする．このような光の放射は，**黒体放射** (black body radiation) とよばれている．なお，黒体という概念は，1860 年にキルヒホッフ (Kirchhoff) によって提案された．キルヒホッフは思考実験を重ね，放射を通さない壁で空洞を作れば，黒体で囲まれた空洞と同じ現象が得られることを示した．

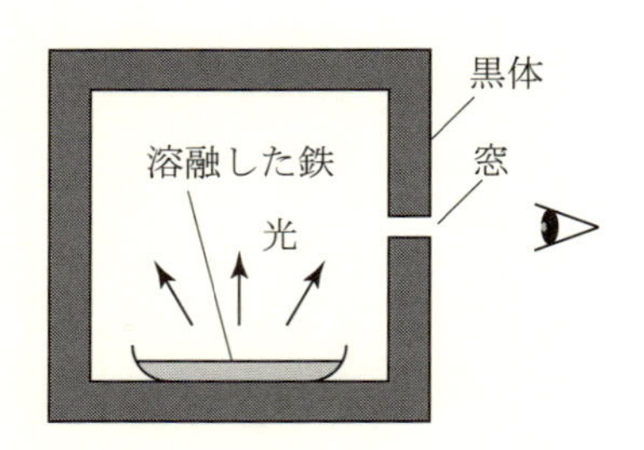

図 3.5　黒体で囲まれた空洞

光は電磁波の一種であり，横波である．したがって，進行方向に対して垂直な面内で電界と磁界が振動する．振動のしかたをモード (mode) という言葉で表し，一つのモードが一つの振動方向に対応している．

図 3.5 の窓から観測される光のエネルギーは，光子のエネルギーであって，零点エネルギーは観測されない．そこで，観測される光子のエネルギーだけを考えることにすると，一つのモードに対する光子の平均エネルギー $\langle E_n \rangle$ は，光子数 n の平均値 $\langle n \rangle$ に，光子 1 個のエネルギー $\hbar\omega$ をかけた $\langle n \rangle \hbar\omega$ となる．式 (3.33) を用いると，$\langle E_n \rangle$ は次のように表される．

$$\langle E_n \rangle = \langle n \rangle \hbar\omega = \frac{\hbar\omega}{\exp(\hbar\omega/\tau) - 1} \tag{3.34}$$

黒体で囲まれた空洞内に存在する電磁波について，定在波のモードを考えよう．空洞内部が 1 辺の長さ L の立方体であり，立方体の各面が導体でできているとする．さらに，電磁波が横波であることと，電界 $\boldsymbol{E} = (E_x, E_y, E_z)$ が $\mathrm{div}\,\boldsymbol{E} = 0$ をみたすことから，E_x, E_y, E_z は，0 以上の整数 n_x, n_y, n_z を用いて，それぞれ次のように表すことができる．

$$E_x = E_{x0} \sin\omega t \cos\left(\frac{n_x \pi x}{L}\right) \sin\left(\frac{n_y \pi y}{L}\right) \sin\left(\frac{n_z \pi z}{L}\right) \tag{3.35}$$

$$E_y = E_{y0} \sin\omega t \sin\left(\frac{n_x \pi x}{L}\right) \cos\left(\frac{n_y \pi y}{L}\right) \sin\left(\frac{n_z \pi z}{L}\right) \tag{3.36}$$

$$E_z = E_{z0} \sin\omega t \sin\left(\frac{n_x \pi x}{L}\right) \sin\left(\frac{n_y \pi y}{L}\right) \cos\left(\frac{n_z \pi z}{L}\right) \tag{3.37}$$

式 (3.35)–(3.37) において，もしすべての関数が正弦関数ならば，$\mathrm{div}\,\boldsymbol{E} = 0$ がつねに成り立つとは限らない．計算練習を兼ねて，このことを自分で確かめてみよう．

マクスウェル方程式から，波動方程式は次のように表される．

$$c^2 \left(\frac{\partial^2}{\partial x^2} + \frac{\partial^2}{\partial y^2} + \frac{\partial^2}{\partial z^2}\right) E_z = \frac{\partial^2 E_z}{\partial t^2} \tag{3.38}$$

ただし，c は真空中の光速である．式 (3.38) に式 (3.35)–(3.37) を代入すると，次式が得られる．

$$c^2 \pi^2 \left({n_x}^2 + {n_y}^2 + {n_z}^2\right) = \omega^2 L^2 \tag{3.39}$$

ここで，

$$n = \left({n_x}^2 + {n_y}^2 + {n_z}^2\right)^{1/2} \tag{3.40}$$

とおき，この角振動数 ω を ω_n と表すと，次のようになる．

$$\omega = \omega_n = \frac{n\pi c}{L} \tag{3.41}$$

一つのモードに対する状態数 W は，0 以上の整数 n_x, n_y, n_z の組合せ (n_x, n_y, n_z) の個数である．いま，n_x, n_y, n_z を軸とする3次元空間を考え，$\left({n_x}^2 + {n_y}^2 + {n_z}^2\right)^{1/2}$ のとりうる値の上限を n としよう．このとき，$|\boldsymbol{n}| = n$ をみたすベクトル $\boldsymbol{n}$ の始点を原点に置くと，ベクトル $\boldsymbol{n}$ の終点は，半径 n の8分の1球の表面上を動くことができる．したがって，n 以下の値をもつベクトル (n_x, n_y, n_z) がとりうる点は，半径 n の8分の1球の中に存在する．この結果，状態数 W は次のように表される．

$$W = \frac{1}{8} \cdot \frac{4\pi}{3} n^3 \tag{3.42}$$

一つのモードに対する**状態密度** (density of states) D_m は，式 (3.42) を n について微分することによって，次のように求められる．

$$D_m = \frac{\mathrm{d}W}{\mathrm{d}n} = \frac{1}{8} \cdot 4\pi n^2 = \frac{1}{2}\,\pi n^2 \tag{3.43}$$

電磁波は横波であり，電界や磁界は進行方向に対して垂直に振動する．そして，電界と磁界の振動方向を偏波方向という．電磁波の波数と進行方向は，波数ベクトルによってまとめて表すことができ，波数ベクトルと偏波方向によって，電磁波のモードを指定することができる．偏波方向が直交している電磁波どうしは干渉せず，共存することができる．つまり，一つのモードが存在すれば，このモードと偏波方向が直交したもう一つのモードも存在する．したがって，一つの波数ベクトルあたり，二つのモードが存在することになる．すなわち，一つの波数ベクトルあたりの電磁波の状態数は，一つのモードに対する状態数の2倍になる．

偏波方向が直交した二つのモードが共存している様子を図3.6に示す．ただし，図を見やすくするために磁界を省略し，電界 $\boldsymbol{E}_1$，$\boldsymbol{E}_2$ だけを描いてある．図3.6において，$\boldsymbol{E}_1 \perp \boldsymbol{E}_2$ となっていることが二つのモードが共存するうえで必要なことである．

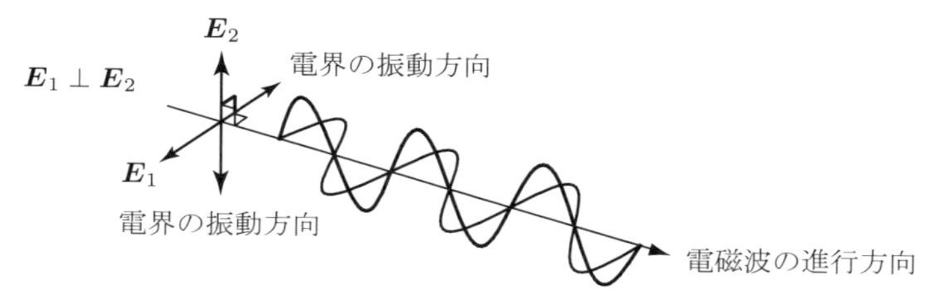

図 3.6　偏波方向が直交した二つのモードの共存

空洞内の光子の全エネルギー U は，光子の一つの状態あたりの平均エネルギーを，すべての状態について積算することで求められ，式 (3.34), (3.41), (3.43) から，次のようになる．

$$
\begin{aligned}
U &= \sum_n \langle E_n \rangle = \sum_n \frac{\hbar\omega_n}{\exp(\hbar\omega_n/\tau) - 1} = \int_0^\infty 2D_m \frac{\hbar\omega_n}{\exp(\hbar\omega_n/\tau) - 1}\,\mathrm{d}n \\
&= \frac{\pi^2\hbar c}{L}\int_0^\infty \frac{n^3}{\exp(\pi\hbar cn/\tau L) - 1}\,\mathrm{d}n
\end{aligned}
\tag{3.44}
$$

ここで，全状態数が一つのモードに対する状態数の 2 倍になることを用いた．さらに，式 (3.44) の積分を容易にするために，

$$
x = \frac{\pi\hbar cn}{\tau L} \tag{3.45}
$$

とおくと，次の結果が得られる．

$$
U = \frac{\pi^2\hbar c}{L}\left(\frac{\tau L}{\pi\hbar c}\right)^4 \int_0^\infty \frac{x^3}{\exp x - 1}\,\mathrm{d}x = \frac{\pi^2\hbar c}{L}\left(\frac{\tau L}{\pi\hbar c}\right)^4 \times \frac{\pi^4}{15} \tag{3.46}
$$

ここで空洞の体積 $V = L^3$ を用いると，式 (3.46) から次式が導かれる．

$$
\frac{U}{V} = \frac{\pi^2}{15\hbar^3c^3}\,\tau^4 \tag{3.47}
$$

式 (3.47) は，シュテファン–ボルツマンの放射法則 (Stefan-Boltzmann law of radiation) として知られている．

ここで，角振動数 ω を変数とする状態密度を $D(\omega)$ とおく．式 (3.41) から

$$n = \frac{L}{\pi c}\,\omega,\ \ \mathrm{d}n = \frac{L}{\pi c}\,\mathrm{d}\omega \tag{3.48}$$

であり，状態密度の定義から，次の関係が成り立つ．

$$\mathrm{d}W = D_m\,\mathrm{d}n = D(\omega)\,\mathrm{d}\omega \tag{3.49}$$

式 (3.43), (3.48), (3.49) から，$D(\omega)$ は次のように表される．

$$\begin{aligned} D(\omega) &= D_m\,\frac{\mathrm{d}n}{\mathrm{d}\omega} = \frac{1}{2}\,\pi n^2\,\frac{L}{\pi c} = \frac{1}{2}\,\pi\left(\frac{L}{\pi c}\,\omega\right)^2\,\frac{L}{\pi c} \\ &= \frac{L^3}{2\pi^2 c^3}\,\omega^2 = \frac{V}{2\pi^2 c^3}\,\omega^2 \end{aligned} \tag{3.50}$$

ここで，空洞の体積 $V = L^3$ を用いた．

式 (3.50) の状態密度 $D(\omega)$ を用いると，式 (3.44) を次のように書き換えることができる．

$$\begin{aligned} U &= \int_0^\infty 2D(\omega)\,\frac{\hbar\omega}{\exp(\hbar\omega/\tau)-1}\,\mathrm{d}\omega = \int_0^\infty \frac{V}{\pi^2 c^3}\,\omega^2\,\frac{\hbar\omega}{\exp(\hbar\omega/\tau)-1}\,\mathrm{d}\omega \\ &= V\int_0^\infty \frac{\hbar}{\pi^2 c^3}\,\frac{\omega^3}{\exp(\hbar\omega/\tau)-1}\,\mathrm{d}\omega \end{aligned} \tag{3.51}$$

式 (3.51) の両辺を空洞の体積 V で割ると，次式が得られる．

$$\frac{U}{V} = \int_0^\infty \frac{\hbar}{\pi^2 c^3}\,\frac{\omega^3}{\exp(\hbar\omega/\tau)-1}\,\mathrm{d}\omega = \int_0^\infty u\,\mathrm{d}\omega \tag{3.52}$$

ここで，次のようにおいた．

$$u = \frac{\hbar}{\pi^2 c^3}\,\frac{\omega^3}{\exp(\hbar\omega/\tau)-1} = \frac{\hbar}{\pi^2 c^3}\,\frac{\omega^3}{\exp(\hbar\omega/k_\mathrm{B}T)-1} \tag{3.53}$$

式 (3.53) で定義した u は**スペクトル密度** (spectral density) であり，式 (3.53) は**プランクの放射法則** (Planck's law of radiation) とよばれている．スペクトル密度 u を真空中の光の波長 $\lambda = 2\pi c/\omega$ の関数として示すと，図 3.7 のようになる．パラメータは，絶対温度 $T = \tau/k_\mathrm{B}$ である．

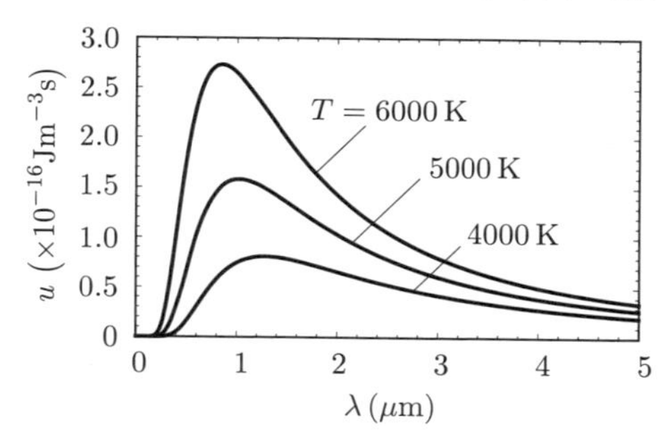

図 **3.7** プランクの放射法則

3.6 拡散平衡と化学ポテンシャル

3.6.1 拡散平衡

図 3.8 のように，系 1 と系 2 が接触している場合を考える．そして，系 1 の体積 V_1 と系 2 の体積 V_2 は，どちらも一定であるとする．これら二つの系をまとめた全系は，一定のエネルギー $U = U_1 + U_2$ と，一定の粒子数 $N = N_1 + N_2$ をもち，二つの系の間では，エネルギーと粒子のやり取りがあると仮定する．このような二つの系の接触は，**拡散的接触** (diffusive contact) とよばれる．全系の状態数 W は，系 1 の状態数 W_1 と系 2 の状態数 W_2 を用いて，次のように表すことができる．

$$W = W_1 W_2 \tag{3.54}$$

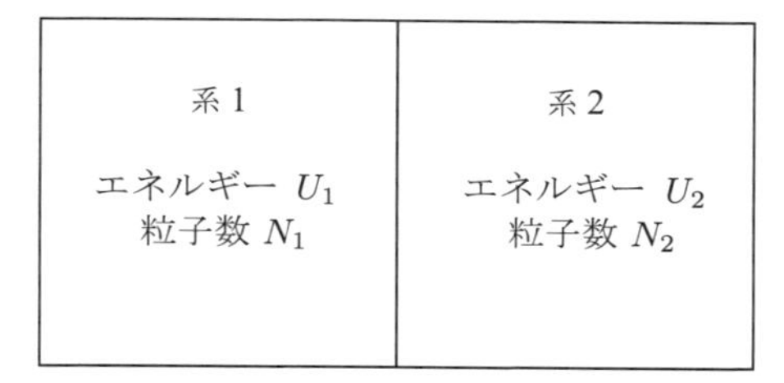

図 **3.8** 拡散的接触している二つの系

このとき，全系のエントロピー σ は，系 1 のエントロピー $\sigma_1 = \ln W_1$ と系 2 のエントロピー $\sigma_2 = \ln W_2$ を用いて次のように表される．

$$\sigma = \ln W = \ln(W_1 W_2) = \ln W_1 + \ln W_2 = \sigma_1 + \sigma_2 \tag{3.55}$$

拡散的接触している二つの系の間で，エネルギーの正味の流れと粒子の正味の流れがともに無くなっているとき，これらの二つの系は，**拡散平衡** (diffusive equilibrium) になっているという．

系 1 と系 2 が拡散平衡になるのは，全系の状態数 W が最大値をとるとき，すなわち全系のエントロピー σ が最大値をとるときである．いま，系 1 と系 2 の体積が一定で，状態数がエネルギー U_1, U_2 と粒子数 N_1, N_2 の関数であることに留意すると，式 (3.6) と同様にして，この条件は次のように表される．

$$\mathrm{d}\sigma = \frac{\partial \sigma_1}{\partial U_1}\mathrm{d}U_1 + \frac{\partial \sigma_2}{\partial U_2}\mathrm{d}U_2 + \frac{\partial \sigma_1}{\partial N_1}\mathrm{d}N_1 + \frac{\partial \sigma_2}{\partial N_2}\mathrm{d}N_2 = 0 \tag{3.56}$$

エネルギー $U = U_1 + U_2$ が一定であることに注意すると，熱平衡のときと同様に，次式が成り立つ．

$$\mathrm{d}U = \mathrm{d}U_1 + \mathrm{d}U_2 = 0 \tag{3.57}$$

そして，粒子数 $N = N_1 + N_2$ が一定だから，次式が成り立つ．

$$\mathrm{d}N = \mathrm{d}N_1 + \mathrm{d}N_2 = 0 \tag{3.58}$$

式 (3.56)–(3.58) を用いると，次の関係が得られる．

$$\left(\frac{\partial \sigma_1}{\partial U_1} - \frac{\partial \sigma_2}{\partial U_2}\right)\mathrm{d}U_1 + \left(\frac{\partial \sigma_1}{\partial N_1} - \frac{\partial \sigma_2}{\partial N_2}\right)\mathrm{d}N_1 = 0 \tag{3.59}$$

任意の $\mathrm{d}U_1, \mathrm{d}N_1$ に対して，式 (3.59) が成り立つ必要があるから，拡散平衡条件として次の関係が得られる．

$$\frac{\partial \sigma_1}{\partial U_1} = \frac{\partial \sigma_2}{\partial U_2}, \quad \frac{\partial \sigma_1}{\partial N_1} = \frac{\partial \sigma_2}{\partial N_2} \tag{3.60}$$

3.6.2 化学ポテンシャル

式 (3.60) の右側の式を簡単化するために，次式によって，化学ポテンシャル (chemical potential) μ_n を定義する．

$$\mu_n = -\tau_n \frac{\partial \sigma_n}{\partial N_n} = -\tau_n \left(\frac{\partial \sigma_n}{\partial N_n} \right)_V \tag{3.61}$$

ここで，右辺の添え字 V は，独立変数のうち体積 V が一定であることを示している．化学ポテンシャルを用いると，式 (3.60) の右側の式は次のように簡単化される．

$$\mu_1 = \mu_2 \tag{3.62}$$

ただし，式 (3.11) と式 (3.60) の左側の式から $\tau_1 = \tau_2$ であることを用いた．

3.7 ギブス因子

図 3.9 のように，着目する系 $\mathcal{S}$ が，熱浴 $\mathcal{R}$ と拡散的接触している場合を考えよう．ただし，系 $\mathcal{S}$ と熱浴 $\mathcal{R}$ の体積は，一定であるとする．さらに，系 $\mathcal{S}$ と熱浴 $\mathcal{R}$ をまとめた全系のエネルギーと粒子数も，それぞれ一定であるとする．

系 $\mathcal{S}$ と熱浴 $\mathcal{R}$ をまとめた全系のエネルギーは一定値 U_0 であり，全系の粒子数は一定値 N_0 であるとする．系 $\mathcal{S}$ が状態 s をとるとき，系 $\mathcal{S}$ はエネルギー E_s と粒子数 N_s をもつとする．このとき，熱浴 $\mathcal{R}$ は，エネルギー

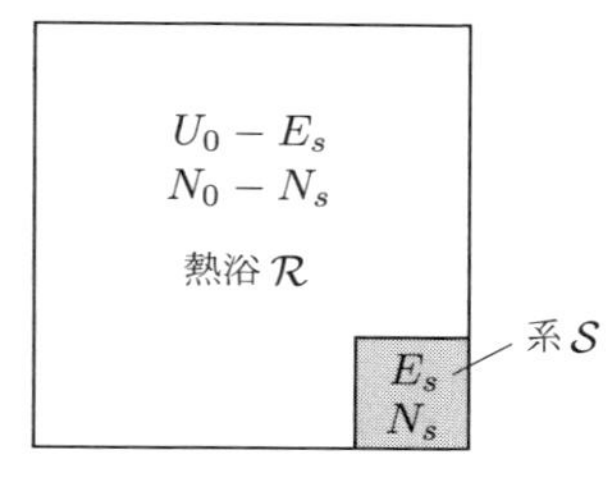

図 3.9 系 $\mathcal{S}$ と 熱浴 $\mathcal{R}$ との拡散的接触

$U_0 - E_s$ と粒子数 $N_0 - N_s$ をもつ．ただし，熱浴 $\mathcal{R}$ が，系 $\mathcal{S}$ に比べて非常に大きいため，$U_0 - E_s \gg E_s$, $N_0 - N_s \gg N_s$ が成り立つ．また，系 $\mathcal{S}$ の状態が一つに決まっても，熱浴 $\mathcal{R}$ は多くの状態をとる．したがって，系 $\mathcal{S}$ の状態が一つに指定されて状態 s になると，全系がとりうる状態数は，熱浴 $\mathcal{R}$ がとりうる状態数 W_s になる．なお，熱浴 $\mathcal{R}$ は，どの状態に対しても，等しい確率で状態をとると仮定する．系 $\mathcal{S}$ のエネルギーが E_s で粒子数が N_s となる確率，つまり，熱浴 $\mathcal{R}$ のエネルギーが $U_0 - E_s$ で粒子数が $N_0 - N_s$ となる確率 $P(E_s, N_s)$ は，熱浴 $\mathcal{R}$ の状態数 W_s に比例する．

図3.10のように，系 $\mathcal{S}$ がエネルギー E_1 と粒子数 N_1 をもつ場合と，系 $\mathcal{S}$ がエネルギー E_2 と粒子数 N_2 をもつ場合を取り上げよう．このとき，熱浴 $\mathcal{R}$ の状態数 W_1, W_2 を用いて，確率の比 $P(E_1, N_1)/P(E_2, N_2)$ は，次のように表される．

$$\frac{P\left(E_1, N_1\right)}{P\left(E_2, N_2\right)} = \frac{W_1}{W_2} \tag{3.63}$$

エントロピー σ_1, σ_2 を用いると，式(3.63)は次のように書き換えられる．

$$\frac{P\left(E_1, N_1\right)}{P\left(E_2, N_2\right)} = \frac{\exp\left(\sigma_1\right)}{\exp\left(\sigma_2\right)} \tag{3.64}$$

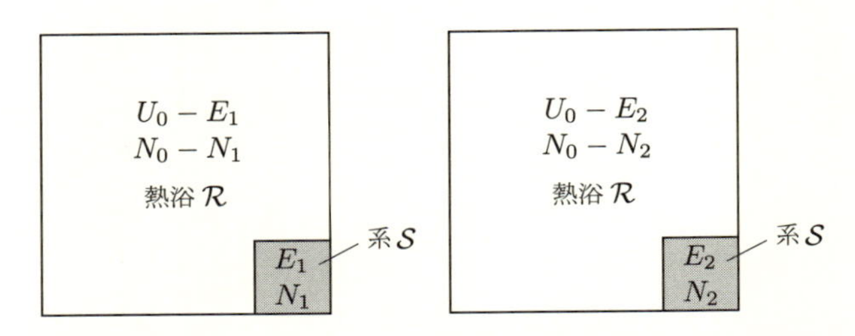

図3.10　系 $\mathcal{S}$ と 熱浴 $\mathcal{R}$ との拡散的接触：2種類の状態の例

熱浴 $\mathcal{R}$ が，系 $\mathcal{S}$ に比べて非常に大きいため，全系のエネルギー U_0 が，系 $\mathcal{S}$ のエネルギー E_s に比べて十分大きく $(U_0 \gg E_s)$，全系の粒子数 N_0 が，系 $\mathcal{S}$ の粒子数 N_s に比べて十分大きい $(N_0 \gg N_s)$．熱浴 $\mathcal{R}$ のエネルギー $U = U_0 - E_s$ と粒子数 $N = N_0 - N_s$ の関数として，熱浴 $\mathcal{R}$ のエントロピーを $\sigma_s(U, N)$ と表し，さらに $|U - U_0| = E_s \ll U_0$, $|N - N_0| = N_s \ll N_0$ で

あることに着目する．このとき，$\sigma_s(U,N)$ を (U_0,N_0) を中心としてテイラー展開すると，次のようなテイラー級数が得られる．

$$\sigma_s(U,N)=\sum_{m,n=0}^{\infty}\frac{1}{m!n!}(U-U_0)^m(N-N_0)^n\left[\frac{\partial^{m+n}\sigma_s}{\partial U^m\partial N^n}\right]_{U=U_0,N=N_0} \tag{3.65}$$

式 (3.10), (3.12) から，絶対温度 T_s が

$$\frac{1}{k_{\mathrm{B}}T_s}=\left[\frac{\partial\sigma_s}{\partial U}\right]_{U=U_0} \tag{3.66}$$

で与えられることと，式 (3.10), (3.12), (3.61) から，化学ポテンシャル μ_s が

$$-\frac{\mu_s}{k_{\mathrm{B}}T_s}=\left[\frac{\partial\sigma_s}{\partial N}\right]_{N=N_0} \tag{3.67}$$

で与えられることを用いる．さらに，$(U-U_0)$ と $(N-N_0)$ の高次の項を十分小さいとして無視すると，式 (3.65) は次のように簡単化される．

$$\sigma_s(U,N)=\sigma_s(U_0,N_0)+\frac{U-U_0}{k_{\mathrm{B}}T_s}-\frac{N-N_0}{k_{\mathrm{B}}T_s}\mu_s \tag{3.68}$$

ここで，$U=U_0-E_s$, $N=N_0-N_s$ とおくと，次の結果が得られる．

$$\sigma_s(U_0-E_s,N_0-N_s)=\sigma_s(U_0,N_0)-\frac{E_s}{k_{\mathrm{B}}T_s}+\frac{N_s\mu_s}{k_{\mathrm{B}}T_s} \tag{3.69}$$

式 (3.69) を用いると，式 (3.64) は次のように書き換えられる．

$$\frac{P(E_1,N_1)}{P(E_2,N_2)}=\frac{\exp\left[(N_1\mu-E_1)/k_{\mathrm{B}}T\right]}{\exp\left[(N_2\mu-E_2)/k_{\mathrm{B}}T\right]} \tag{3.70}$$

ただし，系 $\mathcal{S}$ のエネルギー E_s に関係なく，熱浴 $\mathcal{R}$ と系 $\mathcal{S}$ の絶対温度は一定であり，$T_1=T_2=T$ とした．また，系 $\mathcal{S}$ の粒子数 N_s に関係なく，熱浴 $\mathcal{R}$ と系 $\mathcal{S}$ の化学ポテンシャルは一定であり，$\mu_1=\mu_2=\mu$ とした．式 (3.70) の右辺の $\exp\left[(N_s\mu-E_s)/k_{\mathrm{B}}T\right]$ を**ギブス因子** (Gibbs factor) という．

また，次式によって定義される λ を**絶対活動度** (absolute activity) という．

$$\lambda=\exp\left(\frac{\mu}{k_{\mathrm{B}}T}\right) \tag{3.71}$$

絶対活動度 λ を用いると，ギブス因子を少し簡略化して書くことができ，λ^{N_s} とボルツマン因子 $\exp\left(-E_s/k_{\mathrm{B}}T\right)$ の積として，ギブス因子は，次のように表される．

$$\exp\left(\frac{N_s\mu - E_s}{k_{\mathrm{B}}T}\right) = \lambda^{N_s}\exp\left(-\frac{E_s}{k_{\mathrm{B}}T}\right) \tag{3.72}$$

3.8　ギブス和

式 (3.70) から，系 $\mathcal{S}$ が状態 s をとる確率すなわち系 $\mathcal{S}$ がエネルギー E_s と粒子数 N_s をもつ確率 $P\left(E_s, N_s\right)$ は，ギブス因子に比例することがわかる．そこで，比例定数を P_0 とおくと，$P\left(E_s, N_s\right)$ は次のように表される．

$$P\left(E_s, N_s\right) = P_0\exp\left(\frac{N_s\mu - E_s}{k_{\mathrm{B}}T}\right) \tag{3.73}$$

確率の総和は 1 だから，次式が成り立つ．

$$\begin{aligned}\sum_s\sum_{N_s} P\left(E_s, N_s\right) &= \sum_s\sum_{N_s} P_0\exp\left(\frac{N_s\mu - E_s}{k_{\mathrm{B}}T}\right)\\ &= P_0\sum_s\sum_{N_s}\exp\left(\frac{N_s\mu - E_s}{k_{\mathrm{B}}T}\right) = 1\end{aligned} \tag{3.74}$$

状態 s は粒子数 N_s に依存していることから，s と N_s の両方について和をとることに注意してほしい．式 (3.74) から，比例定数 P_0 は次のように表される．

$$P_0 = \left[\sum_s\sum_{N_s}\exp\left(\frac{N_s\mu - E_s}{k_{\mathrm{B}}T}\right)\right]^{-1} \tag{3.75}$$

ギブス因子を用いて，ギブス和 (Gibbs sum) $\mathcal{Z}$ を次式で定義する．

$$\mathcal{Z} = \sum_s\sum_{N_s}\exp\left(\frac{N_s\mu - E_s}{k_{\mathrm{B}}T}\right) \tag{3.76}$$

式 (3.75), (3.76) から，比例定数 P_0 は次のように表される．

$$P_0 = \frac{1}{\mathcal{Z}} \tag{3.77}$$

さらに式 (3.73), (3.77) から，系 $\mathcal{S}$ が状態 s をとる確率すなわち系 $\mathcal{S}$ がエネルギー E_s と粒子数 N_s をもつ確率 $P(E_s, N_s)$ は，次のように表される．

$$P(E_s, N_s) = \frac{1}{\mathcal{Z}} \exp\left(\frac{N_s\mu - E_s}{k_{\mathrm{B}}T}\right) \tag{3.78}$$

3.9 フェルミ–ディラック分布関数

量子力学におけるスピン (spin) 量子数の値が半奇数の粒子を**フェルミ粒子** (fermion) という．**パウリの排他律** (Pauli exclusion principle) によって，一つの状態は，空であるか，あるいは1個のフェルミ粒子によって占有される．フェルミ粒子に対する (E_s, N_s) の組合せは $(0, 0)$ と $(E, 1)$ の2通りだけなので，ギブス和は次のようになる．

$$\mathcal{Z} = 1 + \exp\left(\frac{\mu - E}{k_{\mathrm{B}}T}\right) \tag{3.79}$$

式 (3.79) から，一つの状態を占有するフェルミ粒子の個数の平均値 $\langle N(E)\rangle = f_{\mathrm{FD}}(E)$ は，次のようになる．

$$\begin{aligned} f_{\mathrm{FD}}(E) &= 0 \times \frac{1}{1 + \exp\left[(\mu - E)/k_{\mathrm{B}}T\right]} + 1 \times \frac{\exp\left[(\mu - E)/k_{\mathrm{B}}T\right]}{1 + \exp\left[(\mu - E)/k_{\mathrm{B}}T\right]} \\ &= \frac{1}{\exp\left[(E - \mu)/k_{\mathrm{B}}T\right] + 1} = \frac{1}{\exp\left[(E - \mu)/\tau\right] + 1} \end{aligned} \tag{3.80}$$

式 (3.80) は，**フェルミ–ディラック分布関数** (Fermi-Dirac distribution function) とよばれている．なお，固体物理学では，化学ポテンシャル μ のことを**フェルミ準位** (Fermi level) とよんで，$\mu = E_{\mathrm{F}}$ と表現していることも多い．

図3.11にフェルミ–ディラック分布関数をエネルギー E の関数として示す．パラメータは，絶対温度 T であり，破線が絶対零度 ($T = 0\,\mathrm{K}$) に，実線が $k_{\mathrm{B}}T/\mu = 2.5 \times 10^{-2}$ ($T \neq 0\,\mathrm{K}$) に対応している．温度が上昇すると，化学ポテンシャルよりも大きいエネルギー $E > \mu$ に対する $f_{\mathrm{FD}}(E)$ が増加し，化学ポテンシャルよりも小さいエネルギー $E < \mu$ に対する $f_{\mathrm{FD}}(E)$ が減少する．また，式 (3.80) から，

$$f_{\mathrm{FD}}(\mu) = \frac{1}{2} \tag{3.81}$$

が成り立つことがわかる．なお，絶対零度 ($T = 0\,\mathrm{K}$) では，$0 \leq E \leq \mu$ において $f_{\mathrm{FD}}(E) = 1$，$\mu < E$ において $f_{\mathrm{FD}}(E) = 0$ である．

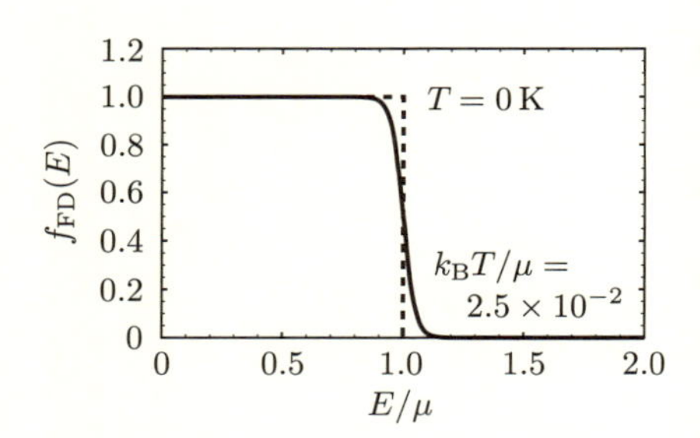

図 3.11　フェルミ–ディラック分布関数

3.10　ボーズ–アインシュタイン分布関数

整数のスピン量子数をもつ粒子を**ボーズ粒子** (boson) という．フェルミ粒子と異なり，一つの状態は，任意の数のボーズ粒子によって占有される．一つの状態が N 個のボーズ粒子によって占有されているとき，エネルギーを NE とすると，ギブス和 $\mathcal{Z}$ は次のように表される．

$$\mathcal{Z} = \sum_{N=0}^{\infty} \exp\left(\frac{N\mu - NE}{k_{\mathrm{B}}T}\right) = \sum_{N=0}^{\infty} \left[\exp\left(\frac{\mu - E}{k_{\mathrm{B}}T}\right)\right]^N$$
$$= \frac{1}{1 - \exp\left[(\mu - E)/k_{\mathrm{B}}T\right]} = \frac{1}{1 - \exp\left[(\mu - E)/\tau\right]} \tag{3.82}$$

式 (3.82) から，一つの状態を占有するボーズ粒子の個数の平均値 $\langle N(E) \rangle = f_{\mathrm{BE}}(E)$ は，次のように表される．

$$f_{\mathrm{BE}}(E) = \frac{1}{\mathcal{Z}} \sum_{N=0}^{\infty} N \exp\left(\frac{N\mu - NE}{k_{\mathrm{B}}T}\right)$$
$$= -\frac{k_{\mathrm{B}}T}{\mathcal{Z}} \frac{\partial}{\partial E} \sum_{N=0}^{\infty} \exp\left(\frac{N\mu - NE}{k_{\mathrm{B}}T}\right) = -\frac{k_{\mathrm{B}}T}{\mathcal{Z}} \frac{\partial \mathcal{Z}}{\partial E}$$
$$= \frac{1}{\exp\left[(E - \mu)/k_{\mathrm{B}}T\right] - 1} = \frac{1}{\exp\left[(E - \mu)/\tau\right] - 1} \tag{3.83}$$

式 (3.83) は，**ボーズ–アインシュタイン分布関数** (Bose-Einstein distribution function) とよばれている．

図 3.12 にフェルミ–ディラック分布関数とボーズ–アインシュタイン分布関数を示す．実線がフェルミ–ディラック分布関数 $f_{\mathrm{FD}}(E)$，破線がボーズ–アインシュタイン分布関数 $f_{\mathrm{BE}}(E)$ である．

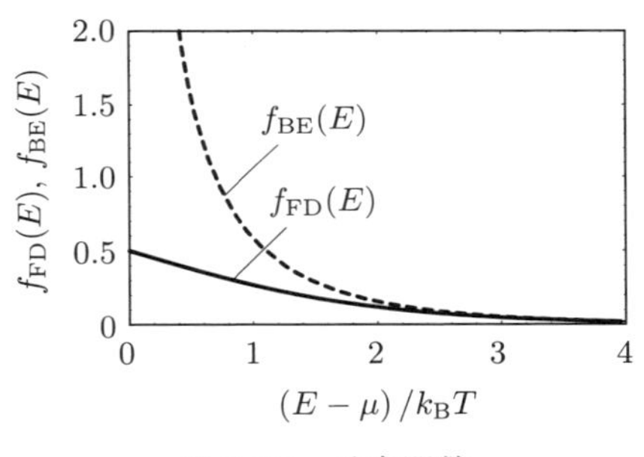

図 **3.12**　分布関数

第4章

固体物性を学ぶための量子力学

この章の目的

固体物性を学ぶために必要な量子力学として，シュレーディンガー方程式，箱型ポテンシャル，調和振動子，球対称ポテンシャル，定常状態における摂動論について復習する．

キーワード

ハミルトニアン，シュレーディンガー方程式，箱型ポテンシャル，調和振動子，球対称ポテンシャル，定常状態における摂動論

4.1 ハミルトニアン

4.1.1 古典論におけるハミルトニアン

古典論において，力学的エネルギーが保存される場合を考えよう．まず，1個の質点に対して，ラグランジアン (Lagrangian) L を次のように定義する．

$$L = \frac{1}{2m}\boldsymbol{p}\cdot\boldsymbol{p} - U(\boldsymbol{r}) = \frac{1}{2m}\boldsymbol{p}^2 - U(\boldsymbol{r}) \tag{4.1}$$

ここで，m は質点の質量，$\boldsymbol{p}$ は運動量，$U(\boldsymbol{r})$ はポテンシャルエネルギーである．つまり，運動エネルギー $T = \boldsymbol{p}^2/2m$ からポテンシャルエネルギー $U(\boldsymbol{r})$ を引いたものが，ラグランジアンである．

次に，ラグランジアン L を時間 t について積分して，次のような作用積分 (action integral) S を定義する．

$$S = \int_{t_1}^{t_2} L\,\mathrm{d}t \tag{4.2}$$

ここで，t_1 と t_2 は時刻であり，$t_1 < t_2$ とする．

作用積分 S が最小値をとるように，すなわち，作用積分 S の微小変化 δS が 0 となるように，時刻 t_1 と時刻 t_2 の間に物体が運動するという原理を**ハミルトンの原理** (Hamilton's principle) という．そして，ハミルトンの原理にもとづく力学は，**解析力学** (analytical dynamics) とよばれている．

作用積分 S が最小値をとるとき，すなわち $\delta S = 0$ のとき，次式が成り立つ．

$$\frac{\mathrm{d}}{\mathrm{d}t}\frac{\partial L}{\partial \dot{q}} - \frac{\partial L}{\partial q} = 0 \tag{4.3}$$

ここで，q は一般化座標であり，$\dot{q} = \mathrm{d}q/\mathrm{d}t$ である．式 (4.3) は**ラグランジュの運動方程式** (Lagrange's equation of motion) とよばれている．xyz-座標系を用いた場合，q は x, y, z の三つである．

運動量 $\boldsymbol{p}$ の各成分 p_q は，ラグランジアン L を用いて，次のように表される．

$$p_q = \frac{\partial L}{\partial \dot{q}} \tag{4.4}$$

ラグランジアン L を用いて，**ハミルトニアン** (Hamiltonian) H が次式によって定義されている．

$$H = \boldsymbol{p} \cdot \dot{\boldsymbol{q}} - L \tag{4.5}$$

1 個の質点に対して，運動量 $\boldsymbol{p}$ は $\boldsymbol{p} = m\dot{\boldsymbol{q}}$ と表される．したがって，$\dot{\boldsymbol{q}} = \boldsymbol{p}/m$ であり，式 (4.5), (4.1) から，ハミルトニアン H は次式で与えられる．

$$\begin{aligned} H &= \boldsymbol{p} \cdot \dot{\boldsymbol{q}} - L = \boldsymbol{p} \cdot \frac{\boldsymbol{p}}{m} - \left[\frac{1}{2m}\boldsymbol{p} \cdot \boldsymbol{p} - U(\boldsymbol{r})\right] \\ &= \frac{1}{2m}\boldsymbol{p} \cdot \boldsymbol{p} + U(\boldsymbol{r}) = \frac{1}{2m}\boldsymbol{p}^2 + U(\boldsymbol{r}) \end{aligned} \tag{4.6}$$

式 (4.6) からわかるように，1 個の質点に対する古典論におけるハミルトニアン H は，1 個の質点の全力学的エネルギー E を表している．

4.1.2　量子力学におけるハミルトニアン

古典論におけるハミルトニアン H において，位置と運動量を演算子で置き換えると，量子力学におけるハミルトニアンが得られる．1 個の質点に対して，量子力学におけるハミルトニアン $\hat{\mathcal{H}}$ は，式 (4.6) において運動量 $\boldsymbol{p}$ を運動量演算子 $\hat{\boldsymbol{p}} = -\mathrm{i}\,\hbar\nabla$ で置き換えて，次のように表される．

$$\begin{aligned}\hat{\mathcal{H}} &= \frac{1}{2m}(-\mathrm{i}\,\hbar\nabla)\cdot(-\mathrm{i}\,\hbar\nabla) + U(\boldsymbol{r}) = \frac{1}{2m}(-\mathrm{i}\,\hbar\nabla)^2 + U(\boldsymbol{r}) \\ &= -\frac{\hbar^2}{2m}\nabla^2 + U(\boldsymbol{r}) \end{aligned} \tag{4.7}$$

ここで，$\hbar$ はプランク定数 h を 2π で割った $\hbar = h/2\pi$ によって与えられ，ディラック定数とよばれることもある．量子力学におけるハミルトニアン $\hat{\mathcal{H}}$ は，演算子であることに注意しよう．

4.2　シュレーディンガー方程式

4.2.1　時間に依存するシュレーディンガー方程式

古典論では，式 (4.6) が 1 個の質点の全力学的エネルギー E に等しいことから，ある関数 f に対して次式が成り立つ．

$$Hf = Ef \tag{4.8}$$

古典論におけるハミルトニアン H とエネルギー E は数値であり，式 (4.8) の各辺は，それぞれ関数 f との積を示す．

量子力学では，式 (4.8) においてハミルトニアン H を $\hat{\mathcal{H}}$ で置き換え，また全力学的エネルギー E をエネルギー演算子 $\hat{E} = \mathrm{i}\,\hbar\partial/\partial t$ で置き換える．さらに，関数 f の代わりに波動関数 ψ を用いると，次のシュレーディンガー方程式 (Schrödinger equation) が得られる．

$$\hat{\mathcal{H}}\psi = \left[-\frac{\hbar^2}{2m}\nabla^2 + U(\boldsymbol{r})\right]\psi = \mathrm{i}\,\hbar\frac{\partial\psi}{\partial t} \tag{4.9}$$

式 (4.9) においては，各辺とも単なるかけ算ではなく，演算子 $\hat{\mathcal{H}}$ と $\mathrm{i}\,\hbar\partial/\partial t$ が波動関数 ψ に作用 (operate) していることに注意しよう．

4.2.2　定常状態におけるシュレーディンガー方程式

エネルギー E が時間に対して独立，つまりエネルギー E が時間に対して一定の状態を**定常状態** (stationary state) という．エネルギーは観測可能な物理量なので，E は実数である．

変数分離 (separation-of-variables procedure) を用いて，波動関数 ψ を $\psi = \varphi(\boldsymbol{r})T(t) \neq 0$ と仮定し，定常状態におけるシュレーディンガー方程式を導いてみよう．ただし，$\varphi(\boldsymbol{r})$ は位置 $\boldsymbol{r}$ のみの関数であって，時間 t に対して独立である．また，$T(t)$ は時間 t のみの関数であって，位置 $\boldsymbol{r}$ に対して独立である．波動関数 $\psi = \varphi(\boldsymbol{r})T(t)$ を式 (4.9) に代入すると，次のようになる．

$$\left[-\frac{\hbar^2}{2m}\nabla^2\varphi(\boldsymbol{r}) + U(\boldsymbol{r})\,\varphi(\boldsymbol{r})\right]T(t) = \mathrm{i}\,\hbar\,\varphi(\boldsymbol{r})\frac{\partial T(t)}{\partial t} \tag{4.10}$$

式 (4.10) の両辺を $\psi = \varphi(\boldsymbol{r})T(t)\,(\neq 0)$ で割ると，次のようになる．

$$\frac{1}{\varphi(\boldsymbol{r})}\left[-\frac{\hbar^2}{2m}\nabla^2\varphi(\boldsymbol{r}) + U(\boldsymbol{r})\,\varphi(\boldsymbol{r})\right] = \mathrm{i}\,\hbar\,\frac{1}{T(t)}\frac{\partial T(t)}{\partial t} \tag{4.11}$$

式 (4.11) の左辺は位置 $\boldsymbol{r}$ のみの関数であって，時間 t に対して独立である．また，式 (4.11) の右辺は時間 t のみの関数であって，位置 $\boldsymbol{r}$ に対して独立である．左辺と右辺が等号で結ばれているということは，異なる変数 $\boldsymbol{r}, t$ に対する関数がつねに同じ値をとるということである．この条件がみたされるのは，各辺が定数の場合だけである．そこで，式 (4.11) の両辺が定数 E に等しいとおくと，次式が得られる．

$$\frac{\partial T(t)}{\partial t} = \frac{E}{\mathrm{i}\,\hbar}\,T(t) = -\,\mathrm{i}\,\frac{E}{\hbar}\,T(t) \tag{4.12}$$

$$-\frac{\hbar^2}{2m}\nabla^2\varphi(\boldsymbol{r}) + U(\boldsymbol{r})\,\varphi(\boldsymbol{r}) = \left[-\frac{\hbar^2}{2m}\nabla^2 + U(\boldsymbol{r})\right]\varphi(\boldsymbol{r}) = E\,\varphi(\boldsymbol{r}) \tag{4.13}$$

式 (4.13) を定常状態におけるシュレーディンガー方程式という．また，E は**エネルギー固有値** (energy eigenvalue) とよばれる．

4.2.3　縮退

波動関数が異なっていて，つまり，状態が異なっていて，エネルギー固有値が同一の場合，この状態は**縮退** (degenerate) しているという．

4.2.4 直交性

二つの状態を考え，それぞれの状態を示す波動関数を ψ_1, ψ_2 とする．そして，次式によって二つの状態の内積を定義する．

$$\langle\psi_1|\psi_2\rangle = \int_0^\infty \psi_1{}^* \psi_2 \,\mathrm{d}V \tag{4.14}$$

ここで，左辺の $\langle\psi_1|$ はブラベクトル (bra vector)，$|\psi_2\rangle$ はケットベクトル (ket vector) である．また，左辺の $\langle\psi_1|\psi_2\rangle$ を簡略化して $\langle 1|2\rangle$ と書くこともある．また，右辺の $\psi_1{}^*$ は ψ_1 の複素共役である．

二つの状態の内積に対して，$\langle\psi_1|\psi_2\rangle = 0$ が成り立つとき，二つの状態は**直交** (orthogonal) しているという．

状態を示す波動関数を ψ とし，規格化しておくと，一つの状態の内積は，次のようになる．

$$\langle\psi|\psi\rangle = \int_0^\infty \psi^* \psi \,\mathrm{d}V = 1 \tag{4.15}$$

ここで，ψ^* は ψ の複素共役である．

お互いに直交している状態は，相互作用が無く，お互いに独立であり，安定していると考えられる．光の照射や，電界や磁界の印加があると，状態が変化し，状態間の相互作用が起こりうる．状態間の相互作用は，安定な状態をわずかに乱す摂動によって生じる．摂動を表す演算子を状態に作用させると，状態が変化する．そして，変化後の状態との内積を考えることで，状態間の相互作用を説明することができる．

4.3 自由粒子

4.3.1 定常状態における自由粒子に対するシュレーディンガー方程式

ポテンシャルエネルギーの影響をまったく受けない粒子は，自由に運動することができ，このような粒子を**自由粒子** (free particle) という．定常状態における自由粒子に対するシュレーディンガー方程式は，式 (4.13) において $U(\boldsymbol{r}) = 0$ として，xyz-座標系では次のように表される．

$$-\frac{\hbar^2}{2m}\nabla^2\varphi(\boldsymbol{r}) = -\frac{\hbar^2}{2m}\left[\frac{\partial^2}{\partial x^2}\varphi(\boldsymbol{r}) + \frac{\partial^2}{\partial y^2}\varphi(\boldsymbol{r}) + \frac{\partial^2}{\partial x^2}\varphi(\boldsymbol{r})\right] = E\varphi(\boldsymbol{r}) \quad (4.16)$$

ただし，$\boldsymbol{r} = (x, y, z)$ である．

4.3.2 周期的境界条件

仮想的な1辺の長さ L の立方体の境界で粒子に対する波動関数の値が等しいとすると，境界条件として次式が成り立つ．

$$\varphi(0, y, z) = \varphi(L, y, z), \quad \varphi(x, 0, z) = \varphi(x, L, z), \quad \varphi(x, y, 0) = \varphi(x, y, L) \quad (4.17)$$

式(4.17)のような境界条件は，**周期的境界条件** (periodic boundary conditon) とよばれている．

4.3.3 定常状態における自由粒子に対する波動関数

式(4.16)において，中央の辺は $\varphi(\boldsymbol{r})$ の x についての2階の導関数，y についての2階の導関数，z についての2階の導関数の和であり，右辺は $\varphi(\boldsymbol{r})$ の定数倍である．このような場合，中央の辺に着目して，次のような2種類の変数分離解を仮定してみる．

$$\varphi(\boldsymbol{r}) = X(x) + Y(y) + Z(z) \quad (4.18)$$

$$\varphi(\boldsymbol{r}) = X(x)Y(y)Z(z) \quad (4.19)$$

ここで，$X(x)$ は x だけの関数，$Y(y)$ は y だけの関数，$Z(z)$ は z だけの関数である．

まず，式(4.18)の仮定解の妥当性について検討しよう．式(4.18)を式(4.17)に代入すると，次のようになる．

$$\begin{aligned} X(0) + Y(y) + Z(z) &= X(L) + Y(y) + Z(z) \\ X(x) + Y(0) + Z(z) &= X(x) + Y(L) + Z(z) \\ X(x) + Y(y) + Z(0) &= X(x) + Y(y) + Z(L) \end{aligned} \quad (4.20)$$

したがって，次の関係が得られる．

$$X(0) = X(L), \quad Y(0) = Y(L), \quad Z(0) = Z(L) \quad (4.21)$$

さて，式 (4.18) を式 (4.16) に代入すると，次のようになる．

$$-\frac{\hbar^2}{2m}\left[\frac{\partial^2 X(x)}{\partial x^2}+\frac{\partial^2 Y(y)}{\partial y^2}+\frac{\partial^2 Z(z)}{\partial z^2}\right]=E\left[X(x)+Y(y)+Z(z)\right] \quad (4.22)$$

式 (4.22) から，同じ形の三つの方程式が次のように得られる．

$$-\frac{\hbar^2}{2m}\frac{\partial^2 X(x)}{\partial x^2}=EX(x) \quad (4.23)$$

$$-\frac{\hbar^2}{2m}\frac{\partial^2 Y(y)}{\partial y^2}=EY(y) \quad (4.24)$$

$$-\frac{\hbar^2}{2m}\frac{\partial^2 Z(z)}{\partial z^2}=EZ(z) \quad (4.25)$$

式 (4.23)–(4.25) の左辺は変数についての 2 階の導関数であり，右辺は元の関数の定数倍である．このような等式をみたす解は，正弦関数，余弦関数，指数関数のいずれか，あるいは正弦関数，余弦関数，指数関数の線形結合である．例として，x の関数 $X(x)$ を考え，A, B, C, k_x, θ を実数の定数として，次のような解を仮定してみよう．

$$\text{(i)}:\quad X(x)=A\sin\left(k_x x+\theta\right) \quad (4.26)$$

$$\text{(ii)}:\quad X(x)=B\cos\left(k_x x+\theta\right) \quad (4.27)$$

$$\text{(iii)}:\quad X(x)=C\exp\left[\mathrm{i}\left(k_x x+\theta\right)\right] \quad (4.28)$$

ここでは，自由粒子が存在することを仮定し，任意の x に対して $\varphi(x)=0$ とならないように，$A\neq 0$, $B\neq 0$, $C\neq 0$, $k_x\neq 0$ とする．そして，自由粒子はどこにでも一様に存在するはずなので，特定の場所で $X(x)$ が 0 になる (i) と (ii) は，解から除外する．また，ここでは初期位相に特に意味は無いので，簡単のため $\theta=0$ とおく．このとき，(iii) の式 (4.28) から

$$X(x)=C\exp\left(\mathrm{i}k_x x\right) \quad (4.29)$$

となる．式 (4.29) を境界条件である式 (4.21) に代入すると，

$$C=C\exp\left(\mathrm{i}k_x L\right) \quad (4.30)$$

から，次の関係が得られる．

$$k_x=\frac{2\pi n_x}{L} \quad (4.31)$$

ここで，n_x は整数である．したがって，$X(x)$ は次のように表される．

$$X(x) = C \exp\left(\mathrm{i}\frac{2\pi n_x}{L}x\right) \tag{4.32}$$

同様にして，

$$Y(y) = D \exp\left(\mathrm{i}\frac{2\pi n_y}{L}y\right) \tag{4.33}$$

$$Z(z) = E \exp\left(\mathrm{i}\frac{2\pi n_z}{L}z\right) \tag{4.34}$$

を得ることができる．ここで，D と E は定数で，n_y と n_z は整数である．式 (4.32)–(4.34) を式 (4.23)–(4.25) に代入すると，次のようになる．

$$E = \frac{\hbar^2}{2m}\left(\frac{2\pi n_x}{L}\right)^2 = \frac{\hbar^2}{2m}\left(\frac{2\pi n_y}{L}\right)^2 = \frac{\hbar^2}{2m}\left(\frac{2\pi n_z}{L}\right)^2 \tag{4.35}$$

式 (4.35) は，${n_x}^2 = {n_y}^2 = {n_z}^2$ であれば成り立つ．しかし，このような条件が n_x, n_y, n_z に課されているということは，x 軸, y 軸, z 軸それぞれの軸に沿った方向の運動がお互いに制限されるということである．これでは，自由粒子の運動とは言い難い．したがって，式 (4.18) の仮定解は，ふさわしいとは言えない．

次に，式 (4.19) の仮定解の妥当性について検討しよう．式 (4.19) を式 (4.17) に代入すると，次のようになる．

$$\begin{aligned} X(0)Y(y)Z(z) &= X(L)Y(y)Z(z) \\ X(x)Y(0)Z(z) &= X(x)Y(L)Z(z) \\ X(x)Y(y)Z(0) &= X(x)Y(y)Z(L) \end{aligned} \tag{4.36}$$

したがって，次の関係が得られる．

$$X(0) = X(L), \quad Y(0) = Y(L), \quad Z(0) = Z(L) \tag{4.37}$$

さて，式 (4.19) を式 (4.16) に代入すると，次のようになる．

$$-\frac{\hbar^2}{2m}\left[\frac{\partial^2 X(x)}{\partial x^2}Y(y)Z(z) + \frac{\partial^2 Y(y)}{\partial y^2}X(x)Z(z) + \frac{\partial^2 Z(z)}{\partial x^2}X(x)Y(y)\right] = EX(x)Y(y)Z(z) \tag{4.38}$$

式 (4.38) の両辺を $X(x)Y(y)Z(z)\,(\neq 0)$ で割ると，次のようになる．

$$-\frac{\hbar^2}{2m}\left[\frac{1}{X(x)}\frac{\partial^2 X(x)}{\partial x^2}+\frac{1}{Y(y)}\frac{\partial^2 Y(y)}{\partial y^2}+\frac{1}{Z(z)}\frac{\partial^2 Z(z)}{\partial x^2}\right]=E \tag{4.39}$$

ここで，式 (4.39) の左辺において，第 1 項を E_x，第 2 項を E_y，第 3 項を E_z とおくと，次式が得られる．

$$-\frac{\hbar^2}{2m}\frac{\partial^2}{\partial x^2}X(x)=E_xX(x) \tag{4.40}$$

$$-\frac{\hbar^2}{2m}\frac{\partial^2}{\partial y^2}Y(y)=E_yY(y) \tag{4.41}$$

$$-\frac{\hbar^2}{2m}\frac{\partial^2}{\partial z^2}Z(z)=E_zZ(z) \tag{4.42}$$

$$E_x+E_y+E_z=E \tag{4.43}$$

式 (4.40)–(4.42) の左辺は変数についての 2 階の導関数であり，右辺は元の関数の定数倍である．このような等式をみたす解は，前述のように正弦関数，余弦関数，指数関数のいずれか，あるいは正弦関数，余弦関数，指数関数の線形結合である．例として，x の関数 $X(x)$ を考え，A, B, C, k_x, θ を実数の定数として，次のような解を仮定してみよう．

$$\text{(i)}:\quad X(x)=A\sin(k_xx+\theta) \tag{4.44}$$

$$\text{(ii)}:\quad X(x)=B\cos(k_xx+\theta) \tag{4.45}$$

$$\text{(iii)}:\quad X(x)=C\exp\left[\mathrm{i}(k_xx+\theta)\right] \tag{4.46}$$

ここでは，自由粒子が存在することを仮定し，任意の x に対して $\varphi(x)=0$ とならないように，$A\neq 0, B\neq 0, C\neq 0, k_x\neq 0$ とする．そして，自由粒子はどこにでも一様に存在するはずなので，特定の場所で $X(x)$ が 0 になる (i) と (ii) は，解から除外する．また，ここでは初期位相に特に意味は無いので，簡単のため $\theta=0$ とおく．このとき，(iii) の式 (4.46) から

$$X(x)=C\exp(\mathrm{i}k_xx) \tag{4.47}$$

となる．式 (4.47) を境界条件である式 (4.37) に代入すると，

$$C=C\exp(\mathrm{i}k_xL) \tag{4.48}$$

から，次の関係が得られる．

$$k_x = \frac{2\pi n_x}{L} \tag{4.49}$$

ここで，n_x は整数である．したがって，$X(x)$ は次のように表される．

$$X(x) = C\exp\left(\mathrm{i}\frac{2\pi n_x}{L}x\right) \tag{4.50}$$

同様にして，

$$Y(y) = D\exp\left(\mathrm{i}\frac{2\pi n_y}{L}y\right) \tag{4.51}$$

$$Z(z) = E\exp\left(\mathrm{i}\frac{2\pi n_z}{L}z\right) \tag{4.52}$$

を得ることができる．ここで，D と E は定数で，n_y と n_z は整数である．式(4.50)–(4.52) を式 (4.39) に代入すると，次のようになる．

$$E = \frac{\hbar^2}{2m}\left(\frac{2\pi n_x}{L}\right)^2 + \frac{\hbar^2}{2m}\left(\frac{2\pi n_y}{L}\right)^2 + \frac{\hbar^2}{2m}\left(\frac{2\pi n_z}{L}\right)^2 \tag{4.53}$$

式 (4.53) を見ると，x 軸, y 軸, z 軸それぞれの軸に沿った方向の運動はお互いに独立であり，自由粒子の運動と言ってよいことがわかる．したがって，式(4.19) の仮定解は，ふさわしいと言うことができる．

量子力学では，式 (4.50)–(4.52) のように波動関数が整数を用いて表されることが特徴であり，整数 n_x, n_y, n_z を**量子数** (quantum number) という．ここで，量子数 n_x, n_y, n_z が整数だから，エネルギー固有値 E は離散的な値となる．

4.4 箱型ポテンシャル

4.4.1 箱型無限大ポテンシャル

図 4.1 のような，1 次元の箱型ポテンシャルを考えよう．ポテンシャルエネルギーの低い領域を**井戸** (well) という．物性の分野ではこの井戸を**量子井戸**

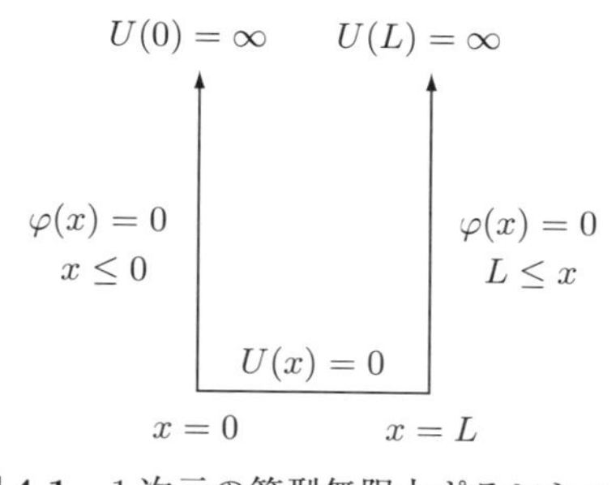

図 4.1 1次元の箱型無限大ポテンシャル

(quantum well) ということも多い．図 4.1 において，箱型のポテンシャルエネルギー $U(x)$ は，次のように表される．

$$U(x)=\begin{cases} 0 & : 0<x<L \\ \infty & : x \leq 0,\ L \leq x \end{cases} \tag{4.54}$$

図 4.1 のように，$U(0)=U(L)=\infty$ だから，$x \leq 0,\ L \leq x$ には粒子は存在しないと考えられる．つまり，$x \leq 0,\ L \leq x$ では，粒子の波動関数 $\varphi(x)$ は 0 である．したがって，波動関数 φ の境界条件は，次のように表される．

$$\varphi(0)=\varphi(L)=0 \tag{4.55}$$

式 (4.13), (4.54) から，1次元のポテンシャル井戸 $(0<x<L)$ に存在する質量 m の粒子に対して，定常状態におけるシュレーディンガ方程式は，次のように表される．

$$-\frac{\hbar^2}{2m}\frac{\mathrm{d}^2}{\mathrm{d}x^2}\varphi(x)=E\,\varphi(x) \tag{4.56}$$

式 (4.56) において，左辺は $\varphi(x)$ の x についての2階の導関数，右辺は $\varphi(x)$ の定数倍である．このような等式をみたす解は，正弦関数，余弦関数，指数関数のいずれか，あるいは正弦関数，余弦関数，指数関数の線形結合である．

まず，A, B, C, k_x, θ を実数の定数として，次のような解を仮定しよう．

$$\text{(i)}:\quad \varphi(x)=A\exp\left[\mathrm{i}\,(k_x x+\theta)\right] \tag{4.57}$$

$$\text{(ii)}:\quad \varphi(x)=B\cos\left(k_x x+\theta\right) \tag{4.58}$$

$$\text{(iii)}: \quad \varphi(x) = C \sin(k_x x + \theta) \tag{4.59}$$

ここで，井戸内に粒子は存在すると仮定して $(0 < x < L)$ をみたす任意の x に対して $\varphi(x) = 0$ とならないように，$A \neq 0$, $B \neq 0$, $C \neq 0$, $k_x \neq 0$ とする．ただし，完全な自由粒子とは違って，$0 < x < L$ における特定の x に対して $\varphi(x) = 0$ となることは認める．

まず，(i) の $A \exp[\mathrm{i}(k_x x + \theta)]$ は決して 0 になることはなく，式 (4.55) の境界条件をみたさないので，解から除外する．次に，ここでは初期位相に特に意味は無いので，簡単のために $\theta = 0$ とする．このとき，式 (4.58)，式 (4.59) から，次のようになる．

$$\text{(ii)}: \quad \varphi(x) = B \cos(k_x x) \tag{4.60}$$

$$\text{(iii)}: \quad \varphi(x) = C \sin(k_x x) \tag{4.61}$$

式 (4.60) は，境界条件である式 (4.55) をみたさない．なお，式 (4.58) において $\theta = -\pi/2$ とすれば，境界条件である式 (4.55) をみたす．しかし，$\cos(k_x x - \pi/2) = \sin(k_x x)$ であり，式 (4.58) において $\theta = -\pi/2$ とおくことは，式 (4.61) と同じ形の解を仮定することになる．式 (4.61) は，次の場合に境界条件である式 (4.55) をみたす．

$$k_x = \frac{n_x \pi}{L}, \quad n_x = 1, 2, 3, \cdots \tag{4.62}$$

式 (4.61) の波動関数 $\varphi(x)$ は，次の関係を用いて規格化できる．

$$\int_{-\infty}^{\infty} \varphi^*(x)\, \varphi(x)\, \mathrm{d}x = C^2 \int_0^L \sin^2(k_x x)\, \mathrm{d}x = C^2 \cdot \frac{L}{2} = 1 \tag{4.63}$$

簡単のため，$C > 0$ とすると，次のようになる．

$$C = \sqrt{\frac{2}{L}} \tag{4.64}$$

以上から，式 (4.55) の境界条件をみたす解として，質量 m の粒子に対して，波動関数 $\varphi(x)$ とエネルギー固有値 E は，それぞれ次のようになる．

$$\varphi(x) = \sqrt{\frac{2}{L}} \sin\left(\frac{n_x \pi}{L} x\right) \tag{4.65}$$

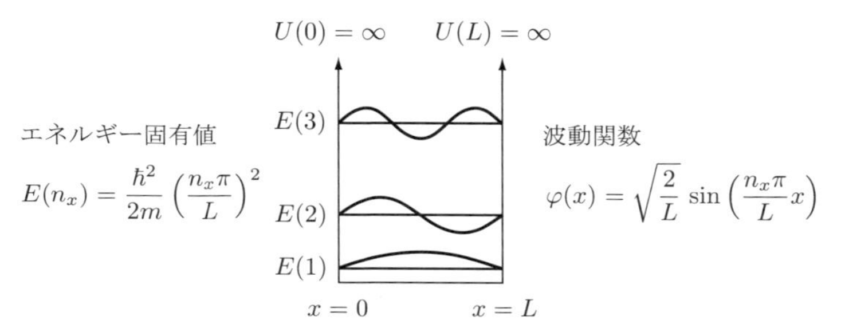

図 **4.2** 1 次元の箱型無限大ポテンシャルに対する φ と E

$$E = \frac{\hbar^2}{2m}\left(\frac{n_x \pi}{L}\right)^2 \tag{4.66}$$

1 次元の無限大ポテンシャルにはさまれた井戸 $(0 < x < L)$ に存在する粒子に対して，波動関数 $\varphi(x)$ とエネルギー固有値 E を示すと，図 4.2 のようになる．ただし，エネルギー固有値 E が量子数 n_x の関数であることを強調するために，$E(n_x)$ と表している．

式 (4.66), (4.62) からわかるように，エネルギー固有値 E は**離散的** (discrete) になり，その大きさは量子数 n_x の 2 乗に比例する．また，箱型ポテンシャルの幅 L が小さくなるにつれて，量子数の異なるエネルギー準位間のエネルギー差が大きくなる．

さて，波動関数 $\varphi(x)$ の物理的解釈は，$\varphi^*(x)\,\varphi(x) = |\varphi(x)|^2$ が粒子を見出す確率に比例するということである．したがって，波動関数 $\varphi(x)$ が負の値をとっても一向に構わない．また，式 (4.65) において，波数 k_x の値が正負どちらの場合でも，変位が 0 となる位置は不変である．したがって，波数 k_x の絶対値が同じであれば，同一の状態を表すと考えられる．波数 k_x の値は，正負どちらでもよいが，ここでは，簡単のため，式 (4.62) のように，正の値だけを選んだ．

4.4.2 箱型有限大ポテンシャル

有限大のポテンシャルエネルギーをもつ箱型ポテンシャルとして，1 次元の箱型ポテンシャルを取り上げ，ポテンシャルエネルギーの差を $U_0\,(> 0)$，井戸

の幅を a とする．図4.3のように，領域をI，II，IIIに分け，井戸の中央を x 軸の原点とする．また，領域Iにおけるポテンシャルエネルギーを $-U_0$，領域II，IIIにおけるポテンシャルエネルギーを 0 とする．なお，粒子の質量は m とする．

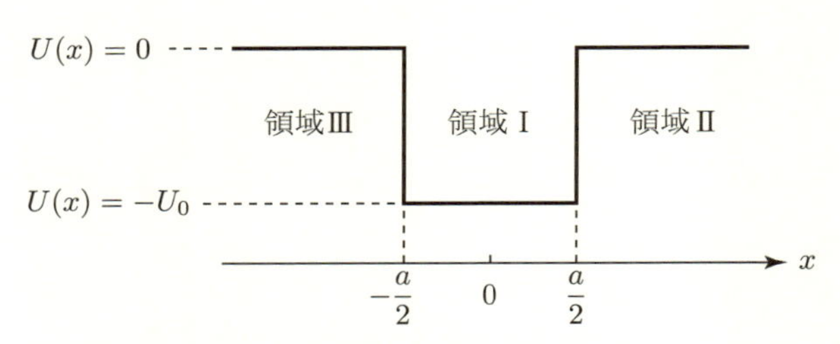

図 4.3　1次元の箱型有限大ポテンシャル

領域Iは井戸である．領域Iにおけるポテンシャルエネルギーが $-U_0$ なので，定常状態におけるシュレーディンガー方程式は，式(4.13)から次のように表される．

$$\left(-\frac{\hbar^2}{2m}\frac{\mathrm{d}^2}{\mathrm{d}x^2} - U_0\right)\varphi_{\mathrm{I}}(x) = E\,\varphi_{\mathrm{I}}(x) \tag{4.67}$$

ここで，$\varphi_{\mathrm{I}}(x)$ は領域Iにおける波動関数，E はエネルギー固有値である．

箱型無限大ポテンシャルにおける議論から類推して，A と k を定数として，$\varphi_{\mathrm{I}}(x)$ と E を次のようにおく．

$$\varphi_{\mathrm{I}}(x) = A\cos(kx), \quad E = \frac{\hbar^2 k^2}{2m} - U_0 \tag{4.68}$$

ただし，ポテンシャルエネルギーが $x = 0$ に対して対称なので，$\varphi_{\mathrm{I}}(x)$ として正弦関数ではなく，余弦関数を用いた．

領域IIでは，ポテンシャルエネルギーが 0 なので，定常状態におけるシュレーディンガー方程式は，式(4.13)から次のように表される．

$$-\frac{\hbar^2}{2m}\frac{\mathrm{d}^2}{\mathrm{d}x^2}\varphi_{\mathrm{II}}(x) = E\,\varphi_{\mathrm{II}}(x) \tag{4.69}$$

ここで，$\varphi_{\mathrm{II}}(x)$ は領域IIにおける波動関数，E はエネルギー固有値である．

ポテンシャルエネルギーが大きいところでは，粒子が見出される確率は小さいと考えられる．さらに，井戸から離れるほど粒子が見出される確率は小さくなると考えることが妥当だろう．したがって，$\varphi_{\mathrm{II}}(x)$ の絶対値は $x > a/2$ において減少関数となるはずである．そこで，B と $q\,(> 0)$ を定数として，$\varphi_{\mathrm{II}}(x)$ と E を次のようにおく．

$$\varphi_{\mathrm{II}}(x) = B\exp(-\,qx), \quad E = -\,\frac{\hbar^2 q^2}{2m} \tag{4.70}$$

境界条件として，領域 I と II の境界，および領域 I と III の境界において，波動関数が滑らかにつながることを要請しよう．領域 I と II の境界において，この条件をみたすためには，波動関数 $\varphi_{\mathrm{I}}(x)$ と波動関数 $\varphi_{\mathrm{II}}(x)$ が境界部で等しいだけではなく，波動関数の勾配 $\nabla\varphi_{\mathrm{I}}(x)$ と波動関数の勾配 $\nabla\varphi_{\mathrm{II}}(x)$ も境界で等しくなければならない．図 4.3 から，波動関数は $x = 0$ を中心にして対称であると考えられる．そこで，ここでは，領域 I と領域 II の境界のみを考えることにする．

波動関数 $\varphi_{\mathrm{I}}(x)$ と波動関数 $\varphi_{\mathrm{II}}(x)$ が境界 $x = a/2$ において等しいという条件 $\varphi_{\mathrm{I}}(a/2) = \varphi_{\mathrm{II}}(a/2)$ は，式 (4.68)，(4.70) から次のように表される．

$$A\cos\left(\frac{ka}{2}\right) = B\exp\left(-\,\frac{qa}{2}\right) \tag{4.71}$$

波動関数の勾配 $\nabla\varphi_{\mathrm{I}}(x)$ と波動関数の勾配 $\nabla\varphi_{\mathrm{II}}(x)$，ここでは 1 階の導関数 $\partial\varphi_{\mathrm{I}}(x)/\partial x$ と 1 階の導関数 $\partial\varphi_{\mathrm{II}}(x)/\partial x$ が境界 $x = a/2$ において等しいという条件 $[\partial\varphi_{\mathrm{I}}(x)/\partial x]_{x=a/2} = [\partial\varphi_{\mathrm{II}}(x)/\partial x]_{x=a/2}$ は，次のように表される．

$$-\,kA\sin\left(\frac{ka}{2}\right) = -\,qB\exp\left(-\,\frac{qa}{2}\right) \tag{4.72}$$

式 (4.72) を式 (4.71) で割ると，次の関係が導かれる．

$$k\tan\left(\frac{ka}{2}\right) = q \tag{4.73}$$

さて，領域 I と II において，エネルギー固有値 E は等しく，式 (4.68), (4.70) から次のように表すことができる．

$$E = \frac{\hbar^2 k^2}{2m} - U_0 = -\,\frac{\hbar^2 q^2}{2m} \tag{4.74}$$

式(4.74)を変形すると，次のようになる．

$$k^2 + q^2 = \frac{2mU_0}{\hbar^2} \tag{4.75}$$

式(4.75)は，k と q をそれぞれ横軸，縦軸とするグラフにおいて，原点を中心とする半径 $\sqrt{2mU_0}/\hbar$ の円を示している．図4.4は，式(4.73), (4.75)における k と q の関係を示しており，2本の曲線の交点が解を与える．

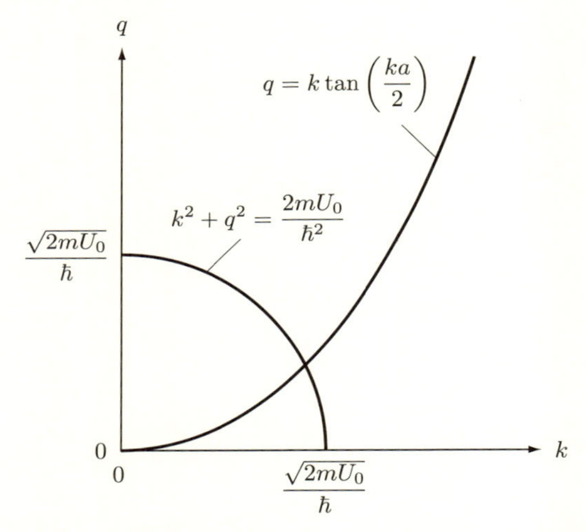

図4.4　有限大ポテンシャルに対する q と k の関係

式(4.73)を式(4.75)に代入すると，次のようになる．

$$k^2 \left[1 + \tan^2\left(\frac{ka}{2}\right)\right] = \frac{2mU_0}{\hbar^2} \tag{4.76}$$

ただし，式(4.76)を解析的に解くことはできないので，数値解析によって解を求める．例として，ポテンシャルエネルギーの差 U_0 が $U_0 = 2\hbar^2/ma^2$ の場合，U_0 を式(4.76)に代入して整理すると，次の関係が成り立つ．

$$\frac{k^2 a^2}{4} = \left[1 + \tan^2\left(\frac{ka}{2}\right)\right]^{-1} = \cos^2\left(\frac{ka}{2}\right) \tag{4.77}$$

式(4.77)を数値解析によって解くと，次の値が得られる．

$$\frac{ka}{2} = 0.74 \tag{4.78}$$

式 (4.78) の結果を式 (4.74) に代入すると，エネルギー固有値 E は，次のように求められる．

$$E = \frac{\hbar^2 k^2}{2m} - \frac{2\hbar^2}{ma^2} = -0.45 \times \frac{2\hbar^2}{ma^2} = -0.45U_0 \tag{4.79}$$

このときの波動関数とエネルギー固有値を示すと，図 4.5 のようになる．

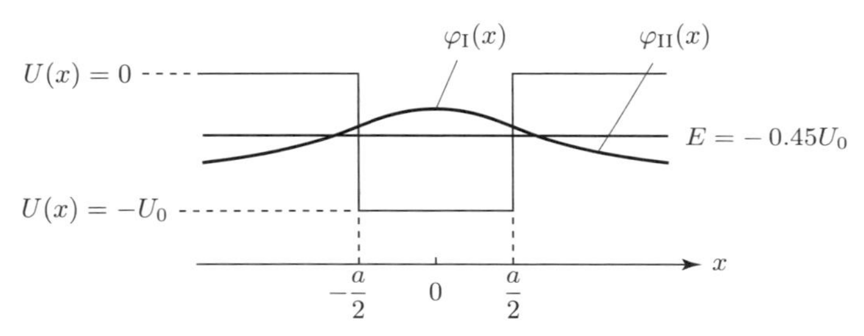

図 4.5　有限大ポテンシャルに対する波動関数とエネルギー固有値

4.5　1 次元調和振動子

4.5.1　古典論におけるハミルトニアン

質量 m の粒子がばねに接続された，図 4.6 のような 1 次元調和振動子を考える．ばねは x 方向だけに伸縮し，ばねの平衡位置からの変位を x とする．なお，ばねの長さの平衡値を a，ばね定数を k とする．

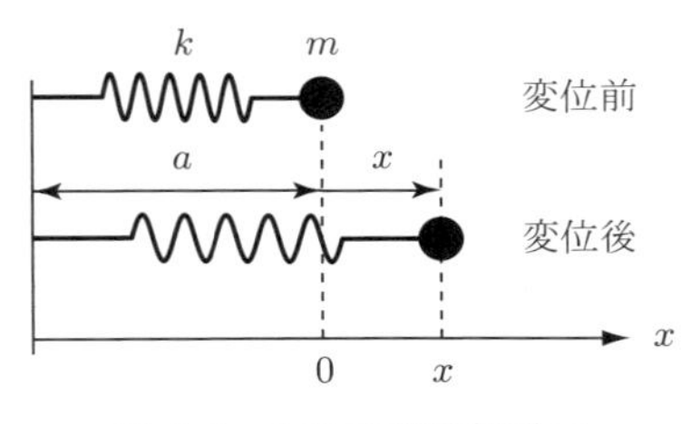

図 4.6　1 次元調和振動子

図4.6の1次元調和振動子に対して，古典論における運動方程式は次のように表される．

$$m\frac{\mathrm{d}^2x}{\mathrm{d}t^2} = -kx \tag{4.80}$$

式(4.80)において，左辺は x の t についての2階の導関数，右辺は x の定数倍である．このような等式をみたす解は，正弦関数，余弦関数，指数関数のいずれか，あるいは正弦関数，余弦関数，指数関数の線形結合である．

まず，A, B, C, ω, θ を定数として，次のような解を仮定してみよう．ただし，$A \neq 0$，$B \neq 0$，$C \neq 0$，$\omega > 0$ とする．

$$\text{(i)}: \ x = A\exp(\mathrm{i}\omega t + \theta) \tag{4.81}$$

$$\text{(ii)}: \ x = B\sin(\omega t + \theta) \tag{4.82}$$

$$\text{(iii)}: \ x = C\cos(\omega t + \theta) \tag{4.83}$$

時刻 $t = 0$ において，変位 $x = x_0 \neq 0$，速度 $v_x = \mathrm{d}x/\mathrm{d}t = 0$ とおく．(i)の場合，次のようになって，解として適さない．

$$v_x = \mathrm{d}x/\mathrm{d}t = \mathrm{i}\omega A\exp(\mathrm{i}\omega t + \theta) \neq 0 \tag{4.84}$$

ここでは，初期位相は特に重要ではないから，簡単のため $\theta = 0$ とすると，式(4.82)と式(4.83)は次のようになる．

$$\text{(ii)}: \ x = B\sin(\omega t) \tag{4.85}$$

$$\text{(iii)}: \ x = C\cos(\omega t) \tag{4.86}$$

式(4.85)と式(4.86)のうちで，初期条件である時刻 $t = 0$ において，変位 $x = x_0 \neq 0$，速度 $v_x = \mathrm{d}x/\mathrm{d}t = 0$ をみたすのは，式(4.86)である．したがって，次のように解を仮定する．

$$x = x_0\cos(\omega t) \tag{4.87}$$

$$v_x = \frac{\mathrm{d}x}{\mathrm{d}t} = -\omega x_0\sin(\omega t) \tag{4.88}$$

ここで，C を x_0 で置き換えた．また，$\omega\,(> 0)$ は1次元調和振動子の角振動数である．

式 (4.87) を式 (4.80) に代入すると，次のようになる．

$$-m\omega^2 x = -kx \quad \therefore \left(k - m\omega^2\right) x = 0 \tag{4.89}$$

式 (4.89) が任意の x に対して成り立つという条件から，ω は次のように与えられる．

$$\omega = \sqrt{\frac{k}{m}} \tag{4.90}$$

運動量 $p_x = mv_x$ と式 (4.90) を用いると，運動エネルギー T とポテンシャルエネルギー U は，それぞれ次のように表される．

$$T = \frac{1}{2}\, m{v_x}^2 = \frac{1}{2m}\, {p_x}^2 \tag{4.91}$$

$$U = -\int_0^x -kx\,\mathrm{d}x = \frac{1}{2}\, kx^2 = \frac{1}{2}\, m\omega^2 x^2 \tag{4.92}$$

式 (4.91), (4.92) から，1 次元調和振動子に対する古典論におけるハミルトニアン H は，次のようになる．

$$H = T + U = \frac{1}{2m}\, {p_x}^2 + \frac{1}{2}\, m\omega^2 x^2 \tag{4.93}$$

4.5.2　量子力学におけるハミルトニアン

式 (4.93) において，運動量 p_x を運動量演算子 $-\mathrm{i}\hbar\partial/\partial x$ で置き換えると，1 次元調和振動子に対する量子力学におけるハミルトニアン $\hat{\mathcal{H}}$ は，次のように求められる．

$$\hat{\mathcal{H}} = -\frac{\hbar^2}{2m}\frac{\partial^2}{\partial x^2} + \frac{1}{2}\, m\omega^2 x^2 \tag{4.94}$$

固有関数を φ，エネルギー固有値を E とすると，1 次元調和振動子に対するシュレーディンガー方程式は，次のように表される．

$$\hat{\mathcal{H}}\varphi = E\varphi \tag{4.95}$$

4.5.3 生成演算子と消滅演算子

生成演算子 (creation operator) $\hat{a}^\dagger$ と**消滅演算子** (annihilation operator) $\hat{a}$ を，次式によって定義する．

$$\hat{a}^\dagger = -\sqrt{\frac{\hbar}{2m\omega}}\frac{\partial}{\partial x} + \sqrt{\frac{m\omega}{2\hbar}}\,x \tag{4.96}$$

$$\hat{a} = \sqrt{\frac{\hbar}{2m\omega}}\frac{\partial}{\partial x} + \sqrt{\frac{m\omega}{2\hbar}}\,x \tag{4.97}$$

生成演算子 $\hat{a}^\dagger$ と消滅演算子 $\hat{a}$ に対して，次のような交換関係が成り立つ．

$$[\hat{a}, \hat{a}^\dagger] = \hat{a}\hat{a}^\dagger - \hat{a}^\dagger\hat{a} = 1 \tag{4.98}$$

1次元調和振動子に対する量子力学におけるハミルトニアン $\hat{\mathcal{H}}$ は，生成演算子 $\hat{a}^\dagger$ と消滅演算子 $\hat{a}$ を用いて，次のように表すことができる．

$$\hat{\mathcal{H}} = \left(\hat{a}^\dagger\hat{a} + \frac{1}{2}\right)\hbar\omega \tag{4.99}$$

量子力学におけるハミルトニアン $\hat{\mathcal{H}}$ の固有関数 φ に生成演算子 $\hat{a}^\dagger$ を作用させると，次の関係が得られる．

$$\begin{aligned}
\hat{\mathcal{H}}\,[(\hat{a}^\dagger)\varphi] &= (E + \hbar\omega)\,[(\hat{a}^\dagger)\varphi] \\
\hat{\mathcal{H}}\,[(\hat{a}^\dagger)^2\varphi] &= (E + 2\hbar\omega)\,[(\hat{a}^\dagger)^2\varphi] \\
&\vdots \\
\hat{\mathcal{H}}\,[(\hat{a}^\dagger)^{n-1}\varphi] &= [E + (n-1)\hbar\omega]\,[(\hat{a}^\dagger)^{n-1}\varphi] \\
\hat{\mathcal{H}}\,[(\hat{a}^\dagger)^{n}\varphi] &= (E + n\hbar\omega)\,[(\hat{a}^\dagger)^{n}\varphi]
\end{aligned} \tag{4.100}$$

一方，量子力学におけるハミルトニアン $\hat{\mathcal{H}}$ の固有関数 φ に消滅演算子 $\hat{a}$ を作用させると，次の関係が得られる．

$$\begin{aligned}
\hat{\mathcal{H}}(\hat{a}\varphi) &= (E - \hbar\omega)(\hat{a}\varphi) \\
\hat{\mathcal{H}}(\hat{a}^2\varphi) &= (E - 2\hbar\omega)(\hat{a}^2\varphi) \\
&\vdots \\
\hat{\mathcal{H}}(\hat{a}^{n-1}\varphi) &= [E - (n-1)\hbar\omega](\hat{a}^{n-1}\varphi) \\
\hat{\mathcal{H}}(\hat{a}^{n}\varphi) &= (E - n\hbar\omega)(\hat{a}^{n}\varphi)
\end{aligned} \tag{4.101}$$

4.5.4　基底状態

エネルギーが最小となる状態を**基底状態** (ground state) という．基底状態における固有関数を φ_0 とすると，φ_0 に消滅演算子 $\hat{a}$ を作用させた $\hat{a}\,\varphi_0$ に対して，1次元調和振動子のハミルトニアン $\hat{\mathcal{H}}$ を作用させても，もはやエネルギーを小さくすることはできない．したがって，基底状態における固有関数 φ_0 に対して，次のようにおく．

$$\hat{a}\,\varphi_0 = 0 \tag{4.102}$$

式 (4.102) に式 (4.97) を代入すると，次のような微分方程式が得られる．

$$\sqrt{\frac{\hbar}{2m\omega}}\,\frac{\partial\varphi_0}{\partial x} + \sqrt{\frac{m\omega}{2\hbar}}\,x\varphi_0 = 0 \tag{4.103}$$

式 (4.103) の左辺第2項を右辺に移項すると，次のようになる．

$$\sqrt{\frac{\hbar}{2m\omega}}\,\frac{\partial\varphi_0}{\partial x} = -\sqrt{\frac{m\omega}{2\hbar}}\,x\varphi_0 \tag{4.104}$$

式 (4.104) の両辺を $\sqrt{\hbar/2m\omega}\varphi_0$ で割る．さらに，∂ を d と置き換えた後，形式的に両辺に $\mathrm{d}x$ をかけると，次のようになる．

$$\frac{\mathrm{d}\varphi_0}{\varphi_0} = -\frac{m\omega}{\hbar}\,x\,\mathrm{d}x \tag{4.105}$$

式 (4.105) の両辺を次のようにそれぞれ積分する．

$$\int \frac{1}{\varphi_0}\,\mathrm{d}\varphi_0 = \int -\frac{m\omega}{\hbar}\,x\,\mathrm{d}x \tag{4.106}$$

式 (4.106) の積分を実行すると，次のようになる．

$$\ln\varphi_0 = -\frac{m\omega}{2\hbar}\,x^2 + C = \ln\left[\exp\left(-\frac{m\omega}{2\hbar}\,x^2 + C\right)\right] \tag{4.107}$$

ただし，C は積分定数である．式 (4.107) から，φ_0 は次のように表される．

$$\varphi_0 = \exp(C)\exp\left(-\frac{m\omega}{2\hbar}\,x^2\right) = A\exp\left(-\frac{m\omega}{2\hbar}\,x^2\right) \tag{4.108}$$

ここで，$\exp(C) = A$ とおいた．

基底状態における固有関数 φ_0 を規格化すると，式 (4.108) から次のようになる．

$$\int_{-\infty}^{\infty} {\varphi_0}^* \varphi_0 \, \mathrm{d}x = |A|^2 \int_{-\infty}^{\infty} \exp\left(-\frac{m\omega}{\hbar} x^2\right) \mathrm{d}x = |A|^2 \left(\frac{\pi\hbar}{m\omega}\right)^{1/2} = 1 \tag{4.109}$$

簡単のため，A を正の実数とすると，次のようになる．

$$A = \left(\frac{m\omega}{\pi\hbar}\right)^{1/4} \tag{4.110}$$

式 (4.110) を式 (4.108) に代入すると，基底状態における固有関数 φ_0 が次のように求められる．

$$\varphi_0 = \left(\frac{m\omega}{\pi\hbar}\right)^{1/4} \exp\left(-\frac{m\omega}{2\hbar} x^2\right) \tag{4.111}$$

さて，式 (4.99), (4.102) から，基底状態に対するエネルギー固有値は，次のように $\hbar\omega/2$ となる．

$$\hat{\mathcal{H}}\varphi_0 = \hbar\omega\left(\hat{a}^\dagger\hat{a} + \frac{1}{2}\right)\varphi_0 = \hbar\omega\hat{a}^\dagger\left(\hat{a}\,\varphi_0\right) + \frac{1}{2}\hbar\omega\varphi_0 = \frac{1}{2}\hbar\omega\varphi_0 \tag{4.112}$$

この $\frac{1}{2}\hbar\omega$ は，零点エネルギー (zero point energy) とよばれている．

4.5.5　1 次元調和振動子に対する固有関数

基底状態における固有関数 φ_0 に生成演算子 $\hat{a}^\dagger$ を作用させた $\hat{a}^\dagger\varphi_0$ に対して，次の関係が成り立つ．

$$\begin{aligned} \hat{\mathcal{H}}\left(\hat{a}^\dagger\varphi_0\right) &= \left(1 + \frac{1}{2}\right)\hbar\omega\left(\hat{a}^\dagger\varphi_0\right) \\ \hat{\mathcal{H}}\left[(\hat{a}^\dagger)^2\varphi_0\right] &= \left(2 + \frac{1}{2}\right)\hbar\omega\left[(\hat{a}^\dagger)^2\varphi_0\right] \\ &\vdots \\ \hat{\mathcal{H}}\left[(\hat{a}^\dagger)^n\varphi_0\right] &= \left(n + \frac{1}{2}\right)\hbar\omega\left[(\hat{a}^\dagger)^n\varphi_0\right] \end{aligned} \tag{4.113}$$

式 (4.113) は，$(\hat{a}^\dagger)^n\varphi_0$ が $\hat{\mathcal{H}}$ の固有関数 φ であり，エネルギー固有値 $(n + 1/2)\hbar\omega$ をもつことを示している．ここで，式 (4.111) の基底状態におけ

る固有関数 φ_0 が実数値関数であり，式 (4.96) の生成演算子 $\hat{a}^\dagger$ も実部だけから構成される演算子だから，$(\hat{a}^\dagger)^n\varphi_0$ も実数値関数であることに注意しよう．

ここで，規格化定数 C_n を用いて，1次元調和振動子に対する固有関数 φ_n を次のようにおく．

$$\varphi_n = C_n\,\hat{a}^\dagger\varphi_{n-1} \tag{4.114}$$

ただし，前述のように $(\hat{a}^\dagger)^n\varphi_0$ が実数値関数だから，規格化定数 C_n も実数とする．つまり，固有関数 φ_n は実数値関数である．

式 (4.99), (4.113), (4.114) から，次の関係が成り立つ．

$$\hat{\mathcal{H}}\varphi_n = \left(\hat{a}^\dagger\hat{a} + \frac{1}{2}\right)\hbar\omega\varphi_n = \left(n + \frac{1}{2}\right)\hbar\omega\varphi_n \tag{4.115}$$

式 (4.115) から，次の結果が得られる．

$$\hat{a}^\dagger\hat{a}\,\varphi_n = n\varphi_n \tag{4.116}$$

式 (4.116), (4.98) から，次の結果も得られる．

$$\hat{a}\hat{a}^\dagger\varphi_n = \left(\hat{a}^\dagger\hat{a} + 1\right)\varphi_n = (n+1)\varphi_n \tag{4.117}$$

固有関数 φ_n が規格化されていると仮定し，固有関数 φ_{n+1} を規格化する．規格化条件は，次のように表される．

$$\int_{-\infty}^{\infty}{\varphi_n}^*\,\varphi_n\,\mathrm{d}x = \int_{-\infty}^{\infty}\varphi_n\,\varphi_n\,\mathrm{d}x = 1 \tag{4.118}$$

$$\begin{aligned}\int_{-\infty}^{\infty}{\varphi_{n+1}}^*\,\varphi_{n+1}\,\mathrm{d}x &= \int_{-\infty}^{\infty}\varphi_{n+1}\,\varphi_{n+1}\,\mathrm{d}x \\ &= {C_{n+1}}^2\int_{-\infty}^{\infty}\left(\hat{a}^\dagger\varphi_n\right)\left(\hat{a}^\dagger\varphi_n\right)\mathrm{d}x = 1\end{aligned} \tag{4.119}$$

ただし，固有関数 φ_n, φ_{n+1} が実数値関数であることから，${\varphi_n}^* = \varphi_n$, ${\varphi_{n+1}}^* = \varphi_{n+1}$ であることを用いた．

ここで，式 (4.119) の 2 行目における積分を I とおいて，変形してみよう．

$$
\begin{aligned}
I &= \int_{-\infty}^{\infty} \left(\hat{\mathrm{a}}^{\dagger}\varphi_n\right)\left(\hat{\mathrm{a}}^{\dagger}\varphi_n\right) \mathrm{d}x \\
&= \int_{-\infty}^{\infty} \left(-\sqrt{\frac{\hbar}{2m\omega}}\frac{\partial\varphi_n}{\partial x} + \sqrt{\frac{m\omega}{2\hbar}}x\varphi_n\right)\left(\hat{\mathrm{a}}^{\dagger}\varphi_n\right) \mathrm{d}x \\
&= \int_{-\infty}^{\infty} -\sqrt{\frac{\hbar}{2m\omega}}\frac{\partial\varphi_n}{\partial x}\left(\hat{\mathrm{a}}^{\dagger}\varphi_n\right) \mathrm{d}x + \int_{-\infty}^{\infty} \varphi_n\sqrt{\frac{m\omega}{2\hbar}}x\left(\hat{\mathrm{a}}^{\dagger}\varphi_n\right) \mathrm{d}x
\end{aligned}
\tag{4.120}
$$

ただし，交換法則が成り立つ因子については，一部の順番を入れ替えた．

式 (4.120) の 3 行目における第 1 項に着目し，部分積分をおこなうと，次のようになる．

$$
\begin{aligned}
&\int_{-\infty}^{\infty} -\sqrt{\frac{\hbar}{2m\omega}}\frac{\partial\varphi_n}{\partial x}\left(\hat{\mathrm{a}}^{\dagger}\varphi_n\right) \mathrm{d}x \\
&\quad= \left[-\sqrt{\frac{\hbar}{2m\omega}}\varphi_n\left(\hat{\mathrm{a}}^{\dagger}\varphi_n\right)\right]_{-\infty}^{\infty} + \int_{-\infty}^{\infty}\sqrt{\frac{\hbar}{2m\omega}}\varphi_n\frac{\partial}{\partial x}\left(\hat{\mathrm{a}}^{\dagger}\varphi_n\right) \mathrm{d}x \\
&\quad= \int_{-\infty}^{\infty}\varphi_n\sqrt{\frac{\hbar}{2m\omega}}\frac{\partial}{\partial x}\left(\hat{\mathrm{a}}^{\dagger}\varphi_n\right) \mathrm{d}x
\end{aligned}
\tag{4.121}
$$

ここで，固有関数は局在しており，$x \to \pm\infty$ では，$\varphi_n \to 0$, $\hat{\mathrm{a}}^{\dagger}\varphi_n \to 0$ とした．また，交換法則が成り立つ因子については，順番を入れ替えた．

式 (4.121) を式 (4.120) に代入すると，次の結果が得られる．

$$
\begin{aligned}
I &= \int_{-\infty}^{\infty}\varphi_n\sqrt{\frac{\hbar}{2m\omega}}\frac{\partial}{\partial x}\left(\hat{\mathrm{a}}^{\dagger}\varphi_n\right) \mathrm{d}x + \int_{-\infty}^{\infty}\varphi_n\sqrt{\frac{m\omega}{2\hbar}}x\left(\hat{\mathrm{a}}^{\dagger}\varphi_n\right) \mathrm{d}x \\
&= \int_{-\infty}^{\infty}\varphi_n\left(\sqrt{\frac{\hbar}{2m\omega}}\frac{\partial}{\partial x} + \sqrt{\frac{m\omega}{2\hbar}}x\right)\left(\hat{\mathrm{a}}^{\dagger}\varphi_n\right) \mathrm{d}x \\
&= \int_{-\infty}^{\infty}\varphi_n\hat{\mathrm{a}}\left(\hat{\mathrm{a}}^{\dagger}\varphi_n\right) \mathrm{d}x = \int_{-\infty}^{\infty}\varphi_n\left(\hat{\mathrm{a}}\hat{\mathrm{a}}^{\dagger}\varphi_n\right) \mathrm{d}x \\
&= \int_{-\infty}^{\infty}\varphi_n(n+1)\varphi_n \,\mathrm{d}x = (n+1)\int_{-\infty}^{\infty}\varphi_n\,\varphi_n \,\mathrm{d}x = n+1
\end{aligned}
\tag{4.122}
$$

ここで，式 (4.97), (4.117), (4.118) を用いた．

式 (4.119)–(4.122) から，次式が得られる．

$$C_{n+1}{}^2(n+1) = 1 \tag{4.123}$$

簡単のために，$C_{n+1} > 0$ とすると，規格化定数 C_{n+1} は次のように求められる．

$$C_{n+1} = \frac{1}{\sqrt{n+1}} \tag{4.124}$$

式 (4.114), (4.123) から，1 次元調和振動子に対する固有関数 φ_n は，次のように表される．

$$\begin{aligned} \varphi_n &= \frac{1}{\sqrt{n}}\,\hat{a}^\dagger \varphi_{n-1} \\ \varphi_{n-1} &= \frac{1}{\sqrt{n-1}}\,\hat{a}^\dagger \varphi_{n-2} \\ &\vdots \\ \varphi_2 &= \frac{1}{\sqrt{2}}\,\hat{a}^\dagger \varphi_1 \\ \varphi_1 &= \frac{1}{\sqrt{1}}\,\hat{a}^\dagger \varphi_0 \end{aligned} \tag{4.125}$$

式 (4.125) から，固有関数 φ_n は，次式で与えられる．

$$\varphi_n = \frac{1}{\sqrt{n!}}\,(\hat{a}^\dagger)^n \varphi_0 \tag{4.126}$$

4.5.6　1 次元調和振動子に対する無次元化したシュレーディンガー方程式

式 (4.94), (4.95) から，1 次元調和振動子に対するシュレーディンガー方程式を次のように書くことができる．

$$-\frac{\hbar^2}{2m}\frac{\partial^2 \varphi}{\partial x^2} + \frac{1}{2}m\omega^2 x^2 \varphi = E\varphi \tag{4.127}$$

ここでは，解析が簡単となるように式 (4.127) を無次元化し，多項式を用いて解いてみよう．α を正の定数として，$\xi = \sqrt{\alpha}\,x$ とおくと，次のようになる．

$$\frac{\partial \varphi}{\partial x} = \frac{\partial \xi}{\partial x}\frac{\partial \varphi}{\partial \xi} = \sqrt{\alpha}\,\frac{\partial \varphi}{\partial \xi} \tag{4.128}$$

$$\begin{aligned}\frac{\partial^2 \varphi}{\partial x^2} &= \frac{\partial}{\partial x}\left(\frac{\partial \varphi}{\partial x}\right) = \frac{\partial}{\partial x}\left(\sqrt{\alpha}\,\frac{\partial \varphi}{\partial \xi}\right)\\ &= \frac{\partial \xi}{\partial x}\frac{\partial}{\partial \xi}\left(\sqrt{\alpha}\,\frac{\partial \varphi}{\partial \xi}\right) = \sqrt{\alpha}\cdot\sqrt{\alpha}\,\frac{\partial^2 \varphi}{\partial \xi^2} = \alpha\,\frac{\partial^2 \varphi}{\partial \xi^2}\end{aligned} \tag{4.129}$$

$$x = \frac{\xi}{\sqrt{\alpha}} \tag{4.130}$$

式 (4.128), (4.129) を式 (4.127) に代入すると，次の結果が得られる．

$$-\frac{\hbar^2}{2m}\,\alpha\,\frac{\partial^2 \varphi}{\partial \xi^2} + \frac{1}{2}\,m\omega^2\,\frac{\xi^2}{\alpha}\varphi = E\varphi \tag{4.131}$$

式 (4.131) の両辺を $-\hbar^2\alpha/2m$ で割って整理すると，1 次元調和振動子に対する無次元化したシュレーディンガー方程式が，次のように得られる．

$$\frac{\partial^2 \varphi}{\partial \xi^2} + \left(\frac{2m}{\hbar^2}\frac{E}{\alpha} - \frac{m^2\omega^2}{\hbar^2}\frac{1}{\alpha^2}\xi^2\right)\varphi = 0 \tag{4.132}$$

ここで，次のようにおく．

$$\frac{2m}{\hbar^2}\frac{E}{\alpha} = \lambda, \quad \frac{m^2\omega^2}{\hbar^2}\frac{1}{\alpha^2} = 1 \tag{4.133}$$

式 (4.133) を式 (4.132) に代入すると，1 次元調和振動子に対する無次元化したシュレーディンガー方程式は，次のように簡単化される．

$$\frac{\partial^2 \varphi}{\partial \xi^2} + \left(\lambda - \xi^2\right)\varphi = 0 \tag{4.134}$$

4.5.7　多項式解の仮定

式 (4.134) を解くために，まず λ の値として具体的な値を考えてみよう．例として $\lambda = 1$ とすると，式 (4.134) は次のようになる．

$$\frac{\partial^2 \varphi}{\partial \xi^2} + \left(1 - \xi^2\right)\varphi = 0 \tag{4.135}$$

微分方程式を学んだ読者の中には，式 (4.135) の解は，定数 φ_0 を用いて次のように表されることを知っている人もいるだろう．

$$\varphi(\xi) = \varphi_0 \exp\left(-\frac{1}{2}\xi^2\right) \tag{4.136}$$

式 (4.136) が式 (4.135) の解になっていることを，式 (4.136) を式 (4.135) の左辺に代入することによって示す．代入後の左辺第 1 項は次のようになる．

$$\begin{aligned}(\text{左辺第 1 項}) &= \frac{\partial}{\partial \xi}\left(\frac{\partial \varphi}{\partial \xi}\right) = \frac{\partial}{\partial \xi}(-\xi\varphi) \\ &= -\varphi - \xi\frac{\partial \varphi}{\partial \xi} = -\varphi + \xi^2\varphi \\ &= -\left(1-\xi^2\right)\varphi \end{aligned} \tag{4.137}$$

式 (4.137) を式 (4.135) の左辺に代入すると，次式が成り立つ．

$$\begin{aligned}(\text{左辺}) &= -\left(1-\xi^2\right)\varphi + \left(1-\xi^2\right)\varphi = 0 \\ &= (\text{右辺}) \end{aligned} \tag{4.138}$$

式 (4.138) から，式 (4.136) は式 (4.135) の解であることがわかる．つまり，$\lambda = 1$ のとき，式 (4.136) は式 (4.134) の解である．$\lambda = 1$ という特別な場合とはいえ，式 (4.136) が式 (4.134) の解になっていることを手がかりとしてみよう．そこで，式 (4.134) の解 $\varphi(\xi)$ として，式 (4.136) の指数関数に多項式 $H(\xi)$ をかけた次の関数を仮定する．

$$\varphi(\xi) = H(\xi)\exp\left(-\frac{1}{2}\xi^2\right) \tag{4.139}$$

ただし，$|\varphi(\xi)|^2$ が粒子を見出す確率に比例し，確率は有限の値をとることから，$H(\xi)$ は $\xi = 0, \infty$ において有限の値をもつとする．そして，0 以上の整数 s を用いて，$H(\xi)$ を次のような多項式とする．

$$\begin{aligned}H(\xi) &= \xi^s\left(a_0 + a_1\xi + a_2\xi^2 + \cdots\right) \\ &= \xi^s\sum_{k=0} a_k\xi^k \end{aligned} \tag{4.140}$$

ここで，$a_0 \neq 0$ である．

式 (4.139), (4.140) を式 (4.134) に代入して，多項式 $H(\xi)$ を決定すれば，固有関数 $\varphi(\xi)$ が求められる．

まず，式 (4.139) から，次のようになる．

$$\frac{\partial \varphi}{\partial \xi} = \frac{\partial H(\xi)}{\partial \xi} \exp\left(-\frac{1}{2}\xi^2\right) - \xi H(\xi) \exp\left(-\frac{1}{2}\xi^2\right) \tag{4.141}$$

$$\begin{aligned}
\frac{\partial^2 \varphi}{\partial \xi^2} &= \frac{\partial}{\partial \xi}\left(\frac{\partial \varphi}{\partial \xi}\right) \\
&= \frac{\partial^2 H(\xi)}{\partial \xi^2} \exp\left(-\frac{1}{2}\xi^2\right) - \xi \frac{\partial H(\xi)}{\partial \xi} \exp\left(-\frac{1}{2}\xi^2\right) \\
&\qquad - H(\xi) \exp\left(-\frac{1}{2}\xi^2\right) - \xi \frac{\partial H(\xi)}{\partial \xi} \exp\left(-\frac{1}{2}\xi^2\right) \\
&\qquad + \xi^2 H(\xi) \exp\left(-\frac{1}{2}\xi^2\right) \\
&= \frac{\partial^2 H(\xi)}{\partial \xi^2} \exp\left(-\frac{1}{2}\xi^2\right) - 2\xi \frac{\partial H(\xi)}{\partial \xi} \exp\left(-\frac{1}{2}\xi^2\right) \\
&\qquad + \left(\xi^2 - 1\right) H(\xi) \exp\left(-\frac{1}{2}\xi^2\right)
\end{aligned} \tag{4.142}$$

式 (4.134) に式 (4.139), (4.142) を代入し，$\exp\left(-\xi^2/2\right)$ で割ると，次式が得られる．

$$\frac{\partial^2 H(\xi)}{\partial \xi^2} - 2\xi \frac{\partial H(\xi)}{\partial \xi} + (\lambda - 1)H(\xi) = 0 \tag{4.143}$$

次に，式 (4.140) を式 (4.143) に代入して整理すると，次のようになる．

$$\begin{aligned}
&s(s-1)a_0\xi^{s-2} + (s+1)sa_1\xi^{s-1} \\
&\qquad + \left[(s+2)(s+1)a_2 - (2s+1-\lambda)a_0\right]\xi^s \\
&\qquad + \left[(s+3)(s+2)a_3 - (2s+3-\lambda)a_1\right]\xi^{s+1} + \cdots = 0
\end{aligned} \tag{4.144}$$

式 (4.144) が任意の ξ に対して成り立つためには，ξ のべき乗の係数が，すべて 0 になることが必要である．この条件を ξ の次数ごとに示すと，次のようになる．

$$\begin{aligned}
&\xi^{s-2}:\ s(s-1)a_0 = 0 \\
&\xi^{s-1}:\ (s+1)sa_1 = 0 \\
&\xi^{s}\ \ \ :\ (s+2)(s+1)a_2 - (2s+1-\lambda)a_0 = 0 \\
&\xi^{s+1}:\ (s+3)(s+2)a_3 - (2s+3-\lambda)a_1 = 0 \\
&\qquad\vdots \\
&\xi^{s+\nu}:\ (s+\nu+2)(s+\nu+1)a_{\nu+2} - (2s+2\nu+1-\lambda)a_\nu = 0
\end{aligned} \tag{4.145}$$

さて，$|\varphi(\xi)|^2$ が粒子を見出す確率に比例するという物理的意味から考えると，固有関数 $\varphi(\xi)$ は有限の値をもたなくてはならない．したがって，多項式 $H(\xi)$ は，有限の級数でなければならない．このためには，式 (4.145) の最後の式に対して次の関係が成り立つことを要請しよう．

$$\frac{a_{\nu+2}}{a_\nu} = \frac{2s + 2\nu + 1 - \lambda}{(s+\nu+2)(s+\nu+1)} = 0 \tag{4.146}$$

このようにすれば，$a_{\nu+2} = 0$ となって $H(\xi)$ は有限の級数となる．このとき，$H(\xi)$ の最高次の項は，$a_{\nu+1}\xi^{s+\nu+1}$ となる．

式 (4.146) から，λ は次のように表される．

$$\lambda = 2s + 2\nu + 1 = 2(s+\nu) + 1 = 2n + 1 \tag{4.147}$$

ここで，$n = s + \nu$ は，0 以上の整数である．

4.5.8　エネルギー固有値

式 (4.133) から α を消去すると，次の関係が得られる．

$$\lambda = \frac{2m}{\hbar^2}\frac{\hbar}{m\omega}E = \frac{2}{\hbar\omega}E \tag{4.148}$$

式 (4.147), (4.148) から，エネルギー固有値 E は，次のように求められる．

$$E = \left(n + \frac{1}{2}\right)\hbar\omega \tag{4.149}$$

この結果は，生成演算子と消滅演算子を用いて求めた式 (4.115) と一致している．

4.5.9　エルミート多項式

式 (4.147) を式 (4.143) に代入すると，次のようになる．

$$\frac{\partial^2 H(\xi)}{\partial \xi^2} - 2\xi\frac{\partial H(\xi)}{\partial \xi} + 2nH(\xi) = 0 \tag{4.150}$$

式 (4.150) の解 $H(\xi) = H_n(\xi)$ は，**エルミート多項式** (Hermite polynomial) あるいは**エルミート関数** (Hermite function) として知られており，次式によっ

て定義されている.

$$H_n(\xi) = (-1)^n \exp\left(\xi^2\right) \frac{\mathrm{d}^n}{\mathrm{d}\xi^n} \exp\left(-\xi^2\right), \quad n \geq 0 \tag{4.151}$$

例として，$n = 0 \sim 4$ に対するエルミート多項式 $H_n(\xi)$ を示すと，次のようになる.

$$\begin{aligned} H_0(\xi) &= 1 \\ H_1(\xi) &= 2\xi \\ H_2(\xi) &= 4\xi^2 - 2 \\ H_3(\xi) &= 8\xi^3 - 12\xi \\ H_4(\xi) &= 16\xi^4 - 48\xi^2 + 12 \end{aligned} \tag{4.152}$$

エルミート多項式 $H_n(\xi) = H_n(\sqrt{\alpha}\, x)$ を用い，さらに式 (4.133) から $\alpha = m\omega/\hbar$ であることに留意すると，規格化した固有関数 $\varphi_n(x)$ は，次のように表される.

$$\varphi_n(x) = \left(\frac{m\omega}{\pi\hbar}\right)^{1/4} \left(\frac{1}{2^n n!}\right)^{1/2} \exp\left(-\frac{m\omega}{2\hbar}\, x^2\right) H_n\left(\sqrt{\frac{m\omega}{\hbar}}\, x\right) \tag{4.153}$$

4.6　球対称ポテンシャル

4.6.1　球座標

球対称ポテンシャルの解析にとって便利なように，第1章の図 1.6 に示した球座標（極座標）を考えよう．式 (1.69) から，r, θ, φ は，それぞれ次のように表される.

$$r = \sqrt{x^2 + y^2 + z^2} \tag{4.154}$$

$$\theta = \tan^{-1}\left(\frac{\sqrt{x^2 + y^2}}{z}\right) \tag{4.155}$$

$$\varphi = \tan^{-1}\left(\frac{y}{x}\right) \tag{4.156}$$

4.6.2 微分演算子

シュレーディンガー方程式を球座標によって表すために，球座標を用いて ∇^2 を表現しよう．まず，xyz-座標系において，∇^2 が次のように表されることに着目する．

$$\nabla^2 = \frac{\partial^2}{\partial x^2} + \frac{\partial^2}{\partial y^2} + \frac{\partial^2}{\partial z^2} = \frac{\partial}{\partial x}\left(\frac{\partial}{\partial x}\right) + \frac{\partial}{\partial y}\left(\frac{\partial}{\partial y}\right) + \frac{\partial}{\partial z}\left(\frac{\partial}{\partial z}\right) \tag{4.157}$$

これから，式 (4.157) に現れた微分演算子を，順番に計算する．まず，x についての偏微分は，次のようになる．

$$\begin{aligned}\frac{\partial}{\partial x} &= \frac{\partial r}{\partial x}\frac{\partial}{\partial r} + \frac{\partial \theta}{\partial x}\frac{\partial}{\partial \theta} + \frac{\partial \varphi}{\partial x}\frac{\partial}{\partial \varphi} \\ &= \sin\theta\cos\varphi\frac{\partial}{\partial r} + \frac{\cos\theta\cos\varphi}{r}\frac{\partial}{\partial \theta} - \frac{\sin\varphi}{r\sin\theta}\frac{\partial}{\partial \varphi}\end{aligned} \tag{4.158}$$

次に，y についての偏微分は，次のようになる．

$$\begin{aligned}\frac{\partial}{\partial y} &= \frac{\partial r}{\partial y}\frac{\partial}{\partial r} + \frac{\partial \theta}{\partial y}\frac{\partial}{\partial \theta} + \frac{\partial \varphi}{\partial y}\frac{\partial}{\partial \varphi} \\ &= \sin\theta\sin\varphi\frac{\partial}{\partial r} + \frac{\cos\theta\sin\varphi}{r}\frac{\partial}{\partial \theta} + \frac{\cos\varphi}{r\sin\theta}\frac{\partial}{\partial \varphi}\end{aligned} \tag{4.159}$$

最後に，z についての偏微分は，次のようになる．

$$\begin{aligned}\frac{\partial}{\partial z} &= \frac{\partial r}{\partial z}\frac{\partial}{\partial r} + \frac{\partial \theta}{\partial z}\frac{\partial}{\partial \theta} + \frac{\partial \varphi}{\partial z}\frac{\partial}{\partial \varphi} \\ &= \cos\theta\frac{\partial}{\partial r} - \frac{\sin\theta}{r}\frac{\partial}{\partial \theta}\end{aligned} \tag{4.160}$$

式 (4.158)–(4.160) を式 (4.157) に代入して計算を続けると，次の結果が得られる．ただし，$\cot\theta = \cos\theta/\sin\theta = 1/\tan\theta$ である．

$$\nabla^2 = \frac{\partial^2}{\partial r^2} + \frac{2}{r}\frac{\partial}{\partial r} + \frac{1}{r^2}\left(\frac{\partial^2}{\partial \theta^2} + \cot\theta\frac{\partial}{\partial \theta} + \frac{1}{\sin^2\theta}\frac{\partial^2}{\partial \varphi^2}\right) \tag{4.161}$$

4.6.3　定常状態におけるシュレーディンガー方程式の球座標による表現

式 (4.161) を式 (4.13) に代入すると，定常状態におけるシュレーディンガー方程式は，球座標表示を用いて次のように表される．

$$-\frac{\hbar^2}{2m}\left[\frac{\partial^2}{\partial r^2}+\frac{2}{r}\frac{\partial}{\partial r}+\frac{1}{r^2}\left(\frac{\partial^2}{\partial \theta^2}+\cot\theta\,\frac{\partial}{\partial\theta}+\frac{1}{\sin^2\theta}\,\frac{\partial^2}{\partial\varphi^2}\right)\right]\varphi(\boldsymbol{r})$$
$$+U(\boldsymbol{r})\varphi(\boldsymbol{r})=E\varphi(\boldsymbol{r}) \tag{4.162}$$

ここで，$U(\boldsymbol{r})$ は **球対称ポテンシャル** (spherically symmetric potential) である．

4.6.4　角運動量の球座標表示

球座標を用いて，角運動量演算子 $\hat{\boldsymbol{l}}=\left(\hat{l}_x,\hat{l}_y,\hat{l}_z\right)$ を表してみよう．式 (1.69), (4.158)–(4.160) を用いると，次のようになる．

$$\hat{l}_x=-\mathrm{i}\,\hbar\left(y\frac{\partial}{\partial z}-z\frac{\partial}{\partial y}\right)=\mathrm{i}\,\hbar\left(\sin\varphi\,\frac{\partial}{\partial\theta}+\cot\theta\cos\varphi\,\frac{\partial}{\partial\varphi}\right) \tag{4.163}$$

$$\hat{l}_y=-\mathrm{i}\,\hbar\left(z\frac{\partial}{\partial x}-x\frac{\partial}{\partial z}\right)=\mathrm{i}\,\hbar\left(-\cos\varphi\,\frac{\partial}{\partial\theta}+\cot\theta\sin\varphi\,\frac{\partial}{\partial\varphi}\right) \tag{4.164}$$

$$\hat{l}_z=-\mathrm{i}\,\hbar\left(x\frac{\partial}{\partial y}-y\frac{\partial}{\partial x}\right)=-\mathrm{i}\,\hbar\frac{\partial}{\partial\varphi} \tag{4.165}$$

式 (4.163)–(4.165) から，角運動量演算子 $\hat{\boldsymbol{l}}$ の2乗 $\hat{\boldsymbol{l}}^2$ は，球座標では，次のように表される．

$$\begin{aligned}\hat{\boldsymbol{l}}^2&=\hat{l}_x^2+\hat{l}_y^2+\hat{l}_z^2\\&=-\hbar^2\left(\frac{\partial^2}{\partial\theta^2}+\cot\theta\,\frac{\partial}{\partial\theta}+\frac{1}{\sin^2\theta}\,\frac{\partial^2}{\partial\varphi^2}\right)\end{aligned} \tag{4.166}$$

式 (4.166) を用いると，式 (4.162) の定常状態におけるシュレーディンガー方程式は，次のように書き換えられる．

$$\left[-\frac{\hbar^2}{2m}\left(\frac{\partial^2}{\partial r^2}+\frac{2}{r}\frac{\partial}{\partial r}-\frac{\hat{\boldsymbol{l}}^2}{\hbar^2 r^2}\right)+U(\boldsymbol{r})\right]\varphi(\boldsymbol{r})=E\varphi(\boldsymbol{r}) \tag{4.167}$$

4.6.5 球面調和関数

角運動量演算子 $\hat{\boldsymbol{l}}$ の 2 乗 $\hat{\boldsymbol{l}}^2$ の固有関数を $Y_l^m(\theta,\varphi)$，固有値を $\lambda\hbar^2$ とおくと，式 (4.166) から，固有値方程式は次のように表される．

$$\hat{\boldsymbol{l}}^2 Y_l^m(\theta,\varphi) = -\hbar^2\left(\frac{\partial^2}{\partial\theta^2} + \cot\theta\,\frac{\partial}{\partial\theta} + \frac{1}{\sin^2\theta}\,\frac{\partial^2}{\partial\varphi^2}\right) Y_l^m(\theta,\varphi)$$
$$= \lambda\hbar^2 Y_l^m(\theta,\varphi) \tag{4.168}$$

固有関数 $Y_l^m(\theta,\varphi)$ は，**球面調和関数** (spherical harmonic function) とよばれている．ここで，変数分離を用いて，固有関数 $Y_l^m(\theta,\varphi)$ を次のようにおく．

$$Y_l^m(\theta,\varphi) = \Theta_l^m(\theta)\varphi_m(\varphi) \tag{4.169}$$

式 (4.169) を式 (4.168) に代入すると，次のようになる．

$$-\hbar^2\Phi_m(\varphi)\frac{\partial^2\Theta_l^m(\theta)}{\partial\theta^2} - \hbar^2\Phi_m(\varphi)\cot\theta\,\frac{\partial\Theta_l^m(\theta)}{\partial\theta} - \hbar^2\,\frac{\Theta_l^m(\theta)}{\sin^2\theta}\,\frac{\partial^2\Phi_m(\varphi)}{\partial\varphi^2}$$
$$= \lambda\hbar^2\Theta_l^m(\theta)\Phi_m(\varphi) \tag{4.170}$$

式 (4.170) の両辺を $\hbar^2\Theta_l^m(\theta)\Phi_m(\varphi)\,(\neq 0)$ で割り，さらに両辺に $\sin^2\theta$ をかけると，次のように表される．

$$-\frac{\sin^2\theta}{\Theta_l^m(\theta)}\frac{\partial^2\Theta_l^m(\theta)}{\partial\theta^2} - \frac{\sin\theta\cos\theta}{\Theta_l^m(\theta)}\,\frac{\partial\Theta_l^m(\theta)}{\partial\theta} - \frac{1}{\Phi_m(\varphi)}\,\frac{\partial^2\Phi_m(\varphi)}{\partial\varphi^2} = \lambda\sin^2\theta \tag{4.171}$$

式 (4.171) の左辺の第 1 項と第 2 項を右辺に移項して，共通因子でくくると次のようになる．

$$-\frac{1}{\varphi_m(\varphi)}\,\frac{\partial^2\varphi_m(\varphi)}{\partial\varphi^2} = \frac{\sin^2\theta}{\Theta_l^m(\theta)}\left[\frac{\partial^2\Theta_l^m(\theta)}{\partial\theta^2} + \cot\theta\,\frac{\partial\Theta_l^m(\theta)}{\partial\theta} + \lambda\Theta_l^m(\theta)\right] \tag{4.172}$$

式 (4.172) において，左辺は φ のみの関数関数であって，θ に対して独立である．また，右辺は θ のみの関数であって，φ に対して独立である．左辺と右辺が等号で結ばれているということは，異なる変数 φ, θ に対する関数がつねに同じ値をとるということである．この条件がみたされるのは，各辺が定数の場合だけである．この定数を m^2 とおくと，式 (4.172) から次の微分方程式が得られる．

$$\frac{\partial^2\varphi_m(\varphi)}{\partial\varphi^2} = -m^2\varphi_m(\varphi) \tag{4.173}$$

$$\frac{\partial^2\Theta_l^m(\theta)}{\partial\theta^2} + \cot\theta\,\frac{\partial\Theta_l^m(\theta)}{\partial\theta} + \left(\lambda - \frac{m^2}{\sin^2\theta}\right)\Theta_l^m(\theta) = 0 \tag{4.174}$$

まず，式 (4.173) の解を考えよう．角度 φ の変域は $0 \le \varphi \le 2\pi$ であり，次の関係をみたす必要がある．

$$\varphi_m(0) = \varphi_m(2\pi) \tag{4.175}$$

式 (4.175) をみたす解として，m を整数とし，次のような $\varphi_m(\varphi)$ が考えられる．

$$\varphi_m(\varphi) = \frac{1}{\sqrt{2\pi}}\exp(\mathrm{i}\,m\varphi) \tag{4.176}$$

ここで，$1/\sqrt{2\pi}$ は規格化因子である．

式 (4.176), (4.165) から，角運動量演算子の z 成分 $\hat{l}_z$ に対して，次の固有値方程式が成り立つ．

$$\hat{l}_z Y_l^m(\theta,\varphi) = -\mathrm{i}\,\hbar\,\frac{\partial Y_l^m(\theta,\varphi)}{\partial\varphi} = m\hbar\,Y_l^m(\theta,\varphi) \tag{4.177}$$

式 (4.177) から，角運動量演算子 $\hat{\boldsymbol{l}}$ の z 成分 $\hat{l}_z$ の固有値は，$m\hbar$ であることがわかる．なお，m は**磁気量子数** (magnetic quantum number) とよばれている．

4.6.6　変数変換

式 (4.174) の解を求めよう．式 (4.174) の微分方程式は三角関数を含んでおり，複雑な形をしている．そこで，少しでも式 (4.174) が簡単な形になるように，次のように変数変換をおこなう．

$$w = \cos\theta, \quad \Theta_l^m(\theta) = P_l^m(w) \tag{4.178}$$

式 (4.178) から，$-1 \le w \le 1$ である．

式 (4.178) を式 (4.174) に代入すると，次の微分方程式が得られる．

$$(1-w^2)\frac{\partial^2 P_l^m(w)}{\partial w^2} - 2w\,\frac{\partial P_l^m(w)}{\partial w} + \left(\lambda - \frac{m^2}{1-w^2}\right) P_l^m(w) = 0 \quad (4.179)$$

4.6.7 多項式解の仮定

式 (4.179) の微分方程式もまだ十分複雑な形をしている．そこで，式 (4.179) の特別に簡単な場合として，$m=0$ の場合を考えよう．このとき，式 (4.179) は，次のように簡単化される．

$$(1-w^2)\frac{\partial^2 P_l^0(w)}{\partial w^2} - 2w\,\frac{\partial P_l^0(w)}{\partial w} + \lambda P_l^0(w) = 0 \quad (4.180)$$

式 (4.180) の解 $P_l^0(w)$ を次のように仮定する．

$$P_l^0(w) = a_0 + a_1 w + a_2 w^2 + \cdots = \sum_{k=0} a_k w^k \quad (4.181)$$

ただし，$P_l^m(w)$ は，$-1 \leq w \leq 1$ において有限の値をもつ多項式である．

4.6.8 固有値

式 (4.181) を式 (4.180) に代入して整理すると，次のようになる．

$$\sum_{k=2}\left[k(k-1) - (k^2+k-\lambda)w^2\right] a_k w^{k-2} + (\lambda-2)a_1 w + \lambda a_0 = 0 \quad (4.182)$$

式 (4.182) が $-1 \leq w \leq 1$ をみたす任意の w に対して成り立つためには，w のべき乗の係数が，すべて 0 になることが必要である．この条件を w の次数ごとに示すと，次のようになる．

$$\begin{aligned} w^0 &: \ 2a_2 + \lambda a_0 = 0 \\ w^1 &: \ 3(3-1)a_3 + (\lambda-2)a_1 = 0 \\ &\ \ \vdots \\ w^l &: \ (l+2)(l+1)a_{l+2} - \left[l(l+1) - \lambda\right] a_l = 0 \end{aligned} \quad (4.183)$$

さて，$|Y_l^m(\theta,\varphi)|^2$ が粒子を見出す確率に比例するという物理的意味から考えると，固有関数 $P_l^0(w)$ は，有限の値をもたなくてはならない．したがって，

$P_l^0(w)$ は有限の級数でなければならない．このためには，式 (4.183) の最後の式に対して次の関係が成り立つことを要請しよう．

$$\frac{a_{l+2}}{a_l}=\frac{l(l+1)-\lambda}{(l+2)(l+1)}=0 \tag{4.184}$$

このようにすれば，$a_{l+2}=0$ となり，$P_l^0(w)$ は有限の級数となる．なお，このとき，$P_l^0(w)$ の最高次の項は，$a_{l+1}w^{l+1}$ となる．

式 (4.184) から，λ は次のように表すことができる．

$$\lambda=l(l+1) \tag{4.185}$$

ここで，l は 0 以上の整数である．

式 (4.185) を式 (4.168) に代入すると，次のようになる．

$$\hat{\boldsymbol{l}}^2 Y_l^m(\theta,\varphi)=l(l+1)\hbar^2 Y_l^m(\theta,\varphi) \tag{4.186}$$

式 (4.186) から，角運動量演算子 $\hat{\boldsymbol{l}}$ の 2 乗 $\hat{\boldsymbol{l}}^2$ の固有値は，$l(l+1)\hbar^2$ であることがわかる．なお，l は**方位量子数** (azimuthal quantum number) とよばれている．

4.6.9　ルジャンドルの微分方程式

式 (4.185) を式 (4.180) に代入すると，次のようになる．

$$(1-w^2)\frac{\partial^2 P_l^0(w)}{\partial w^2}-2w\,\frac{\partial P_l^0(w)}{\partial w}+l(l+1)P_l^0(w)=0 \tag{4.187}$$

式 (4.187) は，**ルジャンドルの微分方程式** (Legendre's differential equation) として知られている

4.6.10　ルジャンドル関数

式 (4.187) の解 $P_l^0(w)$ は，**ルジャンドル関数** (Legendre function) あるいは**ルジャンドル多項式** (Legendre polynomial) とよばれ，さまざな形式で表すことができる．その中で，次のような**ロドリゲスの公式** (Rodrigues formula) が，よく用いられている．

$$P_l^0(w) = \frac{1}{2^l l!} \frac{\mathrm{d}^l}{\mathrm{d}w^l} (w^2 - 1)^l \tag{4.188}$$

式 (4.188) から，ルジャンドル関数の例として $l = 2$ とした $P_2^0(w)$ は，

$$P_2^0(w) = -\frac{1}{2}(1 - 3w^2) \tag{4.189}$$

となる．

4.6.11 ルジャンドル同伴関数

式 (4.179) に式 (4.185) を代入すると，次のようになる．

$$(1 - w^2)\frac{\partial^2 P_l^m(w)}{\partial w^2} - 2w \frac{\partial P_l^m(w)}{\partial w} + \left[l(l+1) - \frac{m^2}{1 - w^2} \right] P_l^m(w) = 0 \tag{4.190}$$

式 (4.190) において，$m \neq 0$ に対する解は，次式で与えられることがわかっている．

$$P_l^m(w) = (1 - w^2)^{|m|/2} \frac{\mathrm{d}^{|m|}}{\mathrm{d}w^{|m|}} P_l^0(w) \tag{4.191}$$

式 (4.191) は，ルジャンドル同伴関数 (associated Legendre function) あるいはルジャンドル同伴多項式 (associated Legendre polynomial) とよばれており，式 (4.191), (4.188) から，$|m| \leq l$ すなわち $-l \leq m \leq l$ となることがわかる．

4.6.12 規格化した球面調和関数

規格化した球面調和関数 $Y_l^m(\theta, \varphi)$ は，次のように表される．

$$Y_l^m(\theta, \varphi) = (-1)^{(m+|m|)/2} \left[\frac{2l+1}{4\pi} \frac{(l - |m|)!}{(l + |m|)!} \right]^{1/2} P_l^m(\cos\theta) \exp(\mathrm{i}\, m\varphi) \tag{4.192}$$

例として，$l = 0 \sim 2$ に対する規格化した球面調和関数 $Y_l^m(\theta, \varphi)$ を示すと，次のようになる．

$$
\begin{aligned}
Y_0^0(\theta,\varphi) &= \frac{1}{\sqrt{4\pi}} \\
Y_1^0(\theta,\varphi) &= \sqrt{\frac{3}{4\pi}}\,\cos\theta \\
Y_1^{\pm 1}(\theta,\varphi) &= \mp\sqrt{\frac{3}{8\pi}}\,\sin\theta\exp(\pm\mathrm{i}\,\varphi) \\
Y_2^0(\theta,\varphi) &= \sqrt{\frac{5}{16\pi}}\left(3\cos^2\theta-1\right) \\
Y_2^{\pm 1}(\theta,\varphi) &= \mp\sqrt{\frac{15}{8\pi}}\,\sin\theta\cos\theta\exp(\pm\mathrm{i}\,\varphi) \\
Y_2^{\pm 2}(\theta,\varphi) &= \sqrt{\frac{15}{32\pi}}\sin^2\theta\exp(\pm 2\,\mathrm{i}\,\varphi)
\end{aligned}
\tag{4.193}
$$

球面調和関数 $Y_l^m(\theta,\varphi)$ について $Y_l^m(\theta,\varphi)^*\,Y_l^m(\theta,\varphi)=|Y_l^m(\theta,\varphi)|^2$ の斜視図を示すと，図 4.7 のようになる．

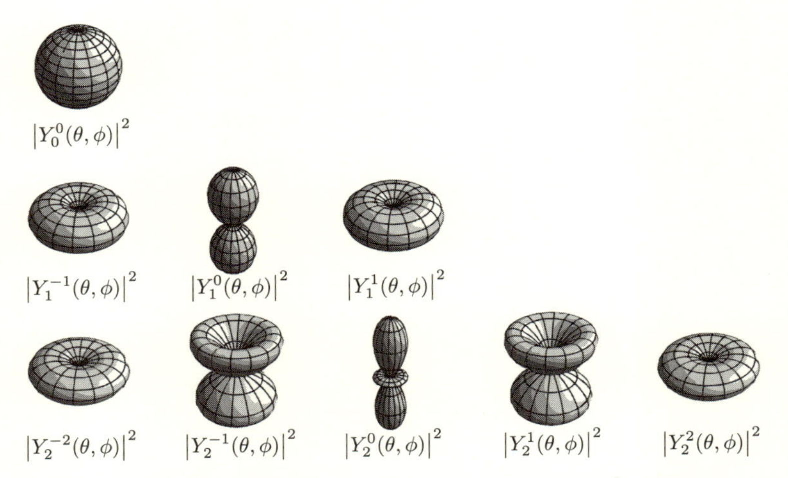

図 4.7　球面調和関数 $Y_l^m(\theta,\varphi)$ に対する $|Y_l^m(\theta,\varphi)|^2$ の斜視図

4.6.13 水素原子

球対称ポテンシャル $U(r)$ をもつ系の例として，水素原子を考えてみよう．水素原子では，電子と陽子の間にクーロン力がはたらき，クーロンポテンシャルは，$U(r) = -e^2/4\pi\varepsilon_0 r$ となる．ここで，e は電気素量，ε_0 は真空の誘電率，r は電子と陽子の距離である．したがって，水素原子に対する古典論におけるハミルトニアン H_{H} は，次のように表される．

$$H_{\mathrm{H}} = \frac{1}{2m_0}\boldsymbol{p}_{\mathrm{e}}{}^2 + \frac{1}{2M}\boldsymbol{p}_{\mathrm{p}}{}^2 - \frac{e^2}{4\pi\varepsilon_0 r} \tag{4.194}$$

ここで，m_0 は真空中の電子の質量，$\boldsymbol{p}_{\mathrm{e}} = m_0\boldsymbol{v}_{\mathrm{e}}$ は電子の運動量，M は真空中の陽子の質量，$\boldsymbol{p}_{\mathrm{p}} = M\boldsymbol{v}_{\mathrm{p}}$ は陽子の運動量である．また，$\boldsymbol{v}_{\mathrm{e}}$ は電子の速度，$\boldsymbol{v}_{\mathrm{p}}$ は陽子の速度である．

水素原子の運動を，電子と陽子の間の相対運動と，重心運動に分けて考える．電子の位置ベクトルを $\boldsymbol{r}_{\mathrm{e}}$，陽子の位置ベクトルを $\boldsymbol{r}_{\mathrm{p}}$，重心の位置ベクトルを $\boldsymbol{r}_{\mathrm{m}}$ とすると，次の関係が成り立つ．

$$m_0(\boldsymbol{r}_{\mathrm{e}} - \boldsymbol{r}_{\mathrm{m}}) + M(\boldsymbol{r}_{\mathrm{p}} - \boldsymbol{r}_{\mathrm{m}}) = \boldsymbol{0} \tag{4.195}$$

式 (4.195) から，重心の位置ベクトル $\boldsymbol{r}_{\mathrm{m}}$ は次のように表される．

$$\boldsymbol{r}_{\mathrm{m}} = \frac{m_0\boldsymbol{r}_{\mathrm{e}} + M\boldsymbol{r}_{\mathrm{p}}}{m_0 + M} = \frac{1}{m_0 + M}(m_0\boldsymbol{r}_{\mathrm{e}} + M\boldsymbol{r}_{\mathrm{p}}) \tag{4.196}$$

式 (4.196) から，重心の速度 $\boldsymbol{v}_{\mathrm{m}} = \mathrm{d}\boldsymbol{r}_{\mathrm{m}}/\mathrm{d}t$ は次のようになる．

$$\boldsymbol{v}_{\mathrm{m}} = \frac{\mathrm{d}}{\mathrm{d}t}\boldsymbol{r}_{\mathrm{m}} = \frac{1}{m_0 + M}\left(m_0\frac{\mathrm{d}}{\mathrm{d}t}\boldsymbol{r}_{\mathrm{e}} + M\frac{\mathrm{d}}{\mathrm{d}t}\boldsymbol{r}_{\mathrm{p}}\right) = \frac{1}{m_0 + M}(m_0\boldsymbol{v}_{\mathrm{e}} + M\boldsymbol{v}_{\mathrm{p}}) \tag{4.197}$$

ここで，$\boldsymbol{v}_{\mathrm{e}} = \mathrm{d}\boldsymbol{r}_{\mathrm{e}}/\mathrm{d}t$, $\boldsymbol{v}_{\mathrm{p}} = \mathrm{d}\boldsymbol{r}_{\mathrm{p}}/\mathrm{d}t$ である．

重心に電子と陽子の質量が集まっていると考えるので，式 (4.197) を用いると，重心の運動エネルギー T_{m} は次のように表される．

$$T_{\mathrm{m}} = \frac{1}{2}(m_0 + M)\boldsymbol{v}_{\mathrm{m}}{}^2 = \frac{1}{2(m_0 + M)}(m_0\boldsymbol{v}_{\mathrm{e}} + M\boldsymbol{v}_{\mathrm{p}})^2 \tag{4.198}$$

式 (4.194), (4.198) から相対運動のエネルギー H は次のように求められる．

$$
\begin{aligned}
H &= H_{\mathrm{H}} - T_{\mathrm{m}} \\
&= \frac{1}{2m_0}\,\boldsymbol{p}_{\mathrm{e}}{}^2 + \frac{1}{2M}\,\boldsymbol{p}_{\mathrm{p}}{}^2 - \frac{e^2}{4\pi\varepsilon_0 r} - T_{\mathrm{m}} \\
&= \frac{1}{2}\,m_0\boldsymbol{v}_{\mathrm{e}}{}^2 + \frac{1}{2}\,M\boldsymbol{v}_{\mathrm{p}}{}^2 - \frac{e^2}{4\pi\varepsilon_0 r} - \frac{1}{2\,(m_0+M)}\,(m_0\boldsymbol{v}_{\mathrm{e}} + M\boldsymbol{v}_{\mathrm{p}})^2 \\
&= \frac{m_0 M}{2\,(m_0+M)}\,(\boldsymbol{v}_{\mathrm{e}} - \boldsymbol{v}_{\mathrm{p}})^2 - \frac{e^2}{4\pi\varepsilon_0 r} \\
&= \frac{1}{2}\,m\boldsymbol{v}^2 - \frac{e^2}{4\pi\varepsilon_0 r}
\end{aligned}
\tag{4.199}
$$

ここで，m は**換算質量** (reduced mass)，$\boldsymbol{v}$ は相対速度であって，それぞれ次のように表される．

$$
m = \frac{m_0 M}{m_0 + M}, \quad \boldsymbol{v} = \boldsymbol{v}_{\mathrm{e}} - \boldsymbol{v}_{\mathrm{p}} \tag{4.200}
$$

相対運動の運動量を $\boldsymbol{p} = m\boldsymbol{v}$，重心運動の運動量を $\boldsymbol{p}_{\mathrm{m}} = (m_0 + M)\,\boldsymbol{v}_{\mathrm{m}}$ とすると，式 (4.198), (4.199) から，式 (4.194) は次のように書き換えられる．

$$
H_{\mathrm{H}} = H + T_{\mathrm{m}} = \frac{1}{2m}\,\boldsymbol{p}^2 - \frac{e^2}{4\pi\varepsilon_0 r} + \frac{1}{2\,(m_0+M)}\,\boldsymbol{p}_{\mathrm{m}}{}^2 \tag{4.201}
$$

式 (4.201) において，運動量 $\boldsymbol{p}, \boldsymbol{p}_{\mathrm{m}}$ をそれぞれ運動量演算子 $-\mathrm{i}\hbar\nabla, -\mathrm{i}\hbar\nabla_{\mathrm{m}}$ で置き換えると，水素原子に対する量子力学におけるハミルトニアン $\hat{\mathcal{H}}_{\mathrm{H}}$ は，次のように表される．

$$
\hat{\mathcal{H}}_{\mathrm{H}} = -\frac{\hbar^2}{2m}\nabla^2 - \frac{e^2}{4\pi\varepsilon_0 r} - \frac{\hbar^2}{2\,(m_0+M)}\nabla_{\mathrm{m}}{}^2 \tag{4.202}
$$

ここで，相対運動に対する波動関数を φ，重心運動に対する波動関数を φ_{m} とし，ハミルトニアン $\hat{\mathcal{H}}_{\mathrm{H}}$ の固有関数 φ_{H} を $\varphi\,\varphi_{\mathrm{m}}$ とおく．そして，$\hat{\mathcal{H}}_{\mathrm{H}}$ を φ_{H} に作用させると次のようになる．

$$
\begin{aligned}
\hat{\mathcal{H}}_{\mathrm{H}}\varphi_{\mathrm{H}} &= \varphi_{\mathrm{m}}\left(-\frac{\hbar^2}{2m}\nabla^2\varphi - \frac{e^2}{4\pi\varepsilon_0 r}\varphi\right) + \varphi\left[-\frac{\hbar^2}{2\,(m_0+M)}\nabla_{\mathrm{m}}{}^2\varphi_{\mathrm{m}}\right] \\
&= E_{\mathrm{H}}\,\varphi\,\varphi_{\mathrm{m}}
\end{aligned}
\tag{4.203}
$$

ここで，E_{H} はエネルギー固有値である．

式 (4.203) の両辺を $\varphi_\mathrm{H} = \varphi\,\varphi_\mathrm{m}\,(\neq 0)$ で割り，次のようにおく．

$$\frac{1}{\varphi}\left(-\frac{\hbar^2}{2m}\nabla^2\varphi - \frac{e^2}{4\pi\varepsilon_0 r}\varphi\right) = E \tag{4.204}$$

$$\frac{1}{\varphi_\mathrm{m}}\left[-\frac{\hbar^2}{2\,(m_0+M)}{\nabla_\mathrm{m}}^2\varphi_\mathrm{m}\right] = E_\mathrm{m} \tag{4.205}$$

ただし，E と E_m の間には，次の関係が成り立つとした．

$$E + E_\mathrm{m} = E_\mathrm{H} \tag{4.206}$$

式 (4.204)，(4.205) から次の二つの方程式が得られる．

$$-\frac{\hbar^2}{2m}\nabla^2\varphi - \frac{e^2}{4\pi\varepsilon_0 r}\varphi = E\varphi \tag{4.207}$$

$$-\frac{\hbar^2}{2\,(m_0+M)}{\nabla_\mathrm{m}}^2\varphi_\mathrm{m} = E_\mathrm{m}\varphi_\mathrm{m} \tag{4.208}$$

式 (4.208) は自由粒子に対するシュレーディンガー方程式であり，自由粒子に対する解はすでに第 4.3 節で求めている．そこで，ここでは，式 (4.207) の解を求めることにしよう．

球座標を用いると，式 (4.207) は次のように表すことができる．

$$\left[-\frac{\hbar^2}{2m}\left(\frac{\partial^2}{\partial r^2} + \frac{2}{r}\frac{\partial}{\partial r}\right) + \frac{\hat{\boldsymbol{l}}^2}{2mr^2} - \frac{e^2}{4\pi\varepsilon_0 r}\right]\varphi = E\varphi \tag{4.209}$$

ここで，式 (4.167) を用いた．

4.6.14 変数分離

波動関数 φ を動径関数 (radial function) $R_{nl}(r)$ と球面調和関数 $Y_l^m(\theta,\varphi)$ を用いて，次のように変数分離する．

$$\varphi = R_{nl}(r)Y_l^m(\theta,\varphi) \tag{4.210}$$

式 (4.210) を式 (4.209) に代入し，両辺を球面調和関数 $Y_l^m(\theta,\varphi)$ で割ると，次のようになる．

$$-\frac{\hbar^2}{2m}\left[\frac{\partial^2 R_{nl}(r)}{\partial r^2} + \frac{2}{r}\frac{\partial R_{nl}(r)}{\partial r}\right] + \left[\frac{l(l+1)\hbar^2}{2mr^2} - \frac{e^2}{4\pi\varepsilon_0 r}\right]R_{nl}(r) = ER_{nl}(r) \tag{4.211}$$

ここで，式 (4.186) を用いた.

4.6.15　シュレーディンガー方程式の無次元化

電子が水素原子内に存在する場合を考え，相対運動に対するエネルギー固有値 E を負とする．解析が簡単となるように，式 (4.211) を無次元化し，多項式解を仮定してみよう．まず，次のようにおく.

$$\rho = \sqrt{\frac{8m|E|}{\hbar^2}}\, r \tag{4.212}$$

式 (4.212) を用いると，次の関係が成り立つ.

$$\frac{\partial}{\partial r} = \frac{\partial \rho}{\partial r}\frac{\partial}{\partial \rho} = \sqrt{\frac{8m|E|}{\hbar^2}}\,\frac{\partial}{\partial \rho} \tag{4.213}$$

$$\frac{\partial^2}{\partial r^2} = \frac{\partial}{\partial r}\left(\frac{\partial}{\partial r}\right) = \frac{\partial \rho}{\partial r}\frac{\partial}{\partial \rho}\left(\sqrt{\frac{8m|E|}{\hbar^2}}\,\frac{\partial}{\partial \rho}\right) = \frac{8m|E|}{\hbar^2}\,\frac{\partial^2}{\partial \rho^2} \tag{4.214}$$

式 (4.213), (4.214) を式 (4.211) に代入して整理すると，水素原子に対する無次元化したシュレーディンガー方程式が，次のように得られる.

$$\begin{aligned}&\frac{\partial^2 R_{nl}(\rho)}{\partial \rho^2} + \frac{2}{\rho}\,\frac{\partial R_{nl}(\rho)}{\partial \rho}\\ &\qquad + \left[-\frac{l(l+1)}{\rho^2} + \frac{e^2}{4\pi\varepsilon_0}\sqrt{\frac{m}{2\hbar^2|E|}}\,\frac{1}{\rho} - \frac{1}{4}\right] R_{nl}(\rho) = 0\end{aligned} \tag{4.215}$$

ここで，次のようにおく.

$$\frac{e^2}{4\pi\varepsilon_0}\sqrt{\frac{m}{2\hbar^2|E|}} = n \tag{4.216}$$

式 (4.216) を式 (4.215) に代入すると，水素原子に対する無次元化したシュレーディンガー方程式は，次のように簡単化される.

$$\frac{\partial^2 R_{nl}(\rho)}{\partial \rho^2} + \frac{2}{\rho}\,\frac{\partial R_{nl}(\rho)}{\partial \rho} + \left[-\frac{l(l+1)}{\rho^2} + \frac{n}{\rho} - \frac{1}{4}\right] R_{nl}(\rho) = 0 \tag{4.217}$$

4.6.16 多項式解の仮定

式 (4.217) において $l=0,\ n=1$ とすると，次式が得られる．

$$\frac{\partial^2 R_{10}(\rho)}{\partial \rho^2}+\frac{2}{\rho}\frac{\partial R_{10}(\rho)}{\partial \rho}+\left(\frac{1}{\rho}-\frac{1}{4}\right)R_{10}(\rho)=0 \tag{4.218}$$

式 (4.218) の解として，定数を R_0 として，次のような仮定解を考えよう．

$$R_{10}(\rho)=R_0\exp\left(-\frac{1}{2}\rho\right) \tag{4.219}$$

式 (4.219) を式 (4.218) の左辺に代入すると，次式が成り立つ．

$$(\text{左辺})=\frac{1}{4}R_{10}(\rho)-\frac{1}{\rho}R_{10}(\rho)+\left(\frac{1}{\rho}-\frac{1}{4}\right)R_{10}(\rho)=0=(\text{右辺}) \tag{4.220}$$

式 (4.220) から，式 (4.219) は式 (4.218) の解であることがわかる．つまり，$l=0,\ n=1$ のとき，式 (4.219) は式 (4.217) の解である．$l=0,\ n=1$ という特別な場合とはいえ，式 (4.219) が式 (4.217) の解になっていることを手がかりとしてみよう．そこで，式 (4.217) の解 $R_{nl}(\rho)$ として式 (4.219) の指数関数に多項式 $G(\rho)$ をかけた次の関数を仮定する．

$$R_{nl}(\rho)=G(\rho)\exp\left(-\frac{1}{2}\rho\right) \tag{4.221}$$

ただし，$|R_{nl}(\rho)|^2$ が粒子を見出す確率に比例し，確率は有限の値をとることから，$G(\rho)$ は，$\rho=0\,,\infty$ において有限の値をもつとする．そして，0 以上の整数 l を用いて，$G(\rho)$ を次のような多項式とする．

$$\begin{aligned} G(\rho)&=\rho^l\left(a_0+a_1\rho+a_2\rho^2+\cdots\right)\\ &=\rho^l\sum_{k=0}a_k\rho^k=\rho^l L(\rho),\ \ a_0\neq 0 \end{aligned} \tag{4.222}$$

式 (4.221) を式 (4.217) に代入して整理すると，次のようになる．

$$\frac{\partial^2 G(\rho)}{\partial \rho^2}-\left(1-\frac{2}{\rho}\right)\frac{\partial G(\rho)}{\partial \rho}+\left[\frac{n-1}{\rho}-\frac{l(l+1)}{\rho^2}\right]G(\rho)=0 \tag{4.223}$$

式 (4.222) を式 (4.223) に代入して整理すると，次のようになる．

$$\sum_{k=0}\left[(n-k-l-1)a_k+(k+1)(k+2l+2)a_{k+1}\right]\rho^{l+k-1}=0 \tag{4.224}$$

式 (4.224) が任意の ρ に対して成り立つためには，次式が成り立つことが必要である．

$$(n-k-l-1)a_k+(k+1)(k+2l+2)a_{k+1}=0 \tag{4.225}$$

さて，$|R_{nl}(\rho)|^2$ が粒子を見出す確率に比例するという物理的意味から考えると，固有関数 $R_{nl}(\rho)$ は有限の値をもたなくてはならない．したがって，多項式 $G(\rho)$ は有限の級数でなければならない．このためには，k の上限を n_r とすると，式 (4.225) から次の関係が成り立つことが必要である．

$$\frac{a_{n_r+1}}{a_{n_r}}=\frac{n_r+l+1-n}{(n_r+1)(n_r+2l+2)}=0 \tag{4.226}$$

このようにすれば，$a_{n_r+1}=0$ となり，$G(\rho)$ は有限の級数となる．このとき，$G(\rho)$ の最高次の項は，$a_{n_r}\rho^{l+n_r}$ となる．

式 (4.226) から，n は次のように表すことができる．

$$n=n_r+l+1 \tag{4.227}$$

式 (4.227) の n は**主量子数** (principal quantum number) とよばれ，また $n_r\geq 0,\ l\geq 0$ だから，$n\geq 1$ である．なお，$l=0,\ 1,\ 2,\ 3,\ 4,\ 5$ に対して，それぞれ s, p, d, f, g, h という記号が割り当てられている．ここで，s, p, d, f は，それぞれ sharp, principal, diffuse, fundamental の頭文字であり，それ以降の g と h は，f よりも後のアルファベットを，順番に記号として用いたものである．たとえば，$(n,l)=(1,0)$ に対する状態を 1s 状態，$(n,l)=(2,1)$ に対する状態を 2p 状態という．

4.6.17　エネルギー固有値

主量子数 n を強調して，エネルギー固有値 E を E_n と表すことにし，$E<0$ であることに注意すると，式 (4.216) から次の結果が得られる．

$$E=E_n=-\frac{me^4}{32\pi^2{\varepsilon_0}^2\hbar^2}\cdot\frac{1}{n^2}\simeq-\frac{m_0e^4}{32\pi^2{\varepsilon_0}^2\hbar^2}\cdot\frac{1}{n^2}=-\frac{m_0e^4}{8\,{\varepsilon_0}^2h^2}\cdot\frac{1}{n^2} \tag{4.228}$$

ここで，$\hbar=h/2\pi$ を用いた．また，式 (4.200) から $m\simeq m_0$ とした．

式 (4.228) から，主量子数 n_i, n_j $(> n_i)$ に対する状態のエネルギー差は，次のようになる．

$$E_{n_j} - E_{n_i} = -\frac{m_0 e^4}{8\,\varepsilon_0{}^2 h^2} \cdot \left(\frac{1}{{n_j}^2} - \frac{1}{{n_i}^2} \right) \tag{4.229}$$

4.6.18 ラゲールの同伴多項式

式 (4.222) の $L(\rho)$ を用いると，式 (4.223) を次のように表すことができる．

$$\rho \frac{\partial^2 L(\rho)}{\partial \rho^2} + (2l + 2 - \rho)\frac{\partial L(\rho)}{\partial \rho} + (n - l - 1)L(\rho) = 0 \tag{4.230}$$

式 (4.230) の解 $L(\rho)$ は，ラゲールの同伴多項式 (associated Laguerre polynomial) として知られており，$L(\rho) = L_{n-l-1}^{2l+1}(\rho)$ と表すことにすると，次のように与えられる．

$$\begin{aligned} L(\rho) = L_{n-l-1}^{2l+1}(\rho) &= \frac{\exp(\rho)\rho^{-(2l+1)}}{(n-l-1)!} \frac{\mathrm{d}^{n-l-1}}{\mathrm{d}\rho^{n-l-1}} \left[\exp(-\rho)\rho^{(n-l-1)+(2l+1)} \right] \\ &= \sum_{k=0}^{n-l-1} (-1)^{k+(2l+1)} \frac{\{[(n-l-1)+(2l+1)]!\}^2 \rho^k}{[(n-l-1)-k]!\,[(2l+1)+k]!\,k!} \end{aligned} \tag{4.231}$$

さて，式 (4.212), (4.228) から，ρ は次のように表される．

$$\rho \simeq \frac{m_0 e^2}{2\pi\varepsilon_0 \hbar^2} \frac{1}{n} r = \frac{2\pi m_0 e^2}{\varepsilon_0 h^2} \frac{1}{n} r = \frac{2r}{n a_0} \tag{4.232}$$

ここで，a_0 は次式で定義されるボーア半径である．

$$a_0 = \frac{\varepsilon_0 h^2}{\pi m_0 e^2} = 5.29177 \times 10^{-11}\,\mathrm{m} \tag{4.233}$$

式 (4.231), (4.232), (4.221) から，規格化した動径関数 $R_{nl}(r)$ は，次のように表される．

$$\begin{aligned} R_{nl}(r) = -\left(\frac{2}{n a_0}\right)^{3/2} \left[\frac{(n-l-1)!}{2n[(n+l)!]^3} \right]^{1/2} \left(\frac{2r}{n a_0} \right)^l \exp\left(-\frac{r}{n a_0} \right) \\ L_{n-l-1}^{2l+1}\left(\frac{2r}{n a_0} \right) \end{aligned} \tag{4.234}$$

規格化した動径関数 $R_{nl}(r)$ の具体例を示すと，次のようになる．

$$
\begin{aligned}
R_{10}(r) &= \left(\frac{1}{a_0}\right)^{3/2} 2\exp\left(-\frac{r}{a_0}\right) \\
R_{20}(r) &= \left(\frac{1}{a_0}\right)^{3/2} \frac{1}{\sqrt{2}}\left(1-\frac{1}{2}\frac{r}{a_0}\right)\exp\left(-\frac{r}{2a_0}\right) \\
R_{21}(r) &= \left(\frac{1}{a_0}\right)^{3/2} \frac{1}{2\sqrt{6}}\frac{r}{a_0}\exp\left(-\frac{r}{2a_0}\right) \\
&\vdots
\end{aligned}
\tag{4.235}
$$

微小体積 $\mathrm{d}V = r^2 \sin\theta\,\mathrm{d}r\,\mathrm{d}\theta\,\mathrm{d}\varphi$ の中に電子が存在する確率は，$\varphi^*\varphi\,\mathrm{d}V$ に比例する．一方，動径 r と $r+\mathrm{d}r$ の間に電子が存在する確率は $r^2 R_{nl}(r)^2\,\mathrm{d}r$ に比例し，$a_0 r^2 R_{nl}(r)^2$ は図4.8のようになる．

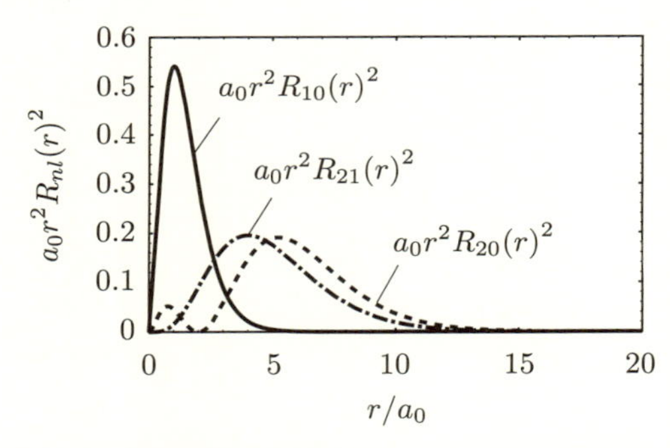

図4.8　水素原子の動径 r における電子の存在確率

4.7　定常状態における摂動論

次のようなシュレーディンガー方程式を考える．

$$
\mathcal{H}\psi = W\psi\ ,\quad \mathcal{H} = \mathcal{H}_0 + \mathcal{H}'\ ,\quad \mathcal{H}_0 u_k = E_k u_k \tag{4.236}
$$

ここで，$\mathcal{H}_0$ はすでに解の求められているハミルトニアンで，**非摂動ハミルトニアン** (unperturbed Hamiltonian) とよばれる．$\mathcal{H}'$ は $\mathcal{H}_0$ に対する**摂動**

(perturbation) であり，$\mathcal{H}'$ の寄与は $\mathcal{H}_0$ の寄与に比べて十分小さい．また，ψ と W は，それぞれ摂動を受けた定常状態の固有関数（波動関数）とエネルギー固有値である．u_k と E_k は，それぞれ非摂動ハミルトニアン $\mathcal{H}_0$ に対する規格直交化された固有関数とエネルギー固有値である．

4.7.1 縮退のない場合

$\mathcal{H}'$ の寄与が $\mathcal{H}_0$ の寄与に比べて十分小さいので，摂動を受けた固有関数 ψ とエネルギー固有値 W が $\mathcal{H}'$ のべき級数で展開できると仮定する．ここで，パラメータ λ を導入して $\mathcal{H}'$ を $\lambda\mathcal{H}'$ で置き換え，ψ と W を λ のべき級数で表す．そして，最終的な結果を出すときに $\lambda = 1$ とする．

以上から，ψ と W をそれぞれ次のように表す．

$$\begin{aligned} \psi &= \psi_0 + \lambda\,\psi_1 + \lambda^2\psi_2 + \cdots \\ W &= W_0 + \lambda W_1 + \lambda^2 W_2 + \cdots \end{aligned} \tag{4.237}$$

式 (4.237) を式 (4.236) に代入し，$\mathcal{H}'$ を $\lambda\mathcal{H}'$ で置き換えたことに注意すると，次式が得られる．

$$\begin{aligned} &(\mathcal{H}_0 + \lambda\mathcal{H}')(\psi_0 + \lambda\psi_1 + \lambda^2\psi_2 + \cdots) \\ &\quad = (W_0 + \lambda W_1 + \lambda^2 W_2 + \cdots)(\psi_0 + \lambda\psi_1 + \lambda^2\psi_2 + \cdots) \end{aligned} \tag{4.238}$$

ある範囲の任意の λ の値に対して式 (4.238) が成立すると仮定すると，両辺の λ のべき乗共通の項が等しくなければならない．したがって，次の関係が成り立つことが必要である．

$$\begin{aligned} \lambda^0 &: \quad (\mathcal{H}_0 - W_0)\psi_0 = 0 \\ \lambda^1 &: \quad (\mathcal{H}_0 - W_0)\psi_1 = (W_1 - \mathcal{H}')\psi_0 \\ \lambda^2 &: \quad (\mathcal{H}_0 - W_0)\psi_2 = (W_1 - \mathcal{H}')\psi_1 + W_2\psi_0 \\ \lambda^3 &: \quad (\mathcal{H}_0 - W_0)\psi_3 = (W_1 - \mathcal{H}')\psi_2 + W_2\psi_1 + W_3\psi_0 \\ &\qquad\qquad \vdots \end{aligned} \tag{4.239}$$

式 (4.239) と式 (4.236) を比較すると，ψ_0 は非摂動固有関数 u_k の一つであることがわかる．そこで，縮退のない場合 (nondegenerate case)，次のようにおく．

$$\psi_0 = u_m, \quad W_0 = E_m \tag{4.240}$$

そして，摂動を受けた定常状態の固有関数 $\psi_s(s>0)$ として，内積

$$(\psi_0, \psi_s) = \int \psi_0^* \psi_s \, \mathrm{d}V = 0 \tag{4.241}$$

をみたすものを考える．この条件のもとで，式 (4.239) の両辺に左側から ψ_0^* をかけて全空間にわたって積分すると，つまり ψ_0 と式 (4.239) との内積をとると，次式が得られる．

$$W_s = \frac{\left(\psi_0, \mathcal{H}'\psi_{s-1}\right)}{(\psi_0, \psi_0)} = \left(u_m, \mathcal{H}'\psi_{s-1}\right) \tag{4.242}$$

なお，式 (4.242) を導くとき，u_k が規格直交関数であることを利用した．

式 (4.240) と式 (4.242) から，次のようになる．

$$W_1 = \left(u_m, \mathcal{H}'\psi_0\right) = \left(u_m, \mathcal{H}'u_m\right) = \langle m|\mathcal{H}'|m\rangle \tag{4.243}$$

式 (4.243) から，1 次の摂動エネルギー W_1 は，非摂動状態における $\mathcal{H}'$ の期待値になっていることがわかる．

次に，1 次の摂動固有関数 ψ_1 を u_n で展開して，次のように表してみよう．

$$\psi_1 = \sum_n a_n^{(1)} u_n \tag{4.244}$$

ここで，$a_n^{(1)}$ は展開係数で，この表式を求めれば 1 次の摂動まで含んだ固有関数が得られる．まず，u_m と式 (4.244) との内積を考えよう．u_n は規格直交関数だから

$$\langle m|n\rangle = \delta_{mn} \tag{4.245}$$

であって，式 (4.241) を用いると，

$$\begin{aligned}(u_m, \psi_1) = \langle m|\sum_n a_n^{(1)}|n\rangle \; &= \; \sum_n a_n^{(1)}\langle m|n\rangle \\ = a_m^{(1)} \; = \; (\psi_0, \psi_1) \; &= \; 0\end{aligned} \tag{4.246}$$

となる．また，式 (4.244) を式 (4.239) の第 2 式に代入すると，次式のようになる．

$$\sum_n a_n^{(1)} \left(\mathcal{H}_0 - E_m\right) u_n = \left(W_1 - \mathcal{H}'\right) u_m \tag{4.247}$$

式 (4.236) を利用して，u_k と式 (4.247) の内積をとると，

$$a_k^{(1)}(E_k - E_m) = -\langle k|\mathcal{H}'|m\rangle \tag{4.248}$$

$$\therefore \quad a_k^{(1)} = \frac{\langle k|\mathcal{H}'|m\rangle}{E_m - E_k} \quad (k \neq m) \tag{4.249}$$

が得られる．したがって，1 次の摂動まで考えると，固有関数 ψ は，$\lambda = 1$ として，次のようになる．

$$\psi = \psi_0 + \psi_1 = u_m + \sum_n \frac{\langle n|\mathcal{H}'|m\rangle}{E_m - E_n} u_n \tag{4.250}$$

一方，2 次の摂動エネルギーは，式 (4.242) において $s = 2$ として，次のように求められる．

$$W_2 = (u_m, \mathcal{H}'\psi_1) = \sum_n \frac{\langle m|\mathcal{H}'|n\rangle\langle n|\mathcal{H}'|m\rangle}{E_m - E_n} \tag{4.251}$$

式 (4.243) と式 (4.251) から，2 次の摂動までの範囲で，エネルギー固有値 W は次式によって与えられる．

$$\begin{aligned} W &= W_0 + W_1 + W_2 \\ &= E_m + \langle m|\mathcal{H}'|m\rangle + \sum_n \frac{\langle m|\mathcal{H}'|n\rangle\langle n|\mathcal{H}'|m\rangle}{E_m - E_n} \end{aligned} \tag{4.252}$$

最後に，2 次の摂動まで考慮した固有関数 ψ を求めてみよう．2 次の摂動固有関数 ψ_2 を u_n で展開して，次のように表す．

$$\psi_2 = \sum_n a_n^{(2)} u_n \tag{4.253}$$

ここで，式 (4.246) と同様に，$a_m^{(2)} = 0$ である．式 (4.253) を式 (4.239) の第 3 式に代入すると，次のようになる．

$$\sum_n a_n^{(2)}(\mathcal{H}_0 - W_0)u_n = \sum_n a_n^{(1)}\left(W_1 - \mathcal{H}'\right)u_n + W_2 u_m \tag{4.254}$$

式 (4.236) を利用して，$u_k (k \neq m)$ と式 (4.254) の内積をとると，次の結果が得られる．

$$a_k^{(2)}(E_k - E_m) = a_k^{(1)} W_1 - \sum_n a_n^{(1)} \langle k|\mathcal{H}'|n\rangle \tag{4.255}$$

式 (4.243) と式 (4.249) を用いると，式 (4.255) から次のようになる．

$$a_k^{(2)} = \sum_n \frac{\langle k|\mathcal{H}'|n\rangle\langle n|\mathcal{H}'|m\rangle}{(E_m - E_k)(E_m - E_n)} - \frac{\langle k|\mathcal{H}'|m\rangle\langle m|\mathcal{H}'|m\rangle}{(E_m - E_k)^2} \tag{4.256}$$

したがって，2 次の摂動まで考えると，固有関数 ψ は，$\lambda = 1$ として，次式によって与えられる．

$$\begin{aligned}
\psi &= \psi_0 + \psi_1 + \psi_2 \\
&= u_m + \sum_k u_k \left(\frac{\langle k|\mathcal{H}'|m\rangle}{E_m - E_k} \right. \\
&\qquad \left. + \sum_n \frac{\langle k|\mathcal{H}'|n\rangle\langle n|\mathcal{H}'|m\rangle}{(E_m - E_k)(E_m - E_n)} - \frac{\langle k|\mathcal{H}'|m\rangle\langle m|\mathcal{H}'|m\rangle}{(E_m - E_k)^2} \right) \\
&= u_m + \sum_k u_k \left[\frac{\langle k|\mathcal{H}'|m\rangle}{E_m - E_k} \left(1 - \frac{\langle m|\mathcal{H}'|m\rangle}{E_m - E_k} \right) \right. \\
&\qquad \left. + \sum_n \frac{\langle k|\mathcal{H}'|n\rangle\langle n|\mathcal{H}'|m\rangle}{(E_m - E_k)(E_m - E_n)} \right]
\end{aligned} \tag{4.257}$$

縮退のない場合の固有関数 ψ とエネルギー固有値 W をまとめると，次のようになる．

1 次の摂動までの範囲で

$$\psi = u_m + \sum_n \frac{\langle n|\mathcal{H}'|m\rangle}{E_m - E_n} u_n \tag{4.258}$$

$$W = W_0 + W_1 = E_m + \langle m|\mathcal{H}'|m\rangle \tag{4.259}$$

2 次の摂動までの範囲で

$$\begin{aligned}
\psi = u_m + \sum_k u_k &\left[\frac{\langle k|\mathcal{H}'|m\rangle}{E_m - E_k} \left(1 - \frac{\langle m|\mathcal{H}'|m\rangle}{E_m - E_k} \right) \right. \\
&\left. + \sum_n \frac{\langle k|\mathcal{H}'|n\rangle\langle n|\mathcal{H}'|m\rangle}{(E_m - E_k)(E_m - E_n)} \right]
\end{aligned} \tag{4.260}$$

$$W = E_m + \langle m|\mathcal{H}'|m\rangle + \sum_n \frac{\langle m|\mathcal{H}'|n\rangle\langle n|\mathcal{H}'|m\rangle}{E_m - E_n} \tag{4.261}$$

4.7.2 縮退している場合

縮退している場合 (degenerate case) の摂動論では，0 次の固有関数 ψ_0 の選び方だけが縮退がない場合の摂動論と異なり，それ以外の方法は同じである．

非摂動固有関数 u_l と $u_m (l \neq m)$ が，同一の非摂動エネルギー W_0 をもつ場合を考える．

$$\psi_0 = a_l u_l + a_m u_m, \quad W_0 = E_l = E_m \tag{4.262}$$

とおき，式 (4.262) を式 (4.239) の第 2 式に代入して u_l，u_m と内積をとると，次のようになる．

$$\begin{aligned} \left(\langle m|\mathcal{H}'|m\rangle - W_1\right) a_m + \langle m|\mathcal{H}'|l\rangle a_l = 0 \\ \langle l|\mathcal{H}'|m\rangle a_m + \left(\langle l|\mathcal{H}'|l\rangle - W_1\right) a_l = 0 \end{aligned} \tag{4.263}$$

式 (4.263) が $a_l = a_m = 0$ 以外の解をもつためには，a_l，a_m の係数からなる行列式が 0 とならなければならない．この条件は，次のように表される．

$$\left(\langle m|\mathcal{H}'|m\rangle - W_1\right)\left(\langle l|\mathcal{H}'|l\rangle - W_1\right) - \langle m|\mathcal{H}'|l\rangle\langle l|\mathcal{H}'|m\rangle = 0 \tag{4.264}$$

式 (4.264) を W_1 について解くと，次のようになる．

$$\begin{aligned} W_1 &= \frac{1}{2}\left(\langle m|\mathcal{H}'|m\rangle + \langle l|\mathcal{H}'|l\rangle\right) \\ &\quad \pm \frac{1}{2}\left[\left(\langle m|\mathcal{H}'|m\rangle - \langle l|\mathcal{H}'|l\rangle\right)^2 + 4\langle m|\mathcal{H}'|l\rangle\langle l|\mathcal{H}'|m\rangle\right]^{\frac{1}{2}} \end{aligned} \tag{4.265}$$

式 (4.265) から，[ ] の中が 0 にならない限り，1 次の摂動までを考えることによって縮退が解けることがわかる．W_1 が二つの解をもつとき，すなわち，縮退が解けたときは，式 (4.263) から a_l と a_m を決定し，これを用いて波動関数が求められる．式 (4.239) の第 2 式に式 (4.244) と式 (4.262) を代入し，$u_k (k \neq l,\ m)$ との内積をとると，次のようになる．

$$a_k^{(1)}(E_k - E_m) = -\langle k|\mathcal{H}'|m\rangle a_m - \langle k|\mathcal{H}'|l\rangle a_l \tag{4.266}$$

また，$a_l^{(1)} = a_m^{(1)} = 0$ と仮定すると，$s = 1$ における 式 (4.241) もみたす．式 (4.266) で与えられた $a_k^{(1)}$ を用いて，1 次の摂動までの固有関数を求めることができる．

2次の摂動まで考えるときには，式 (4.262) を式 (4.239) の第3式に代入して u_l，u_m と内積をとる．この結果，次の二つの式が得られる．

$$\sum_n \langle m|\mathcal{H}'|n\rangle a_n^{(1)} - W_2\, a_m = 0, \quad \sum_n \langle l|\mathcal{H}'|n\rangle a_n^{(1)} - W_2\, a_l = 0 \qquad (4.267)$$

式 (4.266) を式 (4.267) に代入すると，次のようになる．

$$\left(\sum_n \frac{\langle m|\mathcal{H}'|n\rangle\langle n|\mathcal{H}'|m\rangle}{E_m - E_n} - W_2\right) a_m + \sum_n \frac{\langle m|\mathcal{H}'|n\rangle\langle n|\mathcal{H}'|l\rangle}{E_m - E_n}\, a_l = 0$$

$$\sum_n \frac{\langle l|\mathcal{H}'|n\rangle\langle n|\mathcal{H}'|m\rangle}{E_m - E_n}\, a_m + \left(\sum_n \frac{\langle l|\mathcal{H}'|n\rangle\langle n|\mathcal{H}'|l\rangle}{E_m - E_n} - W_2\right) a_l = 0 \qquad (4.268)$$

式 (4.268) を解くことによって，2次の摂動まで考えたエネルギー固有値が求められる

第5章

結晶の構造

この章の目的

結晶の構造が格子と単位構造を用いて説明できることを示す．そして，結晶面を表す指数と具体的な結晶構造を紹介する．結晶の構造を決定するために用いられているX線回折と結晶構造の関係についても解説する．

キーワード

結晶，格子，格子点，単位構造，結晶面，ミラー指数，結晶構造，回折，ブラッグの法則，逆格子，散乱振幅，原子形状因子，構造因子

5.1 格子と単位構造

結晶 (crystal) とは，原子やイオンが空間的に規則正しく周期的に配列した固体である．図5.1のように一つの**格子** (lattice) を考え，各々の**格子点** (lattice point) に1個の原子または1団の原子群を配置することによって，結晶の構造を表すことができる．格子点に配置した1個の原子または1団の原子群を**単位構造** (basis) という．そして，格子の1辺の長さを**格子定数** (lattice constant) という．

結晶中では原子やイオンが周期的に並んでいるから，図5.2のように，点 $\boldsymbol{r}$ における構造と点 $\boldsymbol{r}'$ における構造とが一致するような点 $\boldsymbol{r}$ と点 $\boldsymbol{r}'$ が存在する．このとき，点 $\boldsymbol{r}'$ を次のように表すことができる．

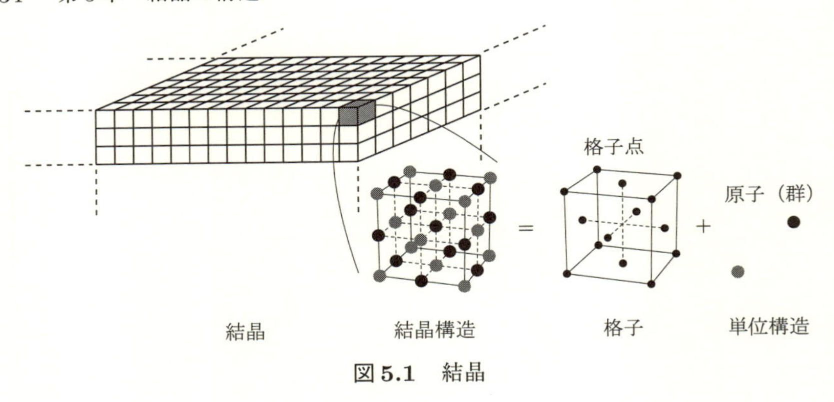

図 **5.1**　結晶

$$\boldsymbol{r}' = \boldsymbol{r} + \boldsymbol{T} \tag{5.1}$$

ここで，ベクトル $\boldsymbol{T}$ は，結晶の周期を表すベクトルであり，**並進ベクトル** (translation vector) とよばれている．そして，u_1, u_2, u_3 を任意の整数として，次のように表される．

$$\boldsymbol{T} = u_1\hat{\boldsymbol{a}}_1 + u_2\hat{\boldsymbol{a}}_2 + u_3\hat{\boldsymbol{a}}_3 \tag{5.2}$$

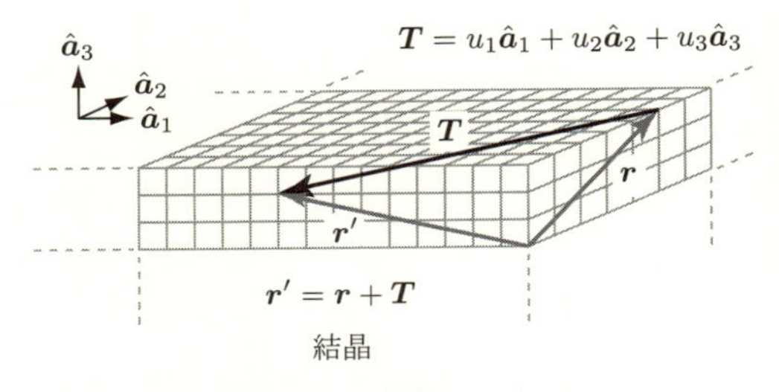

図 **5.2**　並進ベクトル $\boldsymbol{T}$

式 (5.1)，(5.2) をつねにみたすベクトル $\hat{\boldsymbol{a}}_1$, $\hat{\boldsymbol{a}}_2$, $\hat{\boldsymbol{a}}_3$ を**基本並進ベクトル** (primitive translation vector) という．この基本並進ベクトルは，結晶の構造を表すための座標軸，すなわち**結晶軸** (crystal axis) として用いられることも多い．ただし，結晶軸は，結晶の対称性と利便性を考えて選ばれる．つまり，基本並進ベクトルが，必ずしも結晶軸として採用されるわけではないことに注意しよう．さて，基本並進ベクトルを3本の稜線とする平行六面体を**基本セル** (primitive cell) という．基本セルの頂点に存在する各格子点は，隣接する格子に共有されている．したがって，基本セルの頂点に存在する各格子点の 1/8 だけが基本セルに属する．基本セルは，平行六面体の8個の頂点だけに格子点をもっているから，$1/8 \times 8 = 1$ 個の格子点をもっている．

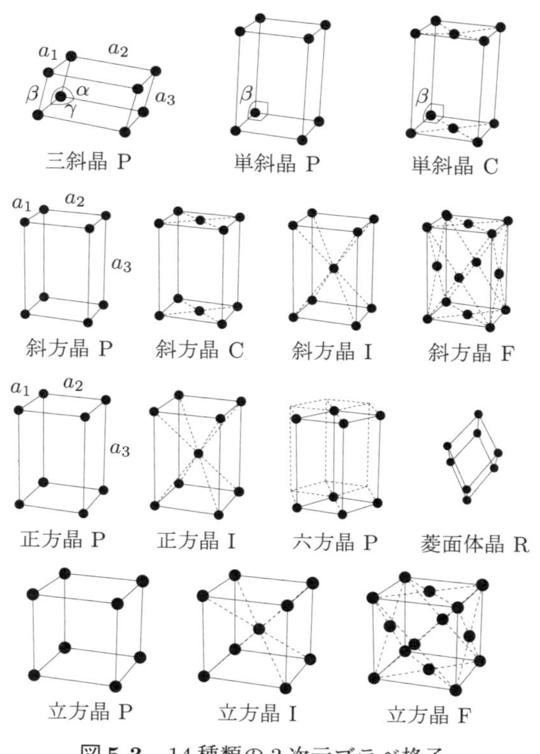

図 5.3 14種類の3次元ブラベ格子

3次元の格子には，結晶の対称性から，図5.3と表5.1に示すような14種類の**空間格子** (space lattice) が存在する．そして，これらの空間格子を**ブラベ格子** (Bravais lattice) という．図5.3において，結晶系の隣の記号の大部分は英語の頭文字であり，P は単純格子 (primitive unit cell)，C は底心格子 (base-centered unit cell)，I は体心格子 (body-centered unit cell, Innenzentrierte:

独語)，F は面心格子 (face-centered unit cell)，R は菱面格子 (rhombohedral unit cell) を表している．なお，C は base-centered の centered の頭文字，I は独語 Innenzentrierte の頭文字である．

表 5.1　14 種類の 3 次元ブラベ格子

結晶系	格子の数	制約条件
三斜晶系 (triclinic)	1	$a_1 \neq a_2 \neq a_3$ $\alpha \neq \beta \neq \gamma$
単斜晶系 (monoclinic)	2	$a_1 \neq a_2 \neq a_3$ $\alpha = \gamma = 90^\circ \neq \beta$
斜方晶系 (orthorhombic)	4	$a_1 \neq a_2 \neq a_3$ $\alpha = \beta = \gamma = 90^\circ$
正方晶系 (tetragonal)	2	$a_1 = a_2 \neq a_3$ $\alpha = \beta = \gamma = 90^\circ$
立方晶系 (cubic)	3	$a_1 = a_2 = a_3$ $\alpha = \beta = \gamma = 90^\circ$
菱面体晶系 (trigonal)	1	$a_1 = a_2 = a_3$ $\alpha = \beta = \gamma < 120^\circ,\ \neq 90^\circ$
六方晶系 (hexagonal)	1	$a_1 = a_2 \neq a_3$ $\alpha = \beta = 90^\circ,\ \gamma = 120^\circ$

【例題 5.1】

図 5.4 に六方晶の一つである単純六方格子の基本セルを示す．単純六方格子の基本並進ベクトル $\hat{\boldsymbol{a}}_1, \hat{\boldsymbol{a}}_2, \hat{\boldsymbol{a}}_3$ が，格子定数 a，c を単位として，

$$\hat{\boldsymbol{a}}_1 = \frac{\sqrt{3}}{2} a\,\hat{\boldsymbol{x}} + \frac{1}{2} a\,\hat{\boldsymbol{y}}, \quad \hat{\boldsymbol{a}}_2 = -\frac{\sqrt{3}}{2} a\,\hat{\boldsymbol{x}} + \frac{1}{2} a\,\hat{\boldsymbol{y}}, \quad \hat{\boldsymbol{a}}_3 = c\,\hat{\boldsymbol{z}} \tag{5.3}$$

で与えられるとき，基本セルの体積 V を求めよ．

解

基本並進ベクトル $\hat{\boldsymbol{a}}_1, \hat{\boldsymbol{a}}_2, \hat{\boldsymbol{a}}_3$ の成分表示は，次のようになる．

$$\hat{\boldsymbol{a}}_1 = \left(\frac{\sqrt{3}}{2}a, \frac{1}{2}a, 0\right), \quad \hat{\boldsymbol{a}}_2 = \left(-\frac{\sqrt{3}}{2}a, \frac{1}{2}a, 0\right), \quad \hat{\boldsymbol{a}}_3 = (0, 0, c) \tag{5.4}$$

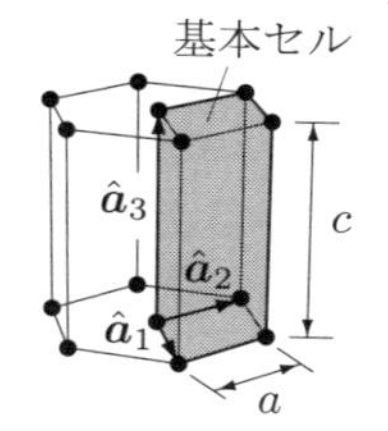

図 **5.4** 単純六方格子の基本セル

したがって，行列式を用いて，単純六方格子の基本セルの体積 V は次のように求められる．

$$
\begin{aligned}
V = \hat{\boldsymbol{a}}_1 \cdot (\hat{\boldsymbol{a}}_2 \times \hat{\boldsymbol{a}}_3) &= \begin{vmatrix} \frac{\sqrt{3}}{2}a & \frac{1}{2}a & 0 \\ -\frac{\sqrt{3}}{2}a & \frac{1}{2}a & 0 \\ 0 & 0 & c \end{vmatrix} \\
&= \frac{\sqrt{3}}{4}a^2c - \left(-\frac{\sqrt{3}}{4}a^2c\right) \\
&= \frac{\sqrt{3}}{2}a^2c
\end{aligned}
\tag{5.5}
$$

図 5.5 に立方晶を構成する 3 個の格子を示す．図 5.5 (a) は立方体の頂点のみに格子点をもつ**単純立方格子** (simple cubic lattice (sc))，図 5.5 (b) は立方体の頂点と立方体の中心に格子点をもつ**体心立方格子** (body-centered cubic lattice (bcc))，図 5.5 (c) は立方体の頂点と立方体の各面の中心に格子点をもつ**面心立方格子** (face-centered cubic lattice (fcc)) である．

体心立方格子と面心立方格子は，単位構造を考えることによって，単純立方格子として表すこともできる．ここで，格子定数を a とする．体心立方格子は，$(x, y, z) = (0, 0, 0)$, $(a/2, a/2, a/2)$ に存在する同一原子を単位構造としてもつ単純立方格子とみなすことができる．面心立方格子は，$(x, y, z) = (0, 0, 0)$, $(0, a/2, a/2)$, $(a/2, 0, a/2)$, $(a/2, a/2, 0)$ に存在する同一原子を単位構造としてもつ単純立方格子であると考えられる．

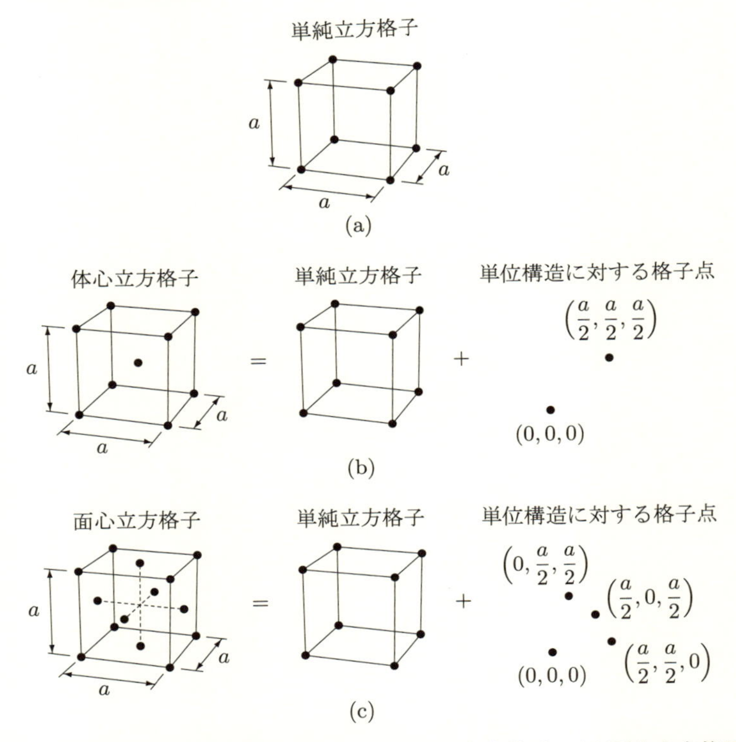

図 5.5　立方晶：(a) 単純立方格子，(b) 体心立方格子，(c) 面心立方格子

5.2　結晶面の指数

5.2.1　結晶面

結晶面 (crystal plane) によって，原子の配置が異なる．したがって，結晶面によって，ポテンシャルエネルギーの空間分布が異なる．この結果，原子間の結合力が方向によって異なる．そのため，半導体プロセスにおけるエッチングレート（半導体が削られるときの速さ），トラップ準位の数，へき開の可否などが結晶面ごとに決まる．以上のことから，半導体デバイスを作製するときには，どの結晶面を用いるかが大変重要である．結晶面の位置と方向は，結晶

面上にあって一直線上に並んでいない3点を使って決めることができる.

立方晶系 ($a_1 = a_2 = a_3,\ \alpha = \beta = \gamma = 90°$) を例にとって, 結晶面の決め方をこれから説明する. 整数 h, k, l と結晶軸 $\boldsymbol{a}_1, \boldsymbol{a}_2, \boldsymbol{a}_3$ を用いて, 結晶面の法線ベクトル $\boldsymbol{n}$ を次のように表す.

$$\boldsymbol{n} = h\boldsymbol{a}_1 + k\boldsymbol{a}_2 + l\boldsymbol{a}_3 \tag{5.6}$$

結晶面とその法線ベクトル $\boldsymbol{n}$ との関係を図5.6に示す.

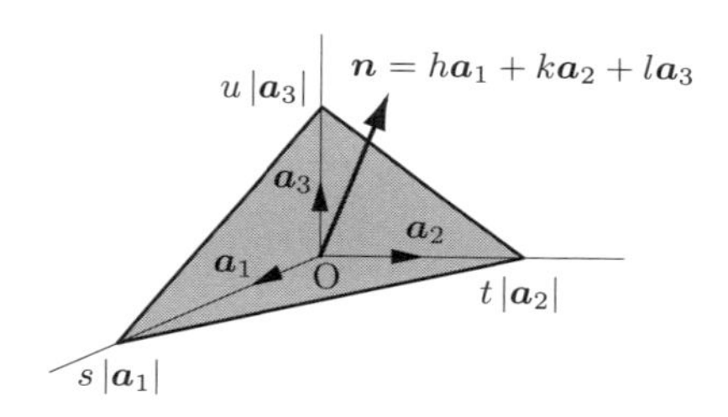

図 **5.6** 結晶面の法線ベクトルの例

5.2.2 ミラー指数

式 (5.6) の h, k, l を用いて, 結晶面の法線方向を $[hkl]$ と表す. 結晶面の指数 (index of the plane) すなわち**ミラー指数** (Miller index) は (hkl) と表す. なお, h, k, l は負の値をとってもよいが, 法線方向とミラー指数には絶対値を用いて絶対値の上にバーをつける. たとえば, $h = -1,\ k = 2,\ l = -1$ のときは, 結晶面の法線方向とミラー指数は, それぞれ $[\bar{1}2\bar{1}]$, $(\bar{1}2\bar{1})$ と表される. さて, 結晶中では原子やイオンが空間的に規則正しく周期的に配列しているので, 物理的性質が同じ結晶面が複数存在する. 物理的性質が同じ結晶面を等価な結晶面という. そして, 等価な結晶面の法線方向を $\langle hkl \rangle$ と表し, 等価な結晶面のミラー指数を $\{hkl\}$ と表す.

図5.6のように, 結晶面が $\boldsymbol{a}_1, \boldsymbol{a}_2, \boldsymbol{a}_3$ 軸とそれぞれ s, t, u で交わっているとする. このとき, 結晶面上に存在する次のようなベクトルを考えよう.

$$\boldsymbol{r}_1 = s\boldsymbol{a}_1 - t\boldsymbol{a}_2,\ \ \boldsymbol{r}_2 = t\boldsymbol{a}_2 - u\boldsymbol{a}_3,\ \ \boldsymbol{r}_3 = u\boldsymbol{a}_3 - s\boldsymbol{a}_1 \tag{5.7}$$

結晶面の法線ベクトル $\boldsymbol{n}$ と結晶面上に存在するベクトル $\boldsymbol{r}_1, \boldsymbol{r}_2, \boldsymbol{r}_3$ は直交するから，次の関係が成り立つ．

$$\boldsymbol{n} \cdot \boldsymbol{r}_1 = \boldsymbol{n} \cdot \boldsymbol{r}_2 = \boldsymbol{n} \cdot \boldsymbol{r}_3 = 0 \tag{5.8}$$

式 (5.6), (5.7) を式 (5.8) に代入すると，次式が得られる．

$$sh = tk = ul \tag{5.9}$$

式 (5.9) が定数 c に等しいとすると，h, k, l を次のように表すことができる．

$$h = \frac{c}{s},\ k = \frac{c}{t},\ l = \frac{c}{u} \tag{5.10}$$

ここで，s, t, u が，格子定数 $|\boldsymbol{a}_1| = a_1$, $|\boldsymbol{a}_2| = a_2$, $|\boldsymbol{a}_3| = a_3$ を単位として，結晶面と結晶軸との切片を表したものであることに注意しよう．つまり，結晶面のミラー指数は，結晶面と結晶軸との切片の逆数を求め，これらの逆数と同じ比を表すような整数で表される．ただし，整数の選び方は多数あり，もっとも簡単に表現することを目的として，これらの逆数と同じ比をみたす最小の整数をミラー指数とする．ミラー指数の例を図 5.7 に示す．図 5.7 の場合，結晶面は，結晶軸 $\boldsymbol{a}_1, \boldsymbol{a}_2, \boldsymbol{a}_3$ と $3\,|\boldsymbol{a}_1|, 2\,|\boldsymbol{a}_2|, 2\,|\boldsymbol{a}_3|$ で交わる．これらの数値 3, 2, 2 の逆数は 1/3, 1/2, 1/2 である．これらの数値と同じ比をもつ最小の整数は 2, 3, 3 だから，ミラー指数は (233) となる．

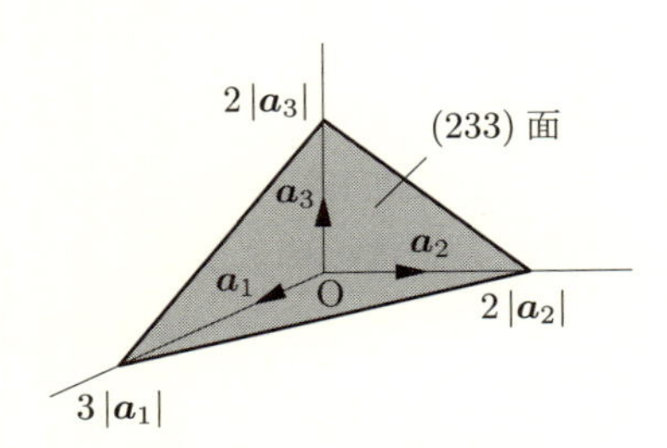

図 5.7　ミラー指数の例

【例題 5.2】

図 5.8 (a)，(b) に示した結晶面のミラー指数をそれぞれ求めよ．

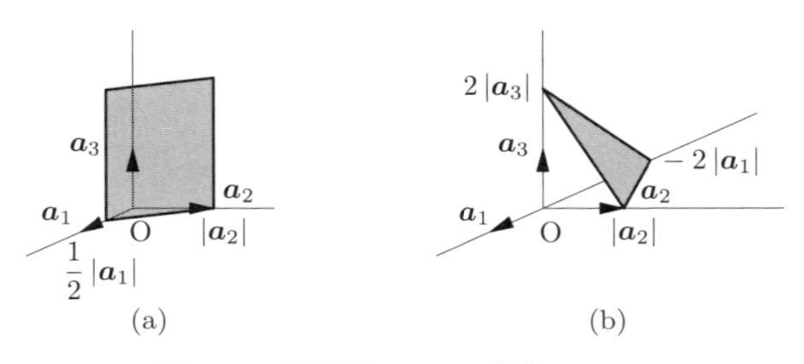

図 **5.8** 結晶面のミラー指数

解

図 5.8 (a) の場合，結晶面は，結晶軸 $\boldsymbol{a}_1$, $\boldsymbol{a}_2$ と $|\boldsymbol{a}_1|/2$, $|\boldsymbol{a}_2|$ で交わり，$\boldsymbol{a}_3$ に平行である．このときは，結晶面が $\boldsymbol{a}_3$ と無限遠 ∞ で交わると考える．これらの数値の逆数は 2, 1, $1/\infty = 0$ である．これらの数値と同じ比をもつ最小の整数は 2, 1, 0 だから，ミラー指数は (210) となる．

図 5.8 (b) の場合，結晶面は，結晶軸 $\boldsymbol{a}_1$, $\boldsymbol{a}_2$, $\boldsymbol{a}_3$ と $-2|\boldsymbol{a}_1|$, $|\boldsymbol{a}_2|$, $2|\boldsymbol{a}_3|$ で交わる．これらの数値の逆数は $-1/2$, 1, $1/2$ である．これらの数値と同じ比をもつ最小の整数は -1, 2, 1 であるが,，ミラー指数は負の数については，絶対値の上にバーをつけて表す．したがって，図 5.8 (b) の結晶面のミラー指数は $(\bar{1}21)$ と表される．

5.3 結晶構造

5.3.1 塩化ナトリウム構造

図 5.9 の**塩化ナトリウム (NaCl) 構造**は，格子定数を a とおくと，$(x, y, z) = (0, 0, 0)$ に存在する Cl^- イオンと $(a/2, a/2, a/2)$ に存在する Na^+ イオンを単位構造とする面心立方格子である．塩化ナトリウム (NaCl) の場合，$a = 5.63 \times 10^{-8}\,\text{cm} = 5.63\,\text{Å}$ である．塩化ナトリウム構造をとる結晶として，LiH, MgO, AgBr, PbS, KCl, KBr などがある．

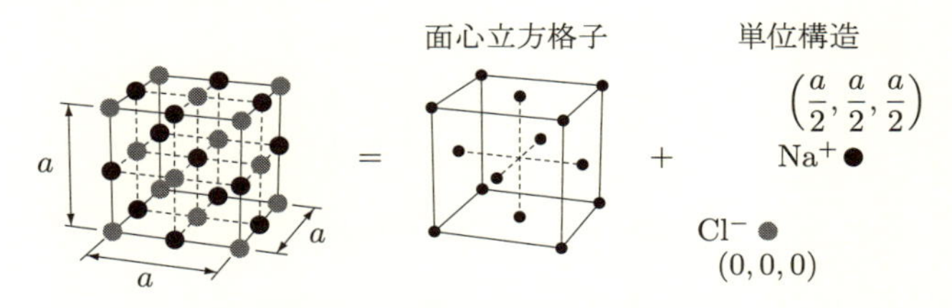

図 5.9　塩化ナトリウム構造

5.3.2　塩化セシウム構造

図 5.10 の**塩化セシウム (CsCl) 構造**は，格子定数を a とおくと，$(0, 0, 0)$ に存在する Cs^+ イオンと $(a/2, a/2, a/2)$ に存在する Cl^- イオンを単位構造とする単純立方格子である．塩化セシウム (CsCl) の場合，$a = 4.11$ Å である．塩化セシウム構造をとる結晶として，BeCu, AlNi, CuZn, CuPd, AgMg, LiHg, NH_4Cl, TlBr, TlI などがある．

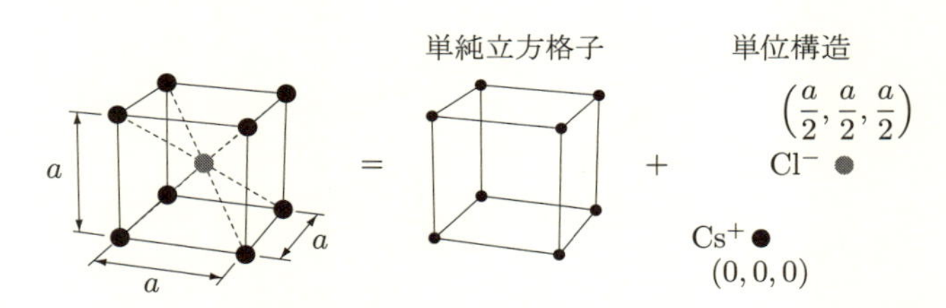

図 5.10　塩化セシウム構造

5.3.3　六方最密構造

図 5.11 の**六方最密構造** (hexagonal closed-packed structure，略号 hcp) は，式 (5.3) の単純六方格子の基本並進ベクトル $\hat{\boldsymbol{a}}_1$, $\hat{\boldsymbol{a}}_2$, $\hat{\boldsymbol{a}}_3$ の方向に座標軸を選んだ場合，座標 $(0, 0, 0)$ と $(2a/3, a/3, c/2)$ に存在する同種原子を単位構造とする単純六方格子である．六方最密構造をとる結晶としては，He, Be, Mg, Ti, Zn, Cd, Co, Y, Zr, Gd, Lu などがある．

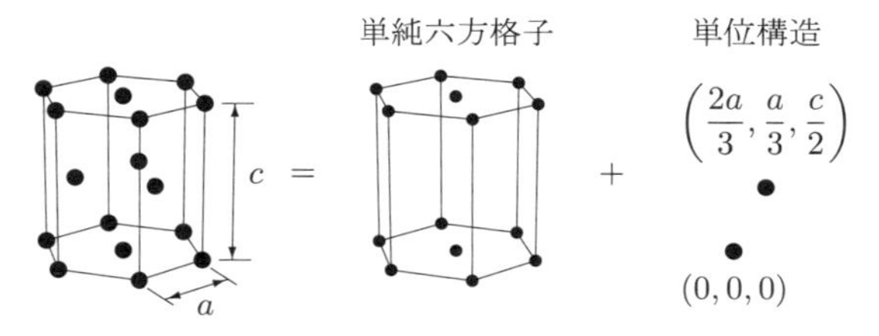

図 5.11　六方最密構造

【例題 5.3】

理想的な六方最密構造に対する c/a 比を求めよ．

解

原子を完全な球とし，原子層 A の格子点を A，原子層 B の格子点を B と表す．図 5.12 (a) に示すように，原子層 A 上の 3 個の最近接球の重心を O とする．二つの格子点 A の中点を点 C として直角三角形 OAC に着目すると，$\angle \mathrm{AOC} = \pi/3$ だから，線分 OA の長さ $\overline{\mathrm{OA}}$ と線分 AC の長さ $\overline{\mathrm{AC}}$ は，次のように関係づけられる．

$$\overline{\mathrm{OA}} \sin \frac{\pi}{3} = \frac{\sqrt{3}}{2} \overline{\mathrm{OA}} = \overline{\mathrm{AC}} = \frac{a}{2} \tag{5.11}$$

式 (5.11) から，線分 OA の長さ $\overline{\mathrm{OA}}$ は次のように求められる．

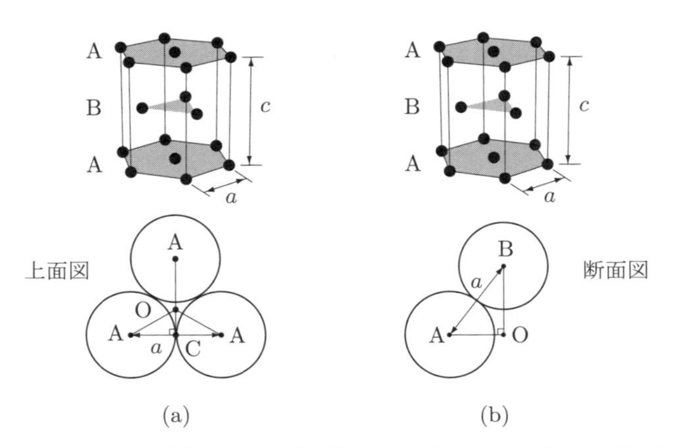

図 5.12　六方最密構造．(a) 上面図，(b) 線分 OA に沿った断面図．

$$\overline{\mathrm{OA}} = \frac{2}{\sqrt{3}} \times \frac{a}{2} = \frac{a}{\sqrt{3}} \tag{5.12}$$

原子層 A の上に原子層 B を重ねるとき，原子層 B の球は原子層 A の法線のうち点 O を通る線上に配置される．図 5.12 (b) のように，線分 OA に沿った断面を考えて直角三角形 AOB に着目すると，$\overline{\mathrm{AB}} = a$ である．したがって，線分 OB の長さ $\overline{\mathrm{OB}}$ は次のようになる．

$$\overline{\mathrm{OB}} = \sqrt{\overline{\mathrm{AB}}^2 - \overline{\mathrm{OA}}^2} = \sqrt{a^2 - \frac{a^2}{3}} = \sqrt{\frac{2a^2}{3}} = \sqrt{\frac{2}{3}}\,a \tag{5.13}$$

式 (5.13) から，次の結果が得られる．

$$c = 2 \times \overline{\mathrm{OB}} = \sqrt{\frac{8}{3}}\,a \quad \therefore \quad \frac{c}{a} = \sqrt{\frac{8}{3}} = 1.633 \tag{5.14}$$

5.3.4　ダイヤモンド構造

図 5.13 の**ダイヤモンド構造** (diamond structure) は，格子定数を a とすると，$(0,0,0)$ と $(a/4, a/4, a/4)$ に同種の原子をもち，これを単位構造とする面心立方格子である．ダイヤモンド構造をとる結晶として，C, Si, Ge, Sn などがある．シリコン (Si) の場合，$a = 5.43\,\text{Å}$ である．

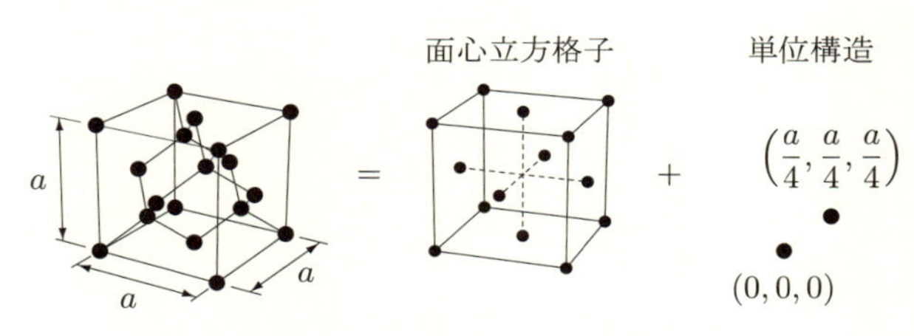

図 5.13　ダイヤモンド構造

5.3.5　閃亜鉛鉱構造

図 5.14 の**閃亜鉛鉱構造** (zinc blende structure) は，格子定数を a とすると，$(0,0,0)$ と $(a/4, a/4, a/4)$ に異種の原子をもち，これを単位構造とする面心立方格子である．硫化亜鉛 (ZnS) の場合，Zn が $(0,0,0)$ に，S が $(a/4, a/4, a/4)$

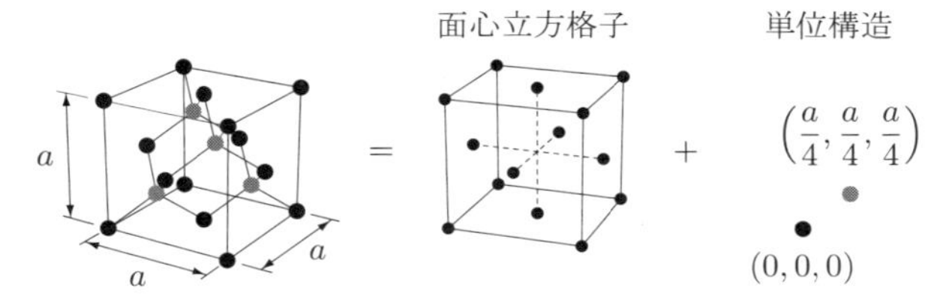

図 **5.14**　閃亜鉛鉱構造

に位置し，$a = 5.41$ Å である．閃亜鉛鉱構造をとる結晶としては，SiC, AlP, GaP, ZnSe, GaAs, AlAs, InP, InSb などがある．

半導体デバイスにおいてよく用いられるシリコンやゲルマニウムの単結晶は，ダイヤモンド構造である．そして，発光ダイオード，半導体レーザー，フォトダイオードなどの光デバイスに用いられる化合物半導体の単結晶の多くは，閃亜鉛鉱構造である．なお，実用化された青色発光ダイオード用の単結晶はウルツァイト構造である．

5.4　結晶による X 線の回折

結晶の格子定数は，オングストローム (1 Å$= 10^{-8}$ cm) オーダーの大きさである．そこで，結晶に波長 1 Å 程度の X 線を照射し，**回折 X 線** (diffracted X-ray) を観測することで結晶構造を決定する．このような結晶面による X 線の回折を**ブラッグ回折** (Bragg diffraction) という．

図 5.15 のように，波長 λ の X 線を結晶に入射する場合を考えよう．図 5.15 において，矢印は X 線の進行方向を表している．そして，入射 X 線の進行方向と結晶面とがなす角すなわち入射角を θ とする．結晶面を鏡面と考え，回折 X 線の進行方向と結晶面とがなす角すなわち反射角も θ とする．なお，X 線に対する結晶の屈折率は，ほぼ 1 であり，X 線に対する空気の屈折率とほぼ同じである．したがって，X 線はほとんど屈折を受けることなく，結晶を透過すると考えてよい．

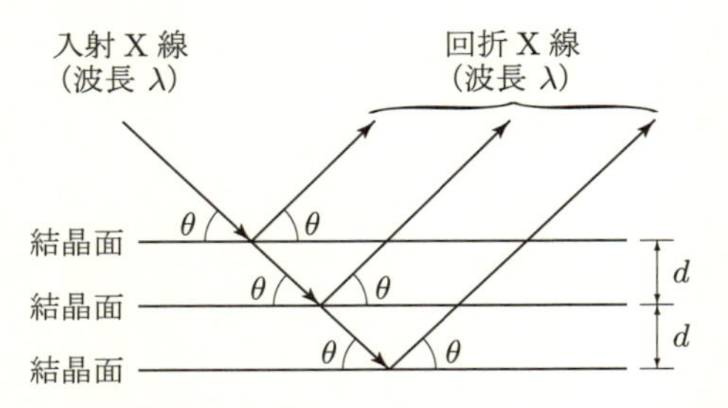

図 5.15　結晶面によるX線の回折（ブラッグ回折）

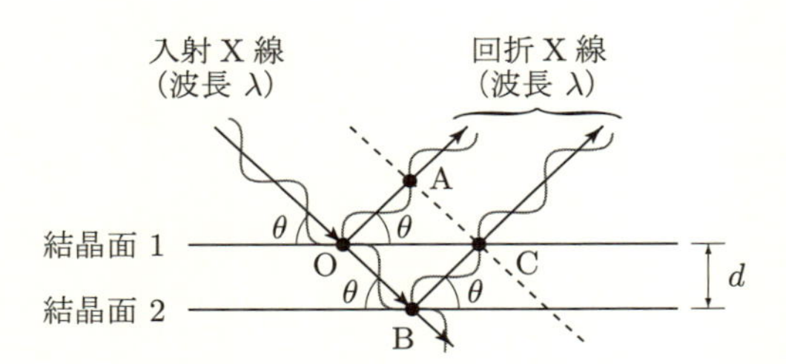

図 5.16　X線の回折条件（ブラッグ条件）

X線の電界 $\boldsymbol{E}$ を次のように表す．

$$\boldsymbol{E} = \boldsymbol{E}_0 \exp[\mathrm{i}(\boldsymbol{k} \cdot \boldsymbol{r} - \omega t)] \tag{5.15}$$

ここで，$\boldsymbol{E}_0$ は電界の振幅，$\boldsymbol{k}$ は波数ベクトル ($|\boldsymbol{k}| = 2\pi/\lambda$)，$\boldsymbol{r}$ は位置ベクトル，ω はX線の角周波数，t は時間である．式(5.15)における $(\omega t - \boldsymbol{k} \cdot \boldsymbol{r})$ は位相であり，この位相の値が等しい面を等位相面（波面）という．

X線の波としての性質に着目し，X線の入射と回折の様子を図5.16に模式的に示す．破線は等位相面（波面）であり，矢印で示したX線の進行方向に垂直である．これから，結晶面1の点Oで反射し点Aに到達したX線の光路長 $\overline{\mathrm{OA}}$ と，結晶面1の点Oを透過し結晶面2の点Bで反射して点Cに到達したX線の光路長 $\overline{\mathrm{OB}} + \overline{\mathrm{BC}}$ との差 Δl を考えよう．

図5.16から，結晶面間隔 d と入射角／反射角 θ を用いて，

$$\overline{\mathrm{OB}} = \overline{\mathrm{BC}} = \frac{d}{\sin\theta} \tag{5.16}$$

と表される．また，

$$\overline{\mathrm{OC}} = \overline{\mathrm{OB}}\cos\theta + \overline{\mathrm{BC}}\cos\theta = \frac{2d\cos\theta}{\sin\theta} \tag{5.17}$$

である．したがって，

$$\overline{\mathrm{OA}} = \overline{\mathrm{OC}}\cos\theta = \frac{2d\cos^2\theta}{\sin\theta} \tag{5.18}$$

となる．以上から，光路長の差 Δl は，

$$\Delta l = \left(\overline{\mathrm{OB}} + \overline{\mathrm{BC}}\right) - \overline{\mathrm{OA}} = \frac{2d(1-\cos^2\theta)}{\sin\theta} = \frac{2d\sin^2\theta}{\sin\theta} = 2d\sin\theta \tag{5.19}$$

と表される．この光路長の差 Δl がX線の波長 $\lambda = 2\pi/|\boldsymbol{k}|$ の整数倍であれば，経路OAを通ったX線の等位相面（波面）と，経路OB+BCを通ったX線の等位相面（波面）とが揃う．このとき，2本のX線が強めあい，回折X線が観測される．すなわち，回折X線が現れるときは，入射角／反射角 θ と結晶面間隔 d との間の関係は，n を正の整数として，次式によって与えられる．

$$2d\sin\theta = n\lambda \tag{5.20}$$

式(5.20)は，回折X線が現れる条件すなわち**回折条件** (diffraction condition)を示す．回折条件は，**ブラッグ条件** (Bragg condition)ともよばれる．

【例題5.4】

結晶面間隔 $d = 10^{-8}$ cm，入射角／反射角 $\theta = 45°$，$n = 1$ とするとき，回折X線が生じるためのX線の波長 λ を有効数字3桁で求めよ．

解

式(5.20)から，X線の波長 λ は次のようになる．

$$\lambda = 1.41 \times 10^{-8}\ \mathrm{cm} \tag{5.21}$$

5.5 逆格子

5.5.1 逆格子ベクトル

入射X線は，結晶内の個々の電子によって散乱される．これらの散乱されたX線の重ね合わせが回折X線となる．電子によるX線の散乱を理論的に解析するには，電子濃度 $n(\boldsymbol{r})$ をフーリエ級数展開し，次のように表すと便利である．

$$n(\boldsymbol{r}) = \sum_{\boldsymbol{G}} n_{\boldsymbol{G}} \exp(\mathrm{i}\boldsymbol{G}\cdot\boldsymbol{r}) \tag{5.22}$$

ここで, $n_{\boldsymbol{G}}$ は電子濃度に対するフーリエ係数, $\boldsymbol{G}$ は逆格子ベクトル (reciprocal lattice vector) である．結晶中では原子やイオンが空間的に規則正しく周期的に配列しているので，電子濃度 $n(\boldsymbol{r})$ も周期的である．したがって，並進ベクトル $\boldsymbol{T}$ を用いると，次式が成り立つ．

$$n(\boldsymbol{r}) = n(\boldsymbol{r}+\boldsymbol{T}) \tag{5.23}$$

式 (5.23) を式 (5.22) に代入すると，次の関係が導かれる．

$$\exp(\mathrm{i}\boldsymbol{G}\cdot\boldsymbol{T}) = 1 \qquad \therefore\ \boldsymbol{G}\cdot\boldsymbol{T} = 2\pi m \tag{5.24}$$

ここで，m は任意の整数である．

5.5.2 逆格子の基本ベクトル

逆格子ベクトル $\boldsymbol{G}$ を表すために，基本並進ベクトル $\hat{\boldsymbol{a}}_i$ と次の関係をみたすベクトルとして，逆格子の基本ベクトル $\hat{\boldsymbol{b}}_j$ を定義しよう．

$$\hat{\boldsymbol{a}}_i\cdot\hat{\boldsymbol{b}}_j = 2\pi\delta_{ij} = \begin{cases} 1 & (i=j) \\ 0 & (i\neq j) \end{cases} \tag{5.25}$$

ここで，δ_{ij} はクロネッカーのデルタ記号 (Kronecker's δ) である．基本並進ベクトル $\hat{\boldsymbol{a}}_i$ が3次元ベクトルの場合，逆格子の基本ベクトル $\hat{\boldsymbol{b}}_j$ を次のように選ぶことができる．

$$\hat{\boldsymbol{b}}_1 = 2\pi \frac{\hat{\boldsymbol{a}}_2 \times \hat{\boldsymbol{a}}_3}{V}, \quad \hat{\boldsymbol{b}}_2 = 2\pi \frac{\hat{\boldsymbol{a}}_3 \times \hat{\boldsymbol{a}}_1}{V}, \quad \hat{\boldsymbol{b}}_3 = 2\pi \frac{\hat{\boldsymbol{a}}_1 \times \hat{\boldsymbol{a}}_2}{V} \tag{5.26}$$

$$V = \hat{\boldsymbol{a}}_1 \cdot (\hat{\boldsymbol{a}}_2 \times \hat{\boldsymbol{a}}_3) = \hat{\boldsymbol{a}}_2 \cdot (\hat{\boldsymbol{a}}_3 \times \hat{\boldsymbol{a}}_1) = \hat{\boldsymbol{a}}_3 \cdot (\hat{\boldsymbol{a}}_1 \times \hat{\boldsymbol{a}}_2) \tag{5.27}$$

ここで，V は基本セルの体積である．逆格子の基本ベクトルと基本セルの体積の添え字 1, 2, 3 の順番に注目すると，図 5.17 のように循環していることがわかる．

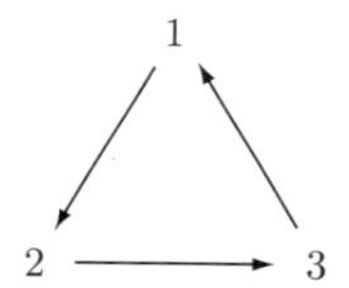

図 5.17　逆格子ベクトルの基本ベクトルと基本セルの体積における添え字

逆格子の基本ベクトル $\hat{\boldsymbol{b}}_1, \hat{\boldsymbol{b}}_2, \hat{\boldsymbol{b}}_3$ と整数 v_1, v_2, v_3 を用いて，逆格子ベクトル $\boldsymbol{G}$ は次のように表される．

$$\boldsymbol{G} = v_1 \hat{\boldsymbol{b}}_1 + v_2 \hat{\boldsymbol{b}}_2 + v_3 \hat{\boldsymbol{b}}_3 \tag{5.28}$$

【例題 5.5】

体心立方格子の基本並進ベクトル $\hat{\boldsymbol{a}}_1, \hat{\boldsymbol{a}}_2, \hat{\boldsymbol{a}}_3$ は，格子定数 a を用いて，次のように表される．

$$\hat{\boldsymbol{a}}_1 = \frac{1}{2}a\,(-\hat{\boldsymbol{x}} + \hat{\boldsymbol{y}} + \hat{\boldsymbol{z}}), \quad \hat{\boldsymbol{a}}_2 = \frac{1}{2}a\,(\hat{\boldsymbol{x}} - \hat{\boldsymbol{y}} + \hat{\boldsymbol{z}}), \quad \hat{\boldsymbol{a}}_3 = \frac{1}{2}a\,(\hat{\boldsymbol{x}} + \hat{\boldsymbol{y}} - \hat{\boldsymbol{z}}) \tag{5.29}$$

このとき，体心立方格子に対する逆格子の基本ベクトル $\hat{\boldsymbol{b}}_1, \hat{\boldsymbol{b}}_2, \hat{\boldsymbol{b}}_3$ を求めよ．

解

基本並進ベクトル $\hat{\boldsymbol{a}}_1, \hat{\boldsymbol{a}}_2, \hat{\boldsymbol{a}}_3$ の成分表示は，次のようになる．

$$\hat{\boldsymbol{a}}_1 = \left(-\frac{1}{2}a, \frac{1}{2}a, \frac{1}{2}a\right), \quad \hat{\boldsymbol{a}}_2 = \left(\frac{1}{2}a, -\frac{1}{2}a, \frac{1}{2}a\right), \quad \hat{\boldsymbol{a}}_3 = \left(\frac{1}{2}a, \frac{1}{2}a, -\frac{1}{2}a\right) \tag{5.30}$$

したがって，行列式を用いて，体心立方格子の基本セルの体積 V は次のように求められる．

$$V=\hat{\boldsymbol{a}}_1\cdot(\hat{\boldsymbol{a}}_2\times\hat{\boldsymbol{a}}_3)=\begin{vmatrix}-\frac{1}{2}a & \frac{1}{2}a & \frac{1}{2}a\\ \frac{1}{2}a & -\frac{1}{2}a & \frac{1}{2}a\\ \frac{1}{2}a & \frac{1}{2}a & -\frac{1}{2}a\end{vmatrix}$$
$$=-\frac{a^3}{8}-\left(-\frac{a^3}{8}\right)+\frac{a^3}{8}-\left(-\frac{a^3}{8}\right)+\frac{a^3}{8}-\left(-\frac{a^3}{8}\right)$$
$$=\frac{a^3}{8}\times 4=\frac{1}{2}a^3 \tag{5.31}$$

したがって，体心立方格子に対する逆格子の基本ベクトル $\hat{\boldsymbol{b}}_1, \hat{\boldsymbol{b}}_2, \hat{\boldsymbol{b}}_3$ は，次のようになる．

$$\hat{\boldsymbol{b}}_1=\frac{2\pi}{V}\hat{\boldsymbol{a}}_2\times\hat{\boldsymbol{a}}_3=\frac{2\pi}{V}\begin{vmatrix}\hat{\boldsymbol{x}} & \hat{\boldsymbol{y}} & \hat{\boldsymbol{z}}\\ \frac{1}{2}a & -\frac{1}{2}a & \frac{1}{2}a\\ \frac{1}{2}a & \frac{1}{2}a & -\frac{1}{2}a\end{vmatrix}$$
$$=\frac{4\pi}{a^3}\left[\hat{\boldsymbol{x}}\left(\frac{a^2}{4}-\frac{a^2}{4}\right)+\hat{\boldsymbol{y}}\left(\frac{a^2}{4}+\frac{a^2}{4}\right)+\hat{\boldsymbol{z}}\left(\frac{a^2}{4}+\frac{a^2}{4}\right)\right]$$
$$=\frac{4\pi}{a^3}\cdot\frac{a^2}{2}(\hat{\boldsymbol{y}}+\hat{\boldsymbol{z}})=\frac{2\pi}{a}(\hat{\boldsymbol{y}}+\hat{\boldsymbol{z}}) \tag{5.32}$$

$$\hat{\boldsymbol{b}}_2=\frac{2\pi}{V}\hat{\boldsymbol{a}}_3\times\hat{\boldsymbol{a}}_1=\frac{2\pi}{V}\begin{vmatrix}\hat{\boldsymbol{x}} & \hat{\boldsymbol{y}} & \hat{\boldsymbol{z}}\\ \frac{1}{2}a & \frac{1}{2}a & -\frac{1}{2}a\\ -\frac{1}{2}a & \frac{1}{2}a & \frac{1}{2}a\end{vmatrix}$$
$$=\frac{4\pi}{a^3}\left[\hat{\boldsymbol{x}}\left(\frac{a^2}{4}+\frac{a^2}{4}\right)+\hat{\boldsymbol{y}}\left(\frac{a^2}{4}-\frac{a^2}{4}\right)+\hat{\boldsymbol{z}}\left(\frac{a^2}{4}+\frac{a^2}{4}\right)\right]$$
$$=\frac{4\pi}{a^3}\cdot\frac{a^2}{2}(\hat{\boldsymbol{x}}+\hat{\boldsymbol{z}})=\frac{2\pi}{a}(\hat{\boldsymbol{z}}+\hat{\boldsymbol{x}}) \tag{5.33}$$

$$\hat{\boldsymbol{b}}_3=\frac{2\pi}{V}\hat{\boldsymbol{a}}_1\times\hat{\boldsymbol{a}}_2=\frac{2\pi}{V}\begin{vmatrix}\hat{\boldsymbol{x}} & \hat{\boldsymbol{y}} & \hat{\boldsymbol{z}}\\ -\frac{1}{2}a & \frac{1}{2}a & \frac{1}{2}a\\ \frac{1}{2}a & -\frac{1}{2}a & \frac{1}{2}a\end{vmatrix}$$
$$=\frac{4\pi}{a^3}\left[\hat{\boldsymbol{x}}\left(\frac{a^2}{4}+\frac{a^2}{4}\right)+\hat{\boldsymbol{y}}\left(\frac{a^2}{4}+\frac{a^2}{4}\right)+\hat{\boldsymbol{z}}\left(\frac{a^2}{4}-\frac{a^2}{4}\right)\right]$$
$$=\frac{4\pi}{a^3}\cdot\frac{a^2}{2}(\hat{\boldsymbol{x}}+\hat{\boldsymbol{y}})=\frac{2\pi}{a}(\hat{\boldsymbol{x}}+\hat{\boldsymbol{y}}) \tag{5.34}$$

【例題 5.6】

面心立方格子の基本並進ベクトル $\hat{\boldsymbol{a}}_1, \hat{\boldsymbol{a}}_2, \hat{\boldsymbol{a}}_3$ は，格子定数 a を用いて，次のように表される．

$$\hat{\boldsymbol{a}}_1 = \frac{1}{2}a\,(\hat{\boldsymbol{y}} + \hat{\boldsymbol{z}}),\quad \hat{\boldsymbol{a}}_2 = \frac{1}{2}a\,(\hat{\boldsymbol{z}} + \hat{\boldsymbol{x}}),\quad \hat{\boldsymbol{a}}_3 = \frac{1}{2}a\,(\hat{\boldsymbol{x}} + \hat{\boldsymbol{y}}) \tag{5.35}$$

このとき，面心立方格子に対する逆格子の基本ベクトル $\hat{\boldsymbol{b}}_1, \hat{\boldsymbol{b}}_2, \hat{\boldsymbol{b}}_3$ を求めよ．

解

基本並進ベクトル $\hat{\boldsymbol{a}}_1, \hat{\boldsymbol{a}}_2, \hat{\boldsymbol{a}}_3$ の成分表示は，次のようになる．

$$\hat{\boldsymbol{a}}_1 = \left(0, \frac{1}{2}a, \frac{1}{2}a\right),\quad \hat{\boldsymbol{a}}_2 = \left(\frac{1}{2}a, 0, \frac{1}{2}a\right),\quad \hat{\boldsymbol{a}}_3 = \left(\frac{1}{2}a, \frac{1}{2}a, 0\right) \tag{5.36}$$

したがって，行列式を用いて，面心立方格子の基本セルの体積 V は次のように求められる．

$$\begin{aligned} V = \hat{\boldsymbol{a}}_1 \cdot (\hat{\boldsymbol{a}}_2 \times \hat{\boldsymbol{a}}_3) &= \begin{vmatrix} 0 & \frac{1}{2}a & \frac{1}{2}a \\ \frac{1}{2}a & 0 & \frac{1}{2}a \\ \frac{1}{2}a & \frac{1}{2}a & 0 \end{vmatrix} \\ &= \frac{a^3}{8} + \frac{a^3}{8} = \frac{1}{4}a^3 \end{aligned} \tag{5.37}$$

したがって，面心立方格子に対する逆格子の基本ベクトル $\hat{\boldsymbol{b}}_1, \hat{\boldsymbol{b}}_2, \hat{\boldsymbol{b}}_3$ は，次のようになる．

$$\begin{aligned} \hat{\boldsymbol{b}}_1 = \frac{2\pi}{V}\hat{\boldsymbol{a}}_2 \times \hat{\boldsymbol{a}}_3 &= \frac{2\pi}{V}\begin{vmatrix} \hat{\boldsymbol{x}} & \hat{\boldsymbol{y}} & \hat{\boldsymbol{z}} \\ \frac{1}{2}a & 0 & \frac{1}{2}a \\ \frac{1}{2}a & \frac{1}{2}a & 0 \end{vmatrix} \\ &= \frac{8\pi}{a^3}\left[\hat{\boldsymbol{x}}\left(-\frac{a^2}{4}\right) + \hat{\boldsymbol{y}}\,\frac{a^2}{4} + \hat{\boldsymbol{z}}\,\frac{a^2}{4}\right] = \frac{2\pi}{a}\,(-\hat{\boldsymbol{x}} + \hat{\boldsymbol{y}} + \hat{\boldsymbol{z}}) \end{aligned} \tag{5.38}$$

$$\begin{aligned} \hat{\boldsymbol{b}}_2 = \frac{2\pi}{V}\hat{\boldsymbol{a}}_3 \times \hat{\boldsymbol{a}}_1 &= \frac{2\pi}{V}\begin{vmatrix} \hat{\boldsymbol{x}} & \hat{\boldsymbol{y}} & \hat{\boldsymbol{z}} \\ \frac{1}{2}a & \frac{1}{2}a & 0 \\ 0 & \frac{1}{2}a & \frac{1}{2}a \end{vmatrix} \\ &= \frac{8\pi}{a^3}\left[\hat{\boldsymbol{x}}\,\frac{a^2}{4} + \hat{\boldsymbol{y}}\left(-\frac{a^2}{4}\right) + \hat{\boldsymbol{z}}\,\frac{a^2}{4}\right] = \frac{2\pi}{a}\,(\hat{\boldsymbol{x}} - \hat{\boldsymbol{y}} + \hat{\boldsymbol{z}}) \end{aligned} \tag{5.39}$$

$$\begin{aligned} \hat{\boldsymbol{b}}_3 = \frac{2\pi}{V}\hat{\boldsymbol{a}}_1 \times \hat{\boldsymbol{a}}_2 &= \frac{2\pi}{V}\begin{vmatrix} \hat{\boldsymbol{x}} & \hat{\boldsymbol{y}} & \hat{\boldsymbol{z}} \\ 0 & \frac{1}{2}a & \frac{1}{2}a \\ \frac{1}{2}a & 0 & \frac{1}{2}a \end{vmatrix} \\ &= \frac{8\pi}{a^3}\left[\hat{\boldsymbol{x}}\,\frac{a^2}{4} + \hat{\boldsymbol{y}}\,\frac{a^2}{4} + \hat{\boldsymbol{z}}\left(-\frac{a^2}{4}\right)\right] = \frac{2\pi}{a}\,(\hat{\boldsymbol{x}} + \hat{\boldsymbol{y}} - \hat{\boldsymbol{z}}) \end{aligned} \tag{5.40}$$

5.5.3　回折条件

入射 X 線の振幅を $\boldsymbol{E}_0$，入射 X 線の波数ベクトルを $\boldsymbol{k}$ とし，時間依存性 $\exp(-\mathrm{i}\omega t)$ を省略して，入射 X 線の電界 $\boldsymbol{E}_{\mathrm{in}}$ を次のように表す．

$$\boldsymbol{E}_{\mathrm{in}} = \boldsymbol{E}_0 \exp(\mathrm{i}\boldsymbol{k}\cdot\boldsymbol{r}) \tag{5.41}$$

このとき，回折 X 線の電界 $\boldsymbol{E}_{\mathrm{out}}$ は，散乱に寄与した電子の個数に比例する．つまり，回折 X 線の電界 $\boldsymbol{E}_{\mathrm{out}}$ は，入射 X 線の電界 $\boldsymbol{E}_{\mathrm{in}}$ に電子濃度 $n(\boldsymbol{r})$ をかけ，結晶のうちで散乱に寄与した位置 $\boldsymbol{r}$ に関して積分することで求められる．したがって，回折 X 線の電界 $\boldsymbol{E}_{\mathrm{out}}$ は，次のように書くことができる．

$$\boldsymbol{E}_{\mathrm{out}} = \boldsymbol{E}'_0 \exp(\mathrm{i}\boldsymbol{k}'\cdot\boldsymbol{r}) = \int n(\boldsymbol{r})\boldsymbol{E}_{\mathrm{in}}\,\mathrm{d}\boldsymbol{r} = \int n(\boldsymbol{r})\boldsymbol{E}_0 \exp(\mathrm{i}\boldsymbol{k}\cdot\boldsymbol{r})\,\mathrm{d}\boldsymbol{r} \tag{5.42}$$

$$\boldsymbol{E}_{\mathrm{out}} = \boldsymbol{E}'_0 \exp(\mathrm{i}\boldsymbol{k}'\cdot\boldsymbol{r}) = \int n(\boldsymbol{r})\boldsymbol{E}_{\mathrm{in}}\,\mathrm{d}V = \int n(\boldsymbol{r})\boldsymbol{E}_0 \exp(\mathrm{i}\boldsymbol{k}\cdot\boldsymbol{r})\,\mathrm{d}V \tag{5.43}$$

ここで，$\boldsymbol{E}'_0$ は回折 X 線の振幅，$\boldsymbol{k}'$ は回折 X 線の波数ベクトルで，$|\boldsymbol{k}'| = |\boldsymbol{k}| = 2\pi/\lambda$（$\lambda$ は X 線の波長）である．なお，式 (5.42) において $\mathrm{d}\boldsymbol{r}$ は微小長さベクトルではなく，X 線が入射した領域の座標空間にわたって積分することを意味している．このような意味で $\mathrm{d}\boldsymbol{r}$ を用いるとき，$\mathrm{d}\boldsymbol{r}$ の前に内積を示す $\cdot$ や外積を示す $\times$ が無いことに留意しておこう．一方，式 (5.43) は，X 線が入射した領域の体積 V にわたって積分することを意味している．式 (5.42) と式 (5.43) は同じ結果を与えるが，積分に対する表現として，X 線が入射した領域の座標を示すベクトル $\boldsymbol{r}$（ベクトル $\boldsymbol{r}$ の始点を原点とすると，ベクトル $\boldsymbol{r}$ の終点が，X 線が入射した領域の座標を表す）を用いるか，X 線が入射した領域の体積 V を用いるかの違いがある．

結晶内の電子濃度 $n(\boldsymbol{r})$ に対する式 (5.22) を式 (5.42) に代入すると，

$$\boldsymbol{E}_{\mathrm{out}} = \boldsymbol{E}'_0 \exp(\mathrm{i}\boldsymbol{k}'\cdot\boldsymbol{r}) = \int \sum_{\boldsymbol{G}} n_{\boldsymbol{G}}\boldsymbol{E}_0 \exp[\mathrm{i}(\boldsymbol{G}+\boldsymbol{k})\cdot\boldsymbol{r}]\,\mathrm{d}\boldsymbol{r} \tag{5.44}$$

が得られる．式 (5.44) の指数関数に着目すると，次の関係が成り立つ．

$$\boldsymbol{k}' = \boldsymbol{G} + \boldsymbol{k} \tag{5.45}$$

ここで，

$$\Delta \boldsymbol{k} = \boldsymbol{k}' - \boldsymbol{k} \tag{5.46}$$

とおくと，式 (5.45) は，次のように書き換えられる．

$$\Delta \boldsymbol{k} = \boldsymbol{G} \tag{5.47}$$

式 (5.47) はブラッグ条件を示しており，次のようにして証明できる．

図 5.18 のように，基本並進ベクトル $\hat{\boldsymbol{a}}_1$, $\hat{\boldsymbol{a}}_2$, $\hat{\boldsymbol{a}}_3$ との切片が，それぞれ $|\hat{\boldsymbol{a}}_1|/h$, $|\hat{\boldsymbol{a}}_2|/k$, $|\hat{\boldsymbol{a}}_3|/l$ であるような (hkl) 面を考える．そして，次のような逆格子ベクトル $\boldsymbol{G}$ を取り上げる．

$$\boldsymbol{G} = n\boldsymbol{G}_0, \quad \boldsymbol{G}_0 = h\hat{\boldsymbol{b}}_1 + k\hat{\boldsymbol{b}}_2 + l\hat{\boldsymbol{b}}_3 \tag{5.48}$$

ここで，n は正の整数，$\hat{\boldsymbol{b}}_1$, $\hat{\boldsymbol{b}}_2$, $\hat{\boldsymbol{b}}_3$ は，基本並進ベクトル $\hat{\boldsymbol{a}}_1$, $\hat{\boldsymbol{a}}_2$, $\hat{\boldsymbol{a}}_3$ を式 (5.26) に代入して求めた逆格子の基本ベクトルである．

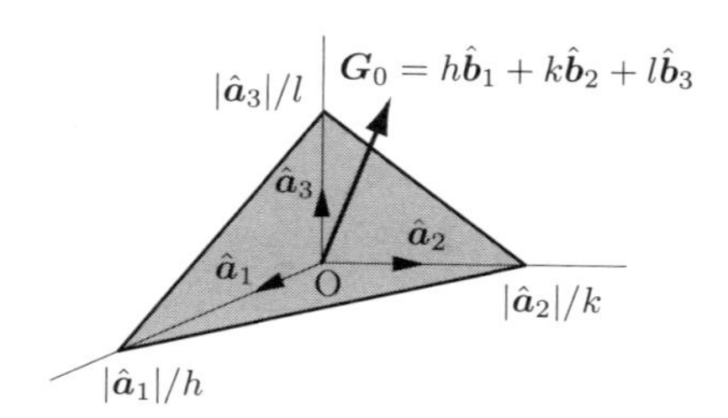

図 5.18　(hkl) 面と逆格子ベクトル

(hkl) 面上のベクトル $(\hat{\boldsymbol{a}}_1/h - \hat{\boldsymbol{a}}_2/k)$, $(\hat{\boldsymbol{a}}_2/k - \hat{\boldsymbol{a}}_3/l)$, $(\hat{\boldsymbol{a}}_3/l - \hat{\boldsymbol{a}}_1/h)$ と逆格子ベクトル $\boldsymbol{G}$ との間には，次のような関係が成り立つ．

$$\left(\frac{\hat{\boldsymbol{a}}_1}{h} - \frac{\hat{\boldsymbol{a}}_2}{k}\right) \cdot \boldsymbol{G} = \left(\frac{\hat{\boldsymbol{a}}_2}{k} - \frac{\hat{\boldsymbol{a}}_3}{l}\right) \cdot \boldsymbol{G} = \left(\frac{\hat{\boldsymbol{a}}_3}{l} - \frac{\hat{\boldsymbol{a}}_1}{h}\right) \cdot \boldsymbol{G} = 0 \tag{5.49}$$

したがって，逆格子ベクトル $\boldsymbol{G}$ は (hkl) 面に垂直である．

(hkl) 面と隣り合った面として原点を通る面を考えると，隣り合った面の間隔 d は，$\hat{\boldsymbol{a}}_1/h$, $\hat{\boldsymbol{a}}_2/k$, $\hat{\boldsymbol{a}}_3/l$ の $\boldsymbol{G}$ 方向への射影成分になる．$\boldsymbol{G}$ 方向の単位ベクトルは $\boldsymbol{G}/|\boldsymbol{G}|$ だから，次式が得られる．

$$d = \frac{\hat{\boldsymbol{a}}_1}{h} \cdot \frac{\boldsymbol{G}}{|\boldsymbol{G}|} = \frac{\hat{\boldsymbol{a}}_2}{k} \cdot \frac{\boldsymbol{G}}{|\boldsymbol{G}|} = \frac{\hat{\boldsymbol{a}}_3}{l} \cdot \frac{\boldsymbol{G}}{|\boldsymbol{G}|} = \frac{2\pi n}{|\boldsymbol{G}|} \tag{5.50}$$

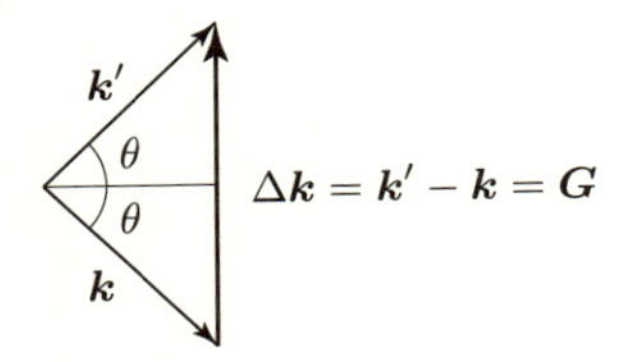

図 5.19　X 線の波数ベクトル $\boldsymbol{k}$，$\boldsymbol{k}'$ と逆格子ベクトル $\boldsymbol{G}$ との関係

式 (5.46)，(5.47) から，入射 X 線の波数ベクトル $\boldsymbol{k}$，回折 X 線の波数ベクトル $\boldsymbol{k}'$，逆格子ベクトル $\boldsymbol{G}$ の関係は，図 5.19 のように表される．ここで，$|\boldsymbol{k}| = |\boldsymbol{k}'| = 2\pi/\lambda$（$\lambda$ は X 線の波長）という関係を用いると，

$$|\boldsymbol{G}| = |\boldsymbol{k}|\sin\theta + |\boldsymbol{k}'|\sin\theta = \frac{4\pi}{\lambda}\sin\theta \tag{5.51}$$

となる．式 (5.50) に式 (5.51) を代入すると，次のように式 (5.20) で示したブラッグ条件が得られる．

$$2d\sin\theta = n\lambda \tag{5.52}$$

5.5.4　ラウエ条件

式 (5.45) から，

$$\boldsymbol{k}'\cdot\boldsymbol{k}' = (\boldsymbol{G}+\boldsymbol{k})\cdot(\boldsymbol{G}+\boldsymbol{k}) = \boldsymbol{G}\cdot\boldsymbol{G} + 2\boldsymbol{k}\cdot\boldsymbol{G} + \boldsymbol{k}\cdot\boldsymbol{k} \tag{5.53}$$

が成り立つ．ここで，

$$\boldsymbol{k}'\cdot\boldsymbol{k}' = \boldsymbol{k}\cdot\boldsymbol{k}, \quad \boldsymbol{G}\cdot\boldsymbol{G} = |\boldsymbol{G}|^2 \tag{5.54}$$

を用いると，次のようになる．

$$-2\boldsymbol{k}\cdot\boldsymbol{G} = |\boldsymbol{G}|^2 \tag{5.55}$$

式 (5.28) の逆格子ベクトルの定義から，$\boldsymbol{G}$ が逆格子ベクトルであれば，$-\boldsymbol{G}$ も逆格子ベクトルであることがわかる．したがって，式 (5.55) において，$\boldsymbol{G}$ を $-\boldsymbol{G}$ で置き換えた

$$2\boldsymbol{k}\cdot\boldsymbol{G} = |\boldsymbol{G}|^2 \tag{5.56}$$

もブラッグ条件を表している．このとき $\boldsymbol{G} = -\boldsymbol{G}$ と記述しないように注意しよう．なぜならば，$\boldsymbol{G} = -\boldsymbol{G}$ は $\boldsymbol{G} = \boldsymbol{0}$ を意味するからである．

また，式 (5.25), (5.28), (5.47) から，整数 v_1, v_2, v_3 と基本並進ベクトル $\hat{\boldsymbol{a}}_1$, $\hat{\boldsymbol{a}}_2$, $\hat{\boldsymbol{a}}_3$ を用いて，回折条件を次のように表すこともできる．

$$\hat{\boldsymbol{a}}_1 \cdot \Delta\boldsymbol{k} = 2\pi v_1, \quad \hat{\boldsymbol{a}}_2 \cdot \Delta\boldsymbol{k} = 2\pi v_2, \quad \hat{\boldsymbol{a}}_3 \cdot \Delta\boldsymbol{k} = 2\pi v_3 \tag{5.57}$$

式 (5.57) は**ラウエ条件** (Laue condition) とよばれている．

5.6 散乱振幅

式 (5.42), (5.45) から，入射 X 線の電界振幅 $|\boldsymbol{E}_0|$ と回折 X 線の電界振幅 $|\boldsymbol{E}'_0|$ の比として，次式で定義される**散乱振幅** (scattering amplitude) F を定義する．

$$F = \frac{|\boldsymbol{E}'_0|}{|\boldsymbol{E}_0|} = \int n(\boldsymbol{r}) \exp[\mathrm{i}(\boldsymbol{k} - \boldsymbol{k}') \cdot \boldsymbol{r}]\,\mathrm{d}\boldsymbol{r} = \int n(\boldsymbol{r}) \exp(-\mathrm{i}\boldsymbol{G} \cdot \boldsymbol{r})\,\mathrm{d}\boldsymbol{r} \tag{5.58}$$

回折 X 線が現れるためには，回折条件 $\Delta\boldsymbol{k} = \boldsymbol{k}' - \boldsymbol{k} = \boldsymbol{G}$ をみたしたうえで，$F \neq 0$ となることが必要である．

図 5.20 のように，並進ベクトル $\boldsymbol{T}$，1 個の結晶構造（格子）内の座標 $\boldsymbol{r}_j$，格子点から見た原子内の電子座標 $\boldsymbol{\rho}$ を用いて，電子の座標 $\boldsymbol{r}$ を次のように表す．

$$\boldsymbol{r} = \boldsymbol{T} + \boldsymbol{r}_j + \boldsymbol{\rho} \tag{5.59}$$

このとき，式 (5.58) における $\exp(-\mathrm{i}\boldsymbol{G} \cdot \boldsymbol{r})$ は，次のように表される．

$$\begin{aligned} \exp(-\mathrm{i}\boldsymbol{G} \cdot \boldsymbol{r}) &= \exp\left[-\mathrm{i}\boldsymbol{G} \cdot (\boldsymbol{T} + \boldsymbol{r}_j + \boldsymbol{\rho})\right] \\ &= \exp\left(-\mathrm{i}\boldsymbol{G} \cdot \boldsymbol{r}_j\right) \exp\left(-\mathrm{i}\boldsymbol{G} \cdot \boldsymbol{\rho}\right) \end{aligned} \tag{5.60}$$

ここで，$\exp(-\mathrm{i}\boldsymbol{G} \cdot \boldsymbol{T}) = 1$ を用いた．

結晶は，格子と単位構造から構成される結晶構造の繰り返しとして表すことができる．そして，格子点に配置した単位構造の中にある原子が，電子をもっている．そこで，式 (5.58) は，1 個の結晶構造内の電子すべてによる回折を表

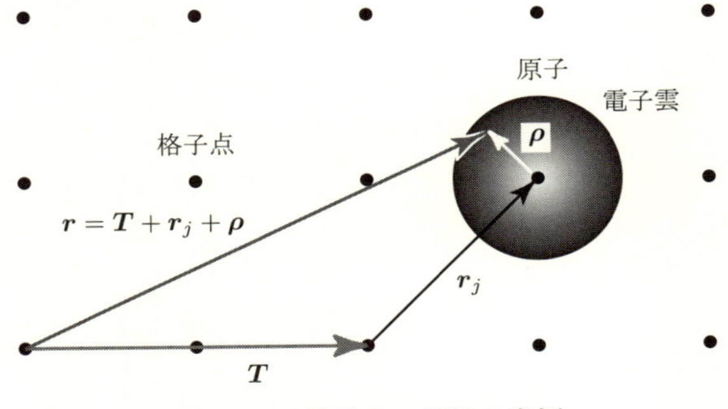

図 5.20　結晶内の電子の座標

す**構造因子** (structure factor) $S_{\boldsymbol{G}}$ と1個の原子内の電子すべてによる回折を表す**原子形状因子** (atomic form factor) f_j を用いて，次のように表すことができる．

$$F = NS_{\boldsymbol{G}} \tag{5.61}$$

$$S_{\boldsymbol{G}} = \sum_j f_j \exp(-\mathrm{i}\boldsymbol{G} \cdot \boldsymbol{r}_j) \tag{5.62}$$

$$f_j = \int_{\mathrm{atom}} n(\boldsymbol{\rho}) \exp(-\mathrm{i}\boldsymbol{G} \cdot \boldsymbol{\rho})\, \mathrm{d}\boldsymbol{\rho} \tag{5.63}$$

ここで，式(5.60)を用いた．そして，N は入射X線が照射された範囲に存在する結晶構造（格子）の個数，$\sum$ は1個の結晶構造（格子）全体にわたっての和を示しており，f_j と $\boldsymbol{r}_j$ における添え字の j は1個の結晶構造（格子）の中の j 番目の原子に対応している．また，式(5.63)の右辺における $\int_{\mathrm{atom}} \cdots \mathrm{d}\boldsymbol{\rho}$ は，1個の原子全体にわたっての積分を表している．

式(5.61)から，回折X線が現れるための条件 $F \neq 0$ をみたすためには，$S_{\boldsymbol{G}} \neq 0$ となればよいことがわかる．なお，式(5.63)において $\mathrm{d}\boldsymbol{\rho}$ は微小長さベクトルではない．ここで，$\mathrm{d}\boldsymbol{\rho}$ は，一つの原子内の座標空間にわたって積分することを意味している．このような意味で $\mathrm{d}\boldsymbol{\rho}$ を用いるとき，$\mathrm{d}\boldsymbol{\rho}$ の前に内積を示す $\cdot$ や外積を示す $\times$ が無いことに留意しておこう．

X 線が入射した領域の体積 V を用いて，原子形状因子 f_j を次のように表すこともができる．

$$f_j = \int_{\text{atom}} n(\boldsymbol{\rho}) \exp(-\mathrm{i}\boldsymbol{G} \cdot \boldsymbol{\rho}) \, \mathrm{d}V \tag{5.64}$$

式 (5.64) の右辺は，原子の体積 V にわたって積分することを意味している．式 (5.63) と式 (5.64) は同じ結果を与えるが，積分に対する表現として，原子内部の電子の座標を示すベクトル $\boldsymbol{\rho}$ を用いるか，原子の体積 V を用いるかの違いがある．

結晶構造が，単純立方格子，体心立方格子，面心立方格子のような立方晶として表される場合，次のような単純立方格子の基本並進ベクトルを用いると便利である．

$$\hat{\boldsymbol{a}}_1 = a\hat{\boldsymbol{x}}, \quad \hat{\boldsymbol{a}}_2 = a\hat{\boldsymbol{y}}, \quad \hat{\boldsymbol{a}}_3 = a\hat{\boldsymbol{z}} \tag{5.65}$$

ここで，a は格子定数である．式 (5.65) を式 (5.26), (5.28) に代入すると，単純立方格子の逆格子ベクトル $\boldsymbol{G}$ は，次のようになる．

$$\boldsymbol{G} = \frac{2\pi}{a} \left(v_1 \hat{\boldsymbol{x}} + v_2 \hat{\boldsymbol{y}} + v_3 \hat{\boldsymbol{z}} \right) \tag{5.66}$$

式 (5.66) を式 (5.62) に代入すると，立方晶に対する構造因子 $S_{\boldsymbol{G}}$ を次のように書くことができる．

$$S_{\boldsymbol{G}} = \sum_j f_j \exp\left[-\mathrm{i}\,\frac{2\pi}{a} \left(v_1 x_j + v_2 y_j + v_3 z_j \right) \right] \tag{5.67}$$

ここで，(x_j, y_j, z_j) は 1 個の結晶構造（格子）中の j 番目の原子の座標である．

【例題 5.7】

結晶構造が単純立方格子であるような結晶の構造因子 $S_{\boldsymbol{G}}$ を求めよ．

解

格子点に存在する原子は，すべて同一であり，1個の原子の原子形状因子を f とおく．また，各格子点に存在する原子は，隣接する格子と共有されているから，各格子点に存在する原子に対する原子形状因子 f_j は，f を用いて次のように表される．

$$f_j = \left(\frac{1}{2}\right)^3 f = \frac{1}{8} f \tag{5.68}$$

格子定数を a とすると，式 (5.67) から，構造因子 $S_{\boldsymbol{G}}$ は次のように求められる．

$$\begin{aligned} S_{\boldsymbol{G}} = &\frac{1}{8} f \mathrm{e}^{-\mathrm{i}\frac{2\pi}{a}(v_1\cdot 0 + v_2\cdot 0 + v_3\cdot 0)} + \frac{1}{8} f \mathrm{e}^{-\mathrm{i}\frac{2\pi}{a}(v_1\cdot a + v_2\cdot 0 + v_3\cdot 0)} \\ &+ \frac{1}{8} f \mathrm{e}^{-\mathrm{i}\frac{2\pi}{a}(v_1\cdot 0 + v_2\cdot a + v_3\cdot 0)} + \frac{1}{8} f \mathrm{e}^{-\mathrm{i}\frac{2\pi}{a}(v_1\cdot 0 + v_2\cdot 0 + v_3\cdot a)} \\ &+ \frac{1}{8} f \mathrm{e}^{-\mathrm{i}\frac{2\pi}{a}(v_1\cdot a + v_2\cdot a + v_3\cdot 0)} + \frac{1}{8} f \mathrm{e}^{-\mathrm{i}\frac{2\pi}{a}(v_1\cdot 0 + v_2\cdot a + v_3\cdot a)} \\ &+ \frac{1}{8} f \mathrm{e}^{-\mathrm{i}\frac{2\pi}{a}(v_1\cdot a + v_2\cdot 0 + v_3\cdot a)} + \frac{1}{8} f \mathrm{e}^{-\mathrm{i}\frac{2\pi}{a}(v_1\cdot a + v_2\cdot a + v_3\cdot a)} = f \end{aligned} \tag{5.69}$$

【例題 5.8】

結晶構造が体心立方格子であるような結晶の構造因子 $S_{\boldsymbol{G}}$ を求めよ．

解

格子点に存在する原子は，すべて同一であり，1個の原子の原子形状因子を f とおく．格子定数 a の体心立方格子では，単純立方格子の頂点と，単純立方格子の中心 $(a/2, a/2, a/2)$ に格子点をもつ．単純立方格子の中心に存在する原子は，他の格子と共有されない．したがって，単純立方格子の中心において $f_j = f$ であり，例題 5.7 の結果と式 (5.67) から，構造因子 $S_{\boldsymbol{G}}$ は次のように求められる．

$$S_{\boldsymbol{G}} = f + f \mathrm{e}^{-\mathrm{i}\frac{2\pi}{a}\left(v_1\cdot\frac{1}{2}a + v_2\cdot\frac{1}{2}a + v_3\cdot\frac{1}{2}a\right)} = f\left[1 + \mathrm{e}^{-\mathrm{i}\pi(v_1+v_2+v_3)}\right] \tag{5.70}$$

この結果は，$(x, y, z) = (0, 0, 0)$, $(a/2, a/2, a/2)$ に存在する同一原子から構成される単位構造に対する構造因子であると解釈することもできる．

【例題 5.9】

結晶構造が面心立方格子であるような結晶の構造因子 $S_{\boldsymbol{G}}$ を求めよ．

解

格子点に存在する原子は，すべて同一であり，1 個の原子の原子形状因子を f とおく．格子定数 a の面心立方格子では，単純立方格子の頂点と，単純立方格子の各面の中心 $(0, a/2, a/2)$, $(a/2, 0, a/2)$, $(a/2, a/2, 0)$, $(a, a/2, a/2)$, $(a/2, a, a/2)$, $(a/2, a/2, a)$ に格子点をもつ．単純立方格子の各面の中心に存在する原子は，面を接する隣の格子と共有されている．この結果，単純立方格子の各面の中心に存在する原子に対する原子のうち，一つの格子に属するのは 1/2 である．つまり，単純立方格子の各面の中心において $f_j = f/2$ である．したがって，例題 5.7 の結果と式 (5.67) から，構造因子 $S_{\boldsymbol{G}}$ は次のように求められる．

$$
\begin{aligned}
S_{\boldsymbol{G}} &= f + \frac{1}{2} f \mathrm{e}^{-\mathrm{i}\,\frac{2\pi}{a}\left(v_1 \cdot \frac{1}{2}a + v_2 \cdot \frac{1}{2}a + v_3 \cdot 0\right)} + \frac{1}{2} f \mathrm{e}^{-\mathrm{i}\,\frac{2\pi}{a}\left(v_1 \cdot 0 + v_2 \cdot \frac{1}{2}a + v_3 \cdot \frac{1}{2}a\right)} \\
&\quad + \frac{1}{2} f \mathrm{e}^{-\mathrm{i}\,\frac{2\pi}{a}\left(v_1 \cdot \frac{1}{2}a + v_2 \cdot 0 + v_3 \cdot \frac{1}{2}a\right)} + \frac{1}{2} f \mathrm{e}^{-\mathrm{i}\,\frac{2\pi}{a}\left(v_1 \cdot \frac{1}{2}a + v_2 \cdot \frac{1}{2}a + v_3 \cdot a\right)} \\
&\quad + \frac{1}{2} f \mathrm{e}^{-\mathrm{i}\,\frac{2\pi}{a}\left(v_1 \cdot a + v_2 \cdot \frac{1}{2}a + v_3 \cdot \frac{1}{2}a\right)} + \frac{1}{2} f \mathrm{e}^{-\mathrm{i}\,\frac{2\pi}{a}\left(v_1 \cdot \frac{1}{2}a + v_2 \cdot a + v_3 \cdot \frac{1}{2}a\right)} \\
&= f \left[1 + \mathrm{e}^{-\mathrm{i}\,\pi(v_1 + v_2)} + \mathrm{e}^{-\mathrm{i}\,\pi(v_2 + v_3)} + \mathrm{e}^{-\mathrm{i}\,\pi(v_3 + v_1)} \right]
\end{aligned}
\tag{5.71}
$$

この結果は，$(x, y, z) = (0, 0, 0)$, $(0, a/2, a/2)$, $(a/2, 0, a/2)$, $(a/2, a/2, 0)$ に存在する同一原子から構成される単位構造に対する構造因子であると解釈することもできる．

第6章

結晶結合

この章の目的

結晶中において，原子間あるいはイオン間にはたらいている結合力と結晶の種類との関係，および結晶の弾性について解説する．

キーワード

希ガス結晶，ファン・デル・ワールス–ロンドン相互作用，レナード–ジョーンズ・ポテンシャル，イオン結晶，マーデルング定数，共有結合結晶，金属結晶，水素結合結晶，弾性，応力，ひずみ，弾性定数

6.1 結晶の結合力

結合力の種類によって，結晶は，希ガス結晶，イオン結晶，共有結合結晶，金属結晶，水素結合結晶に分類される．

6.1.1 希ガス結晶

希ガス結晶 (crystal of inert gas) は，ヘリウム (He)，ネオン (Ne)，アルゴン (Ar)，クリプトン (Kr)，キセノン (Xe) といった希ガス原子が集まってできた結晶である．希ガス結晶の構造は，Ne, Ar, Kr, Xe では図 5.5 (c) の面心立方 (fcc) 構造，^{4}He では図 5.11 の六方最密 (hcp) 構造である．そして，希ガス結晶内の電子分布は，自由原子の電子分布に近い．

6.1.2 ファン・デル・ワールス–ロンドン相互作用

希ガス原子は，最外殻軌道がすべて電子で占有され，閉殻を形成している．したがって，希ガス原子は，安定でイオン化しづらい．しかし，希ガス原子内で電子分布が偏ることがあり，この電子分布の偏りによって生じるファン・デル・ワールス–ロンドン相互作用 (van der Waals–London interaction) によって，原子と原子が結合する．

6.1.3 調和振動子モデル

中性原子を真空中に置かれた半径 $a\,(\mathrm{m})$ の球であると考えてみよう．そして，電気素量を $e\,(\mathrm{C})$ として，電荷 $-e\,(\mathrm{C})$ をもつ最外殻電子1個と，中性原子から最外殻電子1個を取り除いた電荷 $e\,(\mathrm{C})$ をもつ陽イオン1個から構成されるとする．さらに，この陽イオンのもつ正の電荷 $e\,(\mathrm{C})$ が半径 $a\,(\mathrm{m})$ の球の内部に一様に分布していると仮定する．このとき，陽イオンのもつ正の電荷 $e\,(\mathrm{C})$ によって生じる中性原子内部の静電界を求め，この静電界によって最外殻電子にはたらくクーロン力を計算してみよう．

陽イオンのもつ正の電荷 $e\,(\mathrm{C})$ によって生じる静電界 $\boldsymbol{E}\,(\mathrm{V\,m^{-1}})$ は，半径 $a\,(\mathrm{m})$ の球の中心から放射状に広がると考えられる．したがって，閉曲面として，半径 $a\,(\mathrm{m})$ の球の中心と同じ中心をもつ半径 $r\,(\mathrm{m})$ の球を考える．図6.1に正の電荷をもつ球，静電界 $\boldsymbol{E}$，閉曲面を示す．図6.1において，網掛部が正の電荷をもつ球を，矢印が静電界 $\boldsymbol{E}$ を，太い実線が閉曲面の境界を表している．ここでは，中性原子内部の静電界を求めるので，$0 < r \leq a$ とする．

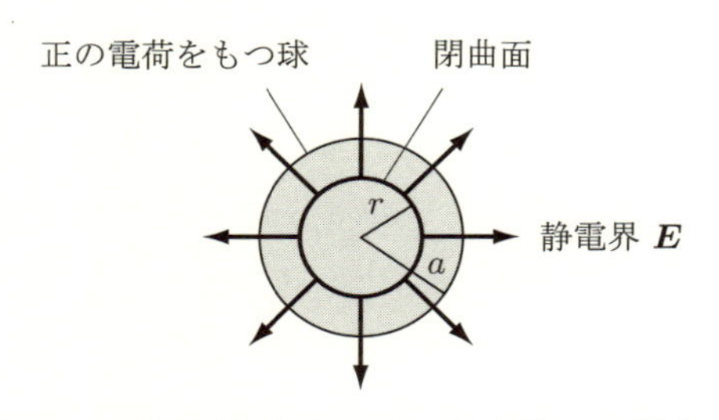

図 6.1　正の電荷をもつ球，静電界 $\boldsymbol{E}$，閉曲面

ここで，陽イオンのもつ正の電荷 e (C) が半径 a (m) の球の内部に一様に分布していると仮定したから，半径 a (m) の球の内部の電荷密度（単位体積あたりの電気量） ρ (C m^{-3}) は，次のようになる．

$$\rho = \frac{e}{\dfrac{4\pi}{3}a^3} = \frac{3e}{4\pi a^3} \tag{6.1}$$

閉曲面内には，半径 a (m) の球がもっている電荷のうち，一部だけが含まれることに注意しよう．閉曲面内において電荷が存在する領域の体積，すなわち半径 r (m) の球の体積 $4\pi r^3/3$ (m^3) を用いると，ガウスの法則から次のようになる．

$$\iint \boldsymbol{E}\cdot\boldsymbol{n}\,\mathrm{d}S = 4\pi r^2 E = \frac{1}{\varepsilon_0}\times\frac{4\pi}{3}r^3\rho = \frac{1}{\varepsilon_0}\times\frac{e}{a^3}r^3 \tag{6.2}$$

したがって，静電界 $\boldsymbol{E}$ の大きさ E (V m^{-1}) は，次のように求められる．

$$E = \frac{e}{4\pi\varepsilon_0 a^3}r \tag{6.3}$$

陽イオンのもつ正の電荷 e (C) によって，中性原子の中心を始点とし，中性原子の中心から距離 r (m) だけ離れた点を終点とするベクトルを $\boldsymbol{r}$ とする．このとき，中性原子の中心から距離 r (m) だけ離れた点に生じる静電界 $\boldsymbol{E}$ (V m^{-1}) は，式 (6.3) から次のように表される．

$$\boldsymbol{E} = E\,\frac{\boldsymbol{r}}{r} = \frac{e}{4\pi\varepsilon_0 a^3}r\cdot\frac{\boldsymbol{r}}{r} = \frac{e}{4\pi\varepsilon_0 a^3}\,\boldsymbol{r} \tag{6.4}$$

ここで，$\boldsymbol{r}/r$ はベクトル $\boldsymbol{r}$ と同じ方向をもつ単位ベクトルである．

したがって，電荷 $-e$ (C) をもつ最外殻電子にはたらくクーロン力 $\boldsymbol{F}$ (N) は，次のように求められる．

$$\boldsymbol{F} = -e\boldsymbol{E} = -\frac{e^2}{4\pi\varepsilon_0 a^3}\,\boldsymbol{r} \tag{6.5}$$

式 (6.5) から，最外殻電子にはたらくクーロン力 $\boldsymbol{F}$ は，最外殻電子の中性原子の中心からの変位 $\boldsymbol{r}$ に比例することがわかる．ここで，$\boldsymbol{r}$ を $\boldsymbol{x}$ で置き換え，$e^2/4\pi\varepsilon_0 a^3 = k$ とおくと，次のようになる．

$$\boldsymbol{F} = -k\,\boldsymbol{x} \tag{6.6}$$

式 (6.6) は，ばね定数 k をもつばねにおいて，変位が $\boldsymbol{x}$ のときの弾性力を示している．つまり，最外殻電子にはたらくクーロン力は，調和振動子モデルによって解析することができる．そこで，図 6.2 のような調和振動子モデルを考え，第4章で説明した量子力学を用いて，ファン・デル・ワールス–ロンドン相互作用を考察してみよう．

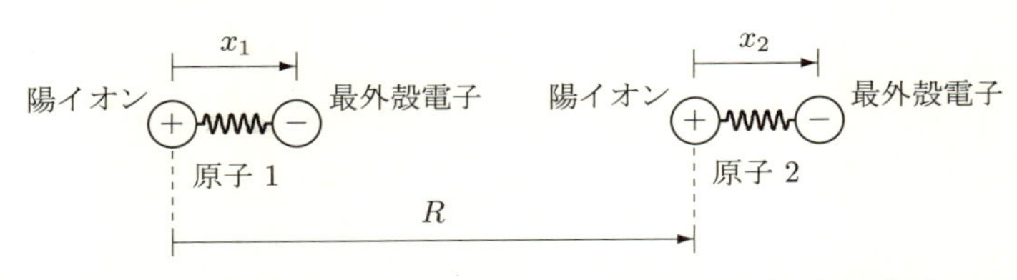

図 6.2　ファン・デル・ワールス–ロンドン相互作用（調和振動子モデル）

ここでは，原子を陽イオン ⊕ と最外殻電子 ⊖ とに分けて考え，陽イオンと最外殻電子とがばねで結合していると考える．原子1の運動量を p_1，原子1における最外殻電子 ⊖ の原子の中心からの変位を x_1 とする．原子2の運動量を p_2，原子2における最外殻電子 ⊖ の原子の中心からの変位を x_2 とする．そして，原子1における陽子イオンと原子2における陽イオンとの距離すなわち原子間距離を R，原子の質量を m，ばね定数を C，電気素量を e，真空の誘電率を ε_0 とする．このとき，この原子系のハミルトニアン $\hat{\mathcal{H}}$ は，次のように表される．

$$\hat{\mathcal{H}} = \hat{\mathcal{H}}_0 + \hat{\mathcal{H}}' \tag{6.7}$$

$$\hat{\mathcal{H}}_0 = \frac{{p_1}^2}{2m} + \frac{1}{2}C{x_1}^2 + \frac{{p_2}^2}{2m} + \frac{1}{2}C{x_2}^2 \tag{6.8}$$

$$\hat{\mathcal{H}}' = \frac{e^2}{4\pi\varepsilon_0}\left(\frac{1}{R} + \frac{1}{R - x_1 + x_2} - \frac{1}{R - x_1} - \frac{1}{R + x_2}\right) \tag{6.9}$$

ただし，$\hat{\mathcal{H}}_0$ は非摂動ハミルトニアン，$\hat{\mathcal{H}}'$ は原子間のクーロン相互作用を表す摂動ハミルトニアンである．なお，原子内のクーロン相互作用ポテンシャルは，前述のようにばね定数 C を用いて $C{x_1}^2/2$, $C{x_2}^2/2$ と表されている．

ここで，次のように，$(R \pm x)^{-1}$ を x についてマクローリン展開する．

$$\frac{1}{R \pm x} = \frac{1}{R} \mp \frac{x}{R^2} + \frac{x^2}{R^3} \mp \frac{x^3}{R^4} + \cdots \quad \text{(複号同順)} \tag{6.10}$$

式 (6.10) において，x について 2 次の項までを残すと，式 (6.9) の右辺におけるかっこ内の第 2 項から第 4 項は，それぞれ次のようになる．

$$\begin{aligned}\frac{1}{R - x_1 + x_2} &= \frac{1}{R - (x_1 - x_2)} \simeq \frac{1}{R} + \frac{x_1 - x_2}{R^2} + \frac{(x_1 - x_2)^2}{R^3} \\ &= \frac{1}{R} + \frac{x_1 - x_2}{R^2} + \frac{{x_1}^2 - 2x_1x_2 + {x_2}^2}{R^3}\end{aligned} \tag{6.11}$$

$$-\frac{1}{R - x_1} \simeq -\frac{1}{R} - \frac{x_1}{R^2} - \frac{{x_1}^2}{R^3} \tag{6.12}$$

$$-\frac{1}{R + x_2} \simeq -\frac{1}{R} + \frac{x_2}{R^2} - \frac{{x_2}^2}{R^3} \tag{6.13}$$

式 (6.11)–(6.13) を式 (6.9) に代入すると，式 (6.9) の摂動ハミルトニアン $\hat{\mathcal{H}}'$ は，次のように簡略化される．

$$\hat{\mathcal{H}}' = -\frac{e^2}{4\pi\varepsilon_0}\frac{2x_1x_2}{R^3} \tag{6.14}$$

式 (6.14) の導出をするときに，マクローリン展開において x について 2 次の項までを残した．ここでは，摂動ハミルトニアン $\hat{\mathcal{H}}'$ が 0 にならない最低次の項までで打ち切るということを方針として，マクローリン展開における x についての次数を決めた．式 (6.9) の右辺におけるかっこ内の第 1 項と式 (6.11)–(6.13) の右辺における第 1 項の和（式 (6.10) における x についての 0 次の項）をとると 0 となる．式 (6.11)–(6.13) の右辺における第 2 項（式 (6.10) における x についての 1 次の項）の和をとっても 0 となる．式 (6.11)–(6.13) の右辺における第 3 項（式 (6.10) における x についての 2 次の項）の和をとると，初めて 0 ではない値が得られた．もちろん，式 (6.10) における x についてさらに高次の項を考えてもよいが，摂動ハミルトニアン $\hat{\mathcal{H}}'$ ができるだけ簡単になるように，ここでは x についての 2 次の項までで打ち切った．マクローリン展開において，x について何次の項までを残すかということについては，計算前に決まっているわけではなく，展開後の計算によって決まることに留意しよう．

さて，式(6.14)のままでは，摂動ハミルトニアン $\hat{\mathcal{H}}'$ の中に変数 x_1，x_2 の積があるので，シュレーディンガー方程式を解くことが難しい．そこで，ハミルトニアン $\hat{\mathcal{H}}$ が，2個の独立な変数の和で表されるように，次のような変数を導入する．

$$x_{\mathrm{s}} = \frac{1}{\sqrt{2}}(x_1 + x_2), \quad x_{\mathrm{a}} = \frac{1}{\sqrt{2}}(x_1 - x_2) \tag{6.15}$$

$$p_{\mathrm{s}} = \frac{1}{\sqrt{2}}(p_1 + p_2), \quad p_{\mathrm{a}} = \frac{1}{\sqrt{2}}(p_1 - p_2) \tag{6.16}$$

これらの変数 x_{s}，x_{a}，p_{s}，p_{a} を用いると，次のように書き換えられる．

$$x_1 = \frac{1}{\sqrt{2}}(x_{\mathrm{s}} + x_{\mathrm{a}}), \quad x_2 = \frac{1}{\sqrt{2}}(x_{\mathrm{s}} - x_{\mathrm{a}}) \tag{6.17}$$

$$p_1 = \frac{1}{\sqrt{2}}(p_{\mathrm{s}} + p_{\mathrm{a}}), \quad p_2 = \frac{1}{\sqrt{2}}(p_{\mathrm{s}} - p_{\mathrm{a}}) \tag{6.18}$$

式(6.17), (6.18)を式(6.8), (6.14)に代入すると，式(6.7)からハミルトニアン $\hat{\mathcal{H}}$ は，次のように表される．

$$\hat{\mathcal{H}} = \hat{\mathcal{H}}_{\mathrm{s}} + \hat{\mathcal{H}}_{\mathrm{a}} \tag{6.19}$$

$$\hat{\mathcal{H}}_{\mathrm{s}} = \left[\frac{{p_{\mathrm{s}}}^2}{2m} + \frac{1}{2}\left(C - \frac{2e^2}{4\pi\varepsilon_0 R^3}\right){x_{\mathrm{s}}}^2\right] \tag{6.20}$$

$$\hat{\mathcal{H}}_{\mathrm{a}} = \left[\frac{{p_{\mathrm{a}}}^2}{2m} + \frac{1}{2}\left(C + \frac{2e^2}{4\pi\varepsilon_0 R^3}\right){x_{\mathrm{a}}}^2\right] \tag{6.21}$$

式(6.19)–(6.21)を見ると，ハミルトニアン $\hat{\mathcal{H}}$ が $(x_{\mathrm{s}}, p_{\mathrm{s}})$ の組合せで表されたハミルトニアン $\hat{\mathcal{H}}_{\mathrm{s}}$ と，$(x_{\mathrm{a}}, p_{\mathrm{a}})$ の組合せで表されたハミルトニアン $\hat{\mathcal{H}}_{\mathrm{a}}$ との和によって表されていることがわかる．このような変形をおこなうと，ハミルトニアン $\hat{\mathcal{H}}_{\mathrm{s}}$，$\hat{\mathcal{H}}_{\mathrm{a}}$ に共通な波動関数を求めておき，それぞれのハミルトニアンに対するエネルギー固有値の和によって，ハミルトニアン $\hat{\mathcal{H}}$ に対するエネルギー固有値を決定することができる．また，ハミルトニアン $\hat{\mathcal{H}}_{\mathrm{s}}$，$\hat{\mathcal{H}}_{\mathrm{a}}$ は，それぞればね係数 $\left(C - 2e^2/4\pi\varepsilon_0 R^3\right)$, $\left(C + 2e^2/4\pi\varepsilon_0 R^3\right)$ をもつ調和振動子に対するハミルトニアンであるとみなすことができる．

6.1.4 ファン・デル・ワールス引力ポテンシャル

自然界はエネルギーがもっとも低い状態が安定である．したがって，結晶を形成しているときのエネルギーは，エネルギー固有値の最小値である．第4章の式 (4.112) から，調和振動子におけるエネルギー固有値の最小値 U は，零点エネルギーである．式 (6.20), (6.21) を用いると， U は次のように表される．

$$U = \frac{1}{2}\hbar\left(\omega_{\mathrm{s}} + \omega_{\mathrm{a}}\right) \tag{6.22}$$

$$\omega_{\mathrm{s}} = \sqrt{\frac{1}{m}\left(C - \frac{2e^2}{4\pi\varepsilon_0 R^3}\right)} \tag{6.23}$$

$$\omega_{\mathrm{a}} = \sqrt{\frac{1}{m}\left(C + \frac{2e^2}{4\pi\varepsilon_0 R^3}\right)} \tag{6.24}$$

ここで，$\hbar\omega_{\mathrm{s}}/2$ はハミルトニアン $\hat{\mathcal{H}}_{\mathrm{s}}$ に対する零点エネルギー，$\hbar\omega_{\mathrm{a}}/2$ はハミルトニアン $\hat{\mathcal{H}}_{\mathrm{a}}$ に対する零点エネルギーである．

さらに，次のように $\sqrt{C \pm x}$ を x についてマクローリン展開する．

$$\sqrt{C \pm x} = \sqrt{C} \pm \frac{1}{2\sqrt{C}}x - \frac{1}{8\sqrt{C^3}}x^2 \pm \frac{1}{16\sqrt{C^5}}x^3 - \cdots \quad \text{（複号同順）} \tag{6.25}$$

式 (6.25) において，x について2次の項までを残すと，式 (6.23), (6.24) は，それぞれ次のようになる．

$$\omega_{\mathrm{s}} \simeq \sqrt{\frac{C}{m}} - \frac{1}{2\sqrt{mC}}\frac{2e^2}{4\pi\varepsilon_0 R^3} - \frac{1}{8\sqrt{mC^3}}\left(\frac{2e^2}{4\pi\varepsilon_0 R^3}\right)^2 \tag{6.26}$$

$$\omega_{\mathrm{a}} \simeq \sqrt{\frac{C}{m}} + \frac{1}{2\sqrt{mC}}\frac{2e^2}{4\pi\varepsilon_0 R^3} - \frac{1}{8\sqrt{mC^3}}\left(\frac{2e^2}{4\pi\varepsilon_0 R^3}\right)^2 \tag{6.27}$$

式 (6.26), (6.27) を式 (6.22) に代入すると，エネルギー固有値の最小値 U は次のように簡略化される．

$$\begin{aligned} U &= \frac{1}{2}\hbar\left(2\sqrt{\frac{C}{m}} - \frac{1}{16\sqrt{mC^3}}\frac{e^4}{\pi^2{\varepsilon_0}^2 R^6}\right) \\ &= \left(1 - \frac{e^4}{32\pi^2{\varepsilon_0}^2 C^2 R^6}\right)\hbar\sqrt{\frac{C}{m}} \\ &= \left(1 - \frac{e^4}{32\pi^2{\varepsilon_0}^2 C^2 R^6}\right)U_0, \quad U_0 = \hbar\sqrt{\frac{C}{m}} \end{aligned} \tag{6.28}$$

ここで，U_0 は非摂動ハミルトニアン $\hat{\mathcal{H}}_0$ に対するエネルギー固有値の最小値である．そして，$\hbar$ はプランク定数 h を 2π で割った $\hbar = h/2\pi$ によって与えられ，ディラック定数とよばれることもある．

式 (6.28) の導出をするときに，式 (6.25) のマクローリン展開において x について2次の項までを残した．ここでは，エネルギー固有値の最小値 U_0 における摂動ハミルトニアン $\hat{\mathcal{H}}'$ の寄与が 0 にならない最低次の項までで打ち切るということを方針として，マクローリン展開における x についての次数を決めた．式 (6.26), (6.27) の右辺における第1項の和（式 (6.25) における x についての0次の項）をとると，非摂動ハミルトニアン $\hat{\mathcal{H}}_0$ に対するエネルギー固有値の最小値 U_0 が得られる．式 (6.26), (6.27) の右辺における第2項（式 (6.25) における x についての1次の項）の和をとると 0 となる．式 (6.26), (6.27) の右辺における第3項（式 (6.25) における x についての2次の項）の和をとると，初めて摂動ハミルトニアン $\hat{\mathcal{H}}'$ の寄与として 0 ではない値が得られた．もちろん，式 (6.25) における x についてさらに高次の項を考えてもよいが，エネルギー固有値の最小値 U ができるだけ簡単になるように，ここでは x についての2次の項までで打ち切った．前述のように，マクローリン展開において，x について何次の項までを残すかということについては，計算前に決まっているわけではなく，展開後の計算によって決まることに留意しよう．

さて，式 (6.28) におけるかっこ内の第2項が原子間のクーロン相互作用に起因するエネルギーの低減を表している．そして，原子がバラバラに存在するときよりも，結晶化したほうがエネルギーが低く，安定であることを示している．式 (6.28) におけるかっこ内の第2項は原子間距離 R の6乗に反比例していることから，原子間距離 R に反比例するクーロン引力ポテンシャルではなく，ファン・デル・ワールス引力ポテンシャルとよばれている．また，このような原子間の相互作用をファン・デル・ワールス–ロンドン相互作用という．

6.1.5 レナード–ジョーンズ・ポテンシャル

反発力ポテンシャルが R^{-n} に比例すると仮定して，$n=12$ とすると希ガス結晶のポテンシャルエネルギーをよく説明できる．この反発力ポテンシャルは，次の二つの原因で生じると考えられる．一つの原因は，重なり合った電荷分布間の静電的な反発力である．もう一つの原因は，**パウリの排他律** (Pauli exclusion principle) から，スピンが平行な電子の分布が重なったときに，これらの電子がエネルギーの高い状態に押し上げられることによる．

反発力ポテンシャルとファン・デル・ワールス引力ポテンシャルの和として，距離 R だけ離れた2個の希ガス原子のポテンシャルエネルギー $U(R)$ は，**レナード–ジョーンズ・パラメータ** (Lennard–Jones parameter) ϵ と σ を用いて，次式によって与えられる．

$$U(R) = 4\epsilon\left[\left(\frac{\sigma}{R}\right)^{12} - \left(\frac{\sigma}{R}\right)^{6}\right] \tag{6.29}$$

式 (6.29) のポテンシャル $U(R)$ は，**レナード–ジョーンズ・ポテンシャル** (Lennard–Jones potential) として知られており，図示すると図6.3のようになる．また，ϵ と σ の値は表6.1のようになる．

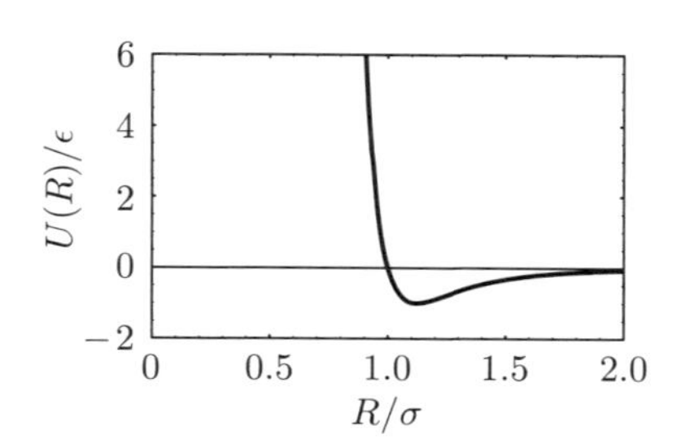

図6.3　2個の希ガス原子に対するレナード–ジョーンズ・ポテンシャル

表6.1　レナード–ジョーンズ・パラメータ

希ガス元素	ϵ (eV)	σ (Å)
Ne	3.10×10^{-3}	2.74
Ar	1.04×10^{-2}	3.40
Kr	1.40×10^{-2}	3.65
Xe	2.00×10^{-2}	3.98

【例題6.1】

二つの希ガス原子から構成される希ガス結晶を考える．この希ガス結晶において，原子間の平衡距離 R_0 を求めよ．

解

原子間の平衡距離 R_0 は，レナード–ジョーンズ・ポテンシャル $U(R)$ が最小値をとるときの原子間距離である．レナード–ジョーンズ・ポテンシャル $U(R)$ が最小値をとる条件は，次の二つの式を同時にみたすことである．

$$\left[\frac{\mathrm{d}U(R)}{\mathrm{d}R}\right]_{R=R_0} = 4\epsilon\left(-12\frac{\sigma^{12}}{{R_0}^{13}} + 6\frac{\sigma^6}{{R_0}^7}\right) = -24\epsilon\left[2\left(\frac{\sigma}{R_0}\right)^6 - 1\right]\frac{\sigma^6}{{R_0}^7} = 0 \tag{6.30}$$

$$\left[\frac{\mathrm{d}^2U(R)}{\mathrm{d}R^2}\right]_{R=R_0} = 4\epsilon\left(12\cdot 13\frac{\sigma^{12}}{{R_0}^{14}} - 6\cdot 7\frac{\sigma^6}{{R_0}^8}\right) = 24\epsilon\left[13\cdot 2\left(\frac{\sigma}{R_0}\right)^6 - 7\right]\frac{\sigma^6}{{R_0}^8} > 0 \tag{6.31}$$

式 (6.30) から，R_0 は次のようになる．

$$2\left(\frac{\sigma}{R_0}\right)^6 - 1 = 0 \quad \therefore\ R_0 = 2^{\frac{1}{6}}\sigma = 1.12\sigma \tag{6.32}$$

この R_0 は，次のように式 (6.31) をみたす．

$$\left[\frac{\mathrm{d}^2U(R)}{\mathrm{d}R^2}\right]_{R=R_0} = 24\epsilon\left[13\cdot 2\left(\frac{\sigma}{R_0}\right)^6 - 7\right]\frac{\sigma^6}{{R_0}^8} = 24\epsilon\,(13\cdot 1 - 7)\frac{\sigma^6}{{R_0}^8} = 24\epsilon\cdot 6\frac{\sigma^6}{{R_0}^8} > 0 \tag{6.33}$$

以上から，式 (6.32) によって求められた R_0 は原子間の平衡距離であることがわかる．

さて，結晶内に N 個の原子があるとき，希ガス結晶の全ポテンシャルエネルギー $U_{\mathrm{tot}}(R)$ は，次式のようになる．

$$U_{\mathrm{tot}}(R) = N\times 4\epsilon\left[\sum_j{}'\left(\frac{\sigma}{p_{ij}R}\right)^{12} - \sum_j{}'\left(\frac{\sigma}{p_{ij}R}\right)^6\right]\times\frac{1}{2} \tag{6.34}$$

ここで，$\sum'$ は，$i=j$ を除くすべての和をとることを意味している．また，$p_{ij}R$ は，最近接原子間距離 R を用いて表した原子 i と原子 j との間の距離である．なお，式 (6.34) の右辺において和をとっただけでは i, j について2回数えたことになっている．そこで，1回ずつ数えたことにする目的で，最後に 1/2 をかけている．

【例題 6.2】

面心立方構造の場合，

$$\sum_j{}' {p_{ij}}^{-12} = 12.13188, \qquad \sum_j{}' {p_{ij}}^{-6} = 14.45392 \tag{6.35}$$

である．希ガス結晶が面心立方構造をとるとき，原子間の平衡距離 R_0 を求めよ．

解

面心立方構造における原子間の平衡距離 R_0 は，式 (6.35) を式 (6.34) に代入したレナード–ジョーンズ・ポテンシャル $U(R)$ が最小値をとるときの原子間距離である．レナード–ジョーンズ・ポテンシャル $U(R)$ が最小値をとる条件は，次の二つの式を同時にみたすことである．

$$\begin{aligned}\left[\frac{\mathrm{d}U(R)}{\mathrm{d}R}\right]_{R=R_0} &= 2N\epsilon\left(-12\cdot 12.13\frac{\sigma^{12}}{{R_0}^{13}} + 6\cdot 14.45\frac{\sigma^6}{{R_0}^7}\right)\\ &= -12N\epsilon\left[2\cdot 12.13\left(\frac{\sigma}{R_0}\right)^6 - 14.45\right]\frac{\sigma^6}{{R_0}^7} = 0\end{aligned} \tag{6.36}$$

$$\begin{aligned}\left[\frac{\mathrm{d}^2U(R)}{\mathrm{d}R^2}\right]_{R=R_0} &= 2N\epsilon\left(12\cdot 13\cdot 12.13\frac{\sigma^{12}}{{R_0}^{14}} - 6\cdot 7\cdot 14.45\frac{\sigma^6}{{R_0}^8}\right)\\ &= 12N\epsilon\left[13\cdot 2\cdot 12.13\left(\frac{\sigma}{R_0}\right)^6 - 7\cdot 14.45\right]\frac{\sigma^6}{{R_0}^8} > 0\end{aligned} \tag{6.37}$$

式 (6.36) から，R_0 は次のようになる．

$$2\cdot 12.13\left(\frac{\sigma}{R_0}\right)^6 - 14.45 = 0 \qquad \therefore\ R_0 = \left(\frac{2\times 12.13}{14.45}\right)^{1/6}\sigma = 1.09\sigma \tag{6.38}$$

この R_0 は，次のように式 (6.37) をみたす．

$$\left[\frac{\mathrm{d}^2U(R)}{\mathrm{d}R^2}\right]_{R=R_0} = 12N\epsilon\left[13\cdot 2\cdot 12.13\left(\frac{\sigma}{R_0}\right)^6 - 7\cdot 14.45\right]\frac{\sigma^6}{{R_0}^8}$$
$$= 12N\epsilon\,(13\cdot 14.45 - 7\cdot 14.45)\,\frac{\sigma^6}{{R_0}^8}$$
$$= 12N\epsilon\cdot 6\cdot 14.45\frac{\sigma^6}{{R_0}^8} > 0 \tag{6.39}$$

以上から，式 (6.38) によって求められた R_0 は原子間の平衡距離であることがわかる．

【例題 6.3】

体心立方構造の場合，

$$\sum_j{}' {p_{ij}}^{-12} = 9.11418, \qquad \sum_j{}' {p_{ij}}^{-6} = 12.2533 \tag{6.40}$$

である．希ガス結晶がもし体心立方構造をとるとした場合，原子間の平衡距離 R_0 を求めよ．

解

体心立方構造における原子間の平衡距離 R_0 は，式 (6.40) を式 (6.34) に代入したレナード–ジョーンズ・ポテンシャル $U(R)$ が最小値をとるときの原子間距離である．レナード–ジョーンズ・ポテンシャル $U(R)$ が最小値をとる条件は，次の二つの式を同時にみたすことである．

$$\left[\frac{\mathrm{d}U(R)}{\mathrm{d}R}\right]_{R=R_0} = 2N\epsilon\left(-12\cdot 9.11\frac{\sigma^{12}}{{R_0}^{13}} + 6\cdot 12.25\frac{\sigma^6}{{R_0}^7}\right)$$
$$= -12N\epsilon\left[2\cdot 9.11\left(\frac{\sigma}{R_0}\right)^6 - 12.25\right]\frac{\sigma^6}{{R_0}^7} = 0 \tag{6.41}$$

$$\left[\frac{\mathrm{d}^2U(R)}{\mathrm{d}R^2}\right]_{R=R_0} = 2N\epsilon\left(12\cdot 13\cdot 9.11\frac{\sigma^{12}}{{R_0}^{14}} - 6\cdot 7\cdot 12.25\frac{\sigma^6}{{R_0}^8}\right)$$
$$= 12N\epsilon\left[13\cdot 2\cdot 9.11\left(\frac{\sigma}{R_0}\right)^6 - 7\cdot 12.25\right]\frac{\sigma^6}{{R_0}^8} > 0 \tag{6.42}$$

式 (6.41) から，R_0 は次のようになる．

$$2\cdot 9.11\left(\frac{\sigma}{R_0}\right)^6 - 12.25 = 0 \quad \therefore\ R_0 = \left(\frac{2\times 9.11}{12.25}\right)^{1/6}\sigma = 1.07\sigma \tag{6.43}$$

この R_0 は，次のように式 (6.42) をみたす．

$$\left[\frac{\mathrm{d}^2U(R)}{\mathrm{d}R^2}\right]_{R=R_0} = 12N\epsilon\left[13\cdot 2\cdot 9.11\left(\frac{\sigma}{R_0}\right)^6 - 7\cdot 12.25\right]\frac{\sigma^6}{{R_0}^8}$$
$$= 12N\epsilon\,(13\cdot 12.25 - 7\cdot 12.25)\,\frac{\sigma^6}{{R_0}^8}$$
$$= 12N\epsilon\cdot 6\cdot 12.25\frac{\sigma^6}{{R_0}^8} > 0 \tag{6.44}$$

以上から，式 (6.43) によって求められた R_0 は原子間の平衡距離であることがわかる．

【例題 6.4】

希ガス結晶において，原子間の平衡距離 R_0 における，面心立方構造のレナード-ジョーンズ・ポテンシャル $U_{\mathrm{fcc}}(R_0)$ と体心立方構造のレナード-ジョーンズ・ポテンシャル $U_{\mathrm{bcc}}(R_0)$ を比較せよ．そして，希ガス結晶が，体心立方構造ではなく，面心立方構造となる理由を説明せよ．

解

面心立方構造の場合，式 (6.34) に式 (6.38) を代入すると，$U_{\mathrm{fcc}}(R_0)$ は，次のように求められる．

$$U_{\mathrm{fcc}}(R_0) = 2N\epsilon\times(-4.31) \tag{6.45}$$

一方，体心立方構造の場合，式 (6.34) に式 (6.43) を代入すると，$U_{\mathrm{bcc}}(R_0)$ は，次のように求められる．

$$U_{\mathrm{bcc}}(R_0) = 2N\epsilon\times(-4.12) \tag{6.46}$$

表 6.1 から $\epsilon > 0$ だから，

$$U_{\mathrm{fcc}}(R_0) < U_{\mathrm{bcc}}(R_0) \tag{6.47}$$

となり，面心立方構造のほうが体心立方構造よりも平衡状態のレナード-ジョーンズ・ポテンシャルが小さく，安定である．この結果，希ガス結晶は，体心立方構造ではなく，面心立方構造をとる．

6.1.6 凝集エネルギー

完全に自由な原子のポテンシャルエネルギーを 0 としたとき，$-U(R_0)$ を**凝集エネルギー** (cohesive energy) という．凝集エネルギーは，結晶に1原子あたりどれだけのエネルギーを与えれば，原子がばらばらになって完全に自由になるかを表している．希ガス結晶の1原子あたりの凝集エネルギーを表6.2に示す．これらの凝集エネルギーの値は，表6.3のイオン結晶に比べると，絶対値が2桁ほど小さい．つまり，希ガス結晶の結合力は，きわめて小さい．

表 6.2　希ガス結晶の1原子あたりの凝集エネルギー

希ガス元素	凝集エネルギー (eV/atom)
Ne	2.00×10^{-2}
Ar	8.00×10^{-2}
Kr	1.16×10^{-1}
Xe	1.60×10^{-1}

6.1.7 イオン結晶

塩化ナトリウム (NaCl) や塩化セシウム (CsCl) などの**イオン結晶** (ionic crystal) は，正負のイオンからつくられており，異符号の電荷をもつイオン間のクーロン引力によって結合している．イオン結晶の構造は，図5.9の塩化ナトリウム (NaCl) 構造や，図5.10の塩化セシウム (CsCl) 構造である．

図6.4のように，イオンが直線上に並んだイオン結晶を考える．そして，イオンは，交互に $\pm q$ の電荷をもっており，イオン間の距離を R とする．このとき，1個のイオンに対するクーロン引力ポテンシャルエネルギー $U_{\mathrm{ion}}(R)$ を求めてみよう．

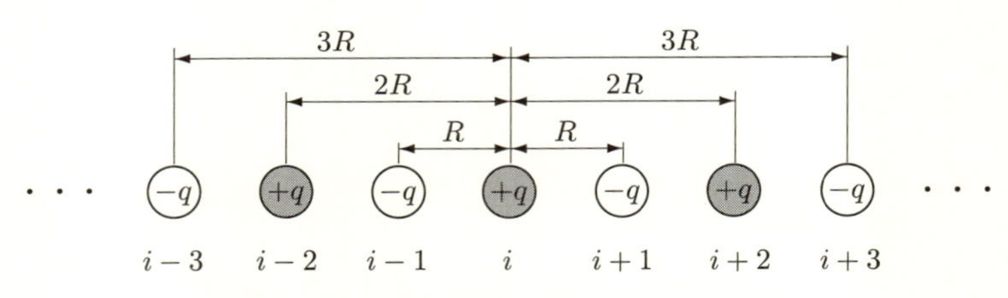

図 6.4　イオンが直線上に並んだイオン結晶

図 6.4 において 1 個のイオンに着目すると，このイオンの両側に交互に $\pm q$ の電荷をもつイオンが間隔 R で並んでいる．したがって，1 個のイオンに対するクーロン引力ポテンシャルエネルギー $U_{\mathrm{ion}}(R)$ は，

$$U_{\mathrm{ion}}(R) = -2\frac{q^2}{4\pi\varepsilon_0 R}\left(1 - \frac{1}{2} + \frac{1}{3} - \frac{1}{4} + \cdots\right) = -2\frac{q^2}{4\pi\varepsilon_0 R}\sum_{n=1}(-1)^{n+1}\frac{1}{n} \tag{6.48}$$

となる．ここで，次のようなマクローリン展開に着目する．

$$f(x) = \ln(1+x) = x - \frac{x^2}{2} + \frac{x^3}{3} - \frac{x^4}{4} + \cdots = \sum_{n=1}(-1)^{n+1}\frac{x^n}{n} \tag{6.49}$$

この関係を用いると，$x = 1$ の場合，

$$f(1) = \ln 2 = 1 - \frac{1}{2} + \frac{1}{3} - \frac{1}{4} + \cdots = \sum_{n=1}(-1)^{n+1}\frac{1}{n} \tag{6.50}$$

となる．したがって，$U_{\mathrm{ion}}(R)$ は，次のように表される．

$$U_{\mathrm{ion}}(R) = -\frac{2\ln 2}{4\pi\varepsilon_0}\frac{q^2}{R} \tag{6.51}$$

6.1.8 マーデルング定数

一般には，1 個のイオンに対するクーロン引力ポテンシャルエネルギー $U_{\mathrm{ion}}(R)$ は，次のように表される．

$$U_{\mathrm{ion}}(R) = -\frac{\alpha q^2}{4\pi\varepsilon_0 R} \tag{6.52}$$

ここで，α はマーデルング定数 (Madelung constant) とよばれ，イオン間距離を $p_{ij}R$ と表した場合，次式で定義される．

$$\alpha = \sum_j{}' \frac{(\pm)}{p_{ij}} \tag{6.53}$$

ここで，$(\pm)$ は符号を示しており，極性の異なるイオン間では $+$ とし，極性の同じイオン間では $-$ と約束する．

6.1.9 最近接イオン間距離

最近接イオンの個数を z とし，経験的なパラメータ λ と ρ を用いて，イオン1個あたりの反発力ポテンシャルを $z\lambda\exp(-R/\rho)$ と仮定すると，イオン1個あたりのポテンシャルエネルギー $U(R)$ は，次のように表される．

$$U(R) = \left[z\lambda\exp\left(-\frac{R}{\rho}\right) - \frac{\alpha q^2}{4\pi\varepsilon_0 R}\right] \tag{6.54}$$

ここで，結晶内に $\pm q$ の電荷の $2N$ 個のイオンがあるとき，イオン結晶の全ポテンシャルエネルギー $U_{\mathrm{tot}}(R)$ は，次のようになる．

$$U_{\mathrm{tot}}(R) = 2NU(R) \times \frac{1}{2} = N\left[z\lambda\exp\left(-\frac{R}{\rho}\right) - \frac{\alpha q^2}{4\pi\varepsilon_0 R}\right] \tag{6.55}$$

なお，1個のイオンに対するポテンシャルエネルギーを単純に $2N$ 倍すると，ポテンシャルエネルギーを二重に加えたことになる．そこで，この式では，$2NU(R)$ に $1/2$ をかけていることに注意しよう．

最近接イオン間距離 R の平衡値 R_0 は，次の条件から求めることができる．

$$\frac{\mathrm{d}U_{\mathrm{tot}}(R)}{\mathrm{d}R} = -\frac{Nz\lambda}{\rho}\exp\left(-\frac{R}{\rho}\right) + \frac{N\alpha q^2}{4\pi\varepsilon_0 R^2} = 0 \tag{6.56}$$

$$\frac{\mathrm{d}^2U_{\mathrm{tot}}(R)}{\mathrm{d}R^2} = \frac{Nz\lambda}{\rho^2}\exp\left(-\frac{R}{\rho}\right) - \frac{N\alpha q^2}{8\pi\varepsilon_0 R^3} > 0 \tag{6.57}$$

式(6.56), (6.57)から，R_0 は次式によって与えられる．

$$R_0{}^2\exp\left(-\frac{R_0}{\rho}\right) = \frac{\rho\alpha q^2}{4\pi\varepsilon_0 z\lambda} \tag{6.58}$$

式(6.58)を用いると，イオン結晶の全ポテンシャルエネルギー $U_{\mathrm{tot}}(R_0)$ は，次のように表される．

$$U_{\mathrm{tot}}(R_0) = -\frac{N\alpha q^2}{4\pi\varepsilon_0 R_0}\left(1 - \frac{\rho}{R_0}\right) \tag{6.59}$$

塩化ナトリウム構造（NaCl構造）のイオン結晶について，1イオン対あたりの凝集エネルギーを表6.3に示す．これらの凝集エネルギーの値は，希ガス結晶に比べると，絶対値が2桁ほど大きい．凝集エネルギーが大きいため，イオン結晶は硬い．しかし，イオン結晶は，もろい傾向がある．

表 6.3　1 イオン対あたりの凝集エネルギー（NaCl 構造のイオン結晶）

イオン結晶	凝集エネルギー (eV/ion-pair)
LiF	10.514
NaCl	7.924
KBr	6.878
RbI	6.288

6.1.10　共有結合結晶

共有結合結晶 (covalent crystal) は，原子間で電子を共有することで原子間の結合が形成されており，図 5.13 のダイヤモンド構造あるいは図 5.14 の閃亜鉛鉱構造をとる．共有結合結晶を構成する元素が 1 種類の場合，ダイヤモンド構造となる．一方，共有結合結晶を構成する元素が 2 種類の場合，閃亜鉛鉱構造となる．

共有結合結晶は，上向きスピンをもつ電子と下向きスピンをもつ電子の分布の重なり，すなわち反平行スピンをもつ電子の分布の重なりによって特徴づけられる．反平行スピンをもつ電子間では，パウリの排他律による反発力は減少するので，電荷分布の大きな重なりが可能となる．重なり合った電子が，その電子が属しているイオン核を静電引力によって結びつけている．

炭素 (C)，シリコン (Si)，ゲルマニウム (Ge) などの VI 族元素では，最外殻の s 軌道と 3 個の p 軌道（p_x, p_y, p_z）にそれぞれ 2 個の電子が配置されている．たとえば，炭素 (C) の場合，最外殻の電子配置は，$(2s)^2(2p)^2$ と表され，シリコン (Si) の場合，最外殻の電子配置は，$(3s)^2(3p)^2$ と表される．炭素 (C) やシリコン (Si) が結晶を作るときは，次のように **sp^3 混成軌道** (sp^3 hybridized orbital) を形成する．

$$\mathrm{C}: (2s)^2(2p)^2 \rightarrow (2s)^1(2p)^3$$
$$\mathrm{Si}: (3s)^2(3p)^2 \rightarrow (3s)^1(3p)^3$$

図 6.5 (a) に s 軌道，(b)–(d) に 3 個の p 軌道（p_x, p_y, p_z），(e) に sp^3 混成軌道を示す．共有結合結晶では，sp^3 混成軌道に存在する電子を原子間で共有

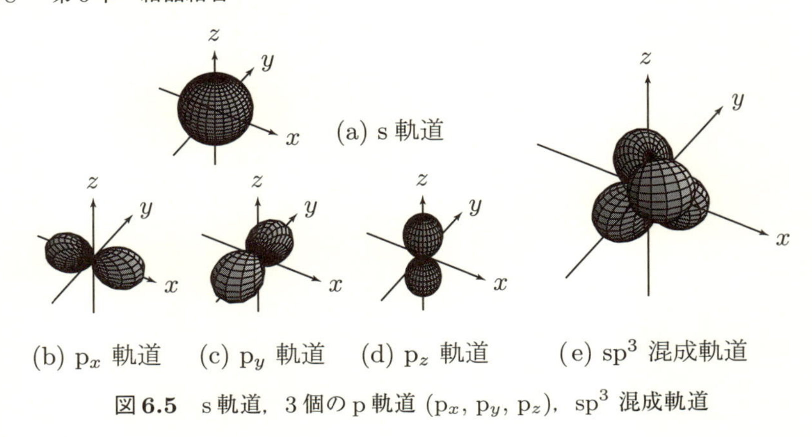

図 6.5　s 軌道，3 個の p 軌道 (p_x, p_y, p_z)，sp^3 混成軌道

して原子間の結合が起こり，原子が正四面体の頂点に位置するように配置される．そして，炭素 (C)，シリコン (Si)，ゲルマニウム (Ge) などの VI 族元素に対して，ダイヤモンド構造が形成される．

ダイヤモンド構造をとる共有結合結晶の 1 原子あたりの凝集エネルギーを表 6.4 に示す．これらの値は，イオン結晶と同程度のオーダーである．

表 6.4　1 原子あたりの凝集エネルギー（ダイヤモンド構造）

共有結合結晶	凝集エネルギー (eV/atom)
C	7.37
Si	4.63
Ge	3.85
Sn	3.14

硫化硫黄 (ZnS) は，図 5.14 の閃亜鉛鉱構造をとる．閃亜鉛鉱構造では，次のように結晶を構成する原子がイオン化し，sp^3 混成軌道を形成して，原子間の結合が起こる．このように，閃亜鉛鉱構造では，格子点にイオンが配置されているから，共有結合だけでなくイオン結晶としての性質もあわせもつことになる．

$$\mathrm{ZnS}: \mathrm{Zn}: (3\mathrm{d})^{10}(4\mathrm{s})^2 \rightarrow \mathrm{Zn}^{2-}: (3\mathrm{d})^{10}(4\mathrm{s})^1(4\mathrm{p})^3$$
$$\mathrm{S}: (3\mathrm{s})^2(3\mathrm{p})^4 \rightarrow \mathrm{S}^{2+}: (3\mathrm{s})^1(3\mathrm{p})^3$$

6.1.11　金属結晶

金属結晶 (metal) は，図 5.5 (b) の体心立方 (bcc) 構造，図 5.5 (c) の面心立方 (fcc) 構造，図 5.11 の六方最密 (hcp) 構造をとる．金属結晶では，自由電子濃度が高いので，電気伝導率が大きい．金属結合の特徴は，結合に寄与している**価電子** (valence electron) のエネルギーが，自由原子のときのエネルギーよりも低いことにある．

金属結晶内で自由に動き回る**自由電子** (free electron) は，あたかも気体のようにふるまう．そこで，このような電子を**自由電子気体** (free electron gas) とよんでいる．そして，金属結晶は，図 6.6 のように，網掛け部で示した自由電子気体の中に，電子を失ってできた金属イオンが配置されたものと考えることができる．したがって，金属結晶の凝集エネルギーを理論的に扱うときには，自由電子気体の運動エネルギー，自由電子気体と金属イオンとのクーロン相互作用ポテンシャル，自由電子気体内の電子間相互作用ポテンシャルを考える必要がある．

金属結晶の 1 原子あたりの凝集エネルギーを表 6.5 に示す．これらの凝集エネルギーの値は，イオン結晶よりも少し小さい．そして，金属結晶は，イオン結晶よりも軟らかく，加工性に優れている．

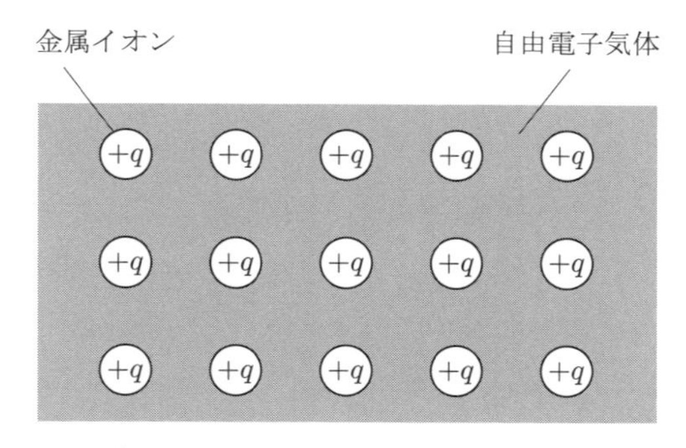

図 6.6　金属結晶における自由電子気体と金属イオン

表 **6.5**　金属結晶の1原子あたりの凝集エネルギー

金属結晶	構造	凝集エネルギー (eV/atom)
Al	fcc	3.39
Ag	fcc	2.95
Au	fcc	3.81
Cr	bcc	4.10
Mo	bcc	6.82
Ta	bcc	8.10
Co	hcp	4.39
Ti	hcp	4.85
Tl	hcp	1.88

6.1.12　水素結合結晶

水素結合結晶は，水素 (H) が，フッ素 (F)，酸素 (O)，窒素 (N) など，電子を引きつける能力が高い原子すなわち電気陰性度の大きい原子の間に入って形成される結晶である．水素 (H) が酸素 (O) の間に入った例を図6.7に示す．**水素結合** (hydrogen bond) の結合エネルギーは 0.1 eV 程度であり，イオン結合的な性格が強い．

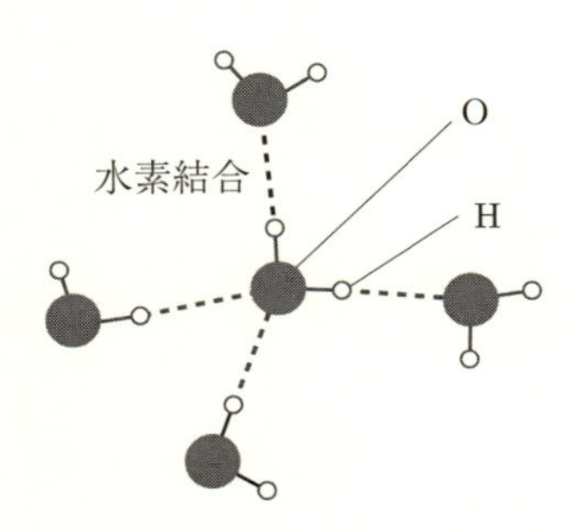

図 **6.7**　水素結合結晶

6.2 弾性

6.2.1 応力

物体内部のある面を考えたとき，物体の両側の部分がお互いに相手に及ぼす単位面積あたりの力を**応力** (stress) という．固体に応力が加えられると，固体は変形する．応力を取り除いても元に戻らないような変形を**塑性変形** (plastic deformation) という．一方，応力を取り除いたときに元に戻るような変形を**弾性変形** (elastic deformation) という．これから，弾性変形の理論を説明する．

固体では，図 6.8 のように x 軸に沿った方向に応力を印加すると，x 方向に変形するだけでなく，y 方向や z 方向にも変形する．図 6.8 では，変形前の形状を白色で，変形後の形状を濃い灰色で示している．そして，応力のかかる面を薄い灰色で示した．なお，図 6.8 において，(a) と (b) は斜視図，(c) と (d) は z 軸の正の方向から見た上面図である．

xyz-座標系における応力の成分を，大文字 X, Y, Z と小文字 x, y, z で表す．図 6.8 のように，大文字が応力の方向に平行な軸を，添字の小文字が応力のかかる面の法線方向に平行な軸をそれぞれ示すと約束する．図 6.8 (a), (c) における応力 X_x は，応力の方向が x 軸に平行（大文字 X によって表示）で，応力のかかる面（薄い灰色で示した面）の法線方向が x 軸に平行（添え字 x によって表示）であることを示している．このように，応力のかかる面の法線方向と応力の方向が平行であるような応力を**静水圧応力** (hydrostatic stress) という．一方，図 6.8 (b), (d) における応力 X_y は，応力の方向が x 軸に平行（大文字 X によって表示）で，応力のかかる面（薄い灰色で示した面）の法線方向が y 軸に平行（添え字 y によって表示）であることを示している．このように，応力のかかる面の法線方向と応力の方向が非平行であるような応力を**せん断応力** (shear stress) という．

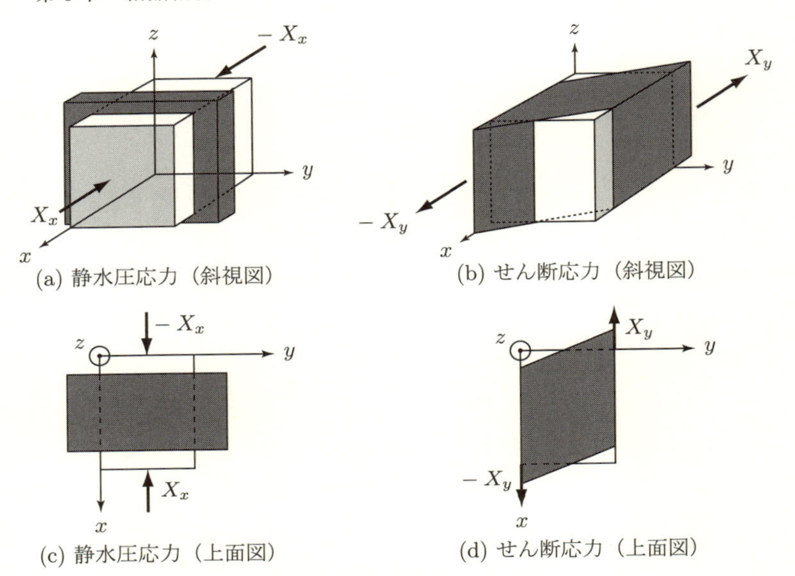

図 6.8　固体の応力による変形

6.2.2　ひずみ

固体に応力が印加されたとき，変位の x 成分，y 成分，z 成分をそれぞれ $u(\boldsymbol{r})$, $v(\boldsymbol{r})$, $w(\boldsymbol{r})$ とすると，変位 $\boldsymbol{R}(\boldsymbol{r})$ は次のように表される．

$$\boldsymbol{R}(\boldsymbol{r}) = u(\boldsymbol{r})\hat{\boldsymbol{x}} + v(\boldsymbol{r})\hat{\boldsymbol{y}} + w(\boldsymbol{r})\hat{\boldsymbol{z}} \tag{6.60}$$

変位 $u(\boldsymbol{r})$, $v(\boldsymbol{r})$, $w(\boldsymbol{r})$ を用いて，ひずみ (strain) の成分として，静水圧ひずみ e_{xx}, e_{yy}, e_{zz} とせん断ひずみ e_{yz}, e_{zx}, e_{xy} が，次のように定義される．

$$e_{xx} = \frac{\partial u}{\partial x}, \quad e_{yy} = \frac{\partial v}{\partial y}, \quad e_{zz} = \frac{\partial w}{\partial z} \tag{6.61}$$

$$e_{xy} = \frac{\partial u}{\partial y} + \frac{\partial v}{\partial x}, \quad e_{yz} = \frac{\partial v}{\partial z} + \frac{\partial w}{\partial y}, \quad e_{zx} = \frac{\partial u}{\partial z} + \frac{\partial w}{\partial x} \tag{6.62}$$

6.2.3 フックの法則

3次元におけるフックの法則 (Hooke's law) は，応力とひずみの関係として，行列を用いて表すことができる．立方晶の場合，結晶の対称性から，応力成分 $X_x, Y_y, Z_z, Y_z, Z_x, X_y$ とひずみ成分 $e_{xx}, e_{yy}, e_{zz}, e_{yz}, e_{zx}, e_{xy}$ の関係は，**弾性スティフネス定数** (elastic stiffness constant) C_{ij} を用いて，次のように表される．

$$\begin{bmatrix} X_x \\ Y_y \\ Z_z \\ Y_z \\ Z_x \\ X_y \end{bmatrix} = \begin{bmatrix} C_{11} & C_{12} & C_{12} & 0 & 0 & 0 \\ C_{12} & C_{11} & C_{12} & 0 & 0 & 0 \\ C_{12} & C_{12} & C_{11} & 0 & 0 & 0 \\ 0 & 0 & 0 & C_{44} & 0 & 0 \\ 0 & 0 & 0 & 0 & C_{44} & 0 \\ 0 & 0 & 0 & 0 & 0 & C_{44} \end{bmatrix} \begin{bmatrix} e_{xx} \\ e_{yy} \\ e_{zz} \\ e_{yz} \\ e_{zx} \\ e_{xy} \end{bmatrix} \tag{6.63}$$

また，弾性エネルギー密度 U は，次のようになる．

$$\begin{aligned} U =& \frac{1}{2} C_{11} \left({e_{xx}}^2 + {e_{yy}}^2 + {e_{zz}}^2 \right) + \frac{1}{2} C_{44} \left({e_{yz}}^2 + {e_{zx}}^2 + {e_{xy}}^2 \right) \\ & + C_{12} \left(e_{yy} e_{zz} + e_{zz} e_{xx} + e_{xx} e_{yy} \right) \end{aligned} \tag{6.64}$$

【例題 6.5】

立方結晶が，[100] 方向に応力 $X_x = \sigma$ を受けているとする．このとき，応力とひずみとの関係を求めよ．

解

[100] 方向の応力は，

$$X_x = \sigma,\ Y_y = Z_z = 0,\ Y_z = Z_x = X_y = 0 \tag{6.65}$$

と表される．式 (6.65) を式 (6.63) に代入すると，応力とひずみとの関係は，次式で表される．

$$\begin{bmatrix} \sigma \\ 0 \\ 0 \\ 0 \\ 0 \\ 0 \end{bmatrix} = \begin{bmatrix} C_{11} & C_{12} & C_{12} & 0 & 0 & 0 \\ C_{12} & C_{11} & C_{12} & 0 & 0 & 0 \\ C_{12} & C_{12} & C_{11} & 0 & 0 & 0 \\ 0 & 0 & 0 & C_{44} & 0 & 0 \\ 0 & 0 & 0 & 0 & C_{44} & 0 \\ 0 & 0 & 0 & 0 & 0 & C_{44} \end{bmatrix} \begin{bmatrix} e_{xx} \\ e_{yy} \\ e_{zz} \\ e_{yz} \\ e_{zx} \\ e_{xy} \end{bmatrix} \tag{6.66}$$

この式から，

$$e_{yz} = e_{zx} = e_{xy} = 0 \tag{6.67}$$

が導かれる．また，

$$\begin{aligned} \sigma &= C_{11}e_{xx} + C_{12}\left(e_{yy} + e_{zz}\right) \\ 0 &= C_{11}e_{yy} + C_{12}\left(e_{xx} + e_{zz}\right) \\ 0 &= C_{11}e_{zz} + C_{12}\left(e_{xx} + e_{yy}\right) \end{aligned} \tag{6.68}$$

が成り立つ．この方程式を連立させて解くと，次の結果が得られる．

$$\sigma = \frac{\left(C_{11} + 2C_{12}\right)\left(C_{11} - C_{12}\right)}{C_{11} + C_{12}}\, e_{xx} \tag{6.69}$$

$$e_{yy} = e_{zz} = -\frac{C_{12}}{C_{11} + C_{12}}\, e_{xx} \tag{6.70}$$

【例題 6.6】

立方結晶に，次のような2軸性応力が印加されている場合を考える．

$$X_x = Y_y = \sigma, \quad Z_z = 0, \quad Y_z = Z_x = X_y = 0 \tag{6.71}$$

このとき，弾性ひずみは，次のように表される．

$$e_{xx} = e_{yy} = e, \quad e_{zz} \neq 0, \quad e_{yz} = e_{zx} = e_{xy} = 0 \tag{6.72}$$

(a) 静水圧ひずみ e_{zz} を e を用いて表せ．

(b) 応力 σ とひずみ e との関係を求めよ．

(c) 弾性エネルギー密度 U を計算せよ．

解

(a) 題意から，次式が成り立つ．

$$\begin{bmatrix} \sigma \\ \sigma \\ 0 \\ 0 \\ 0 \\ 0 \end{bmatrix} = \begin{bmatrix} C_{11} & C_{12} & C_{12} & 0 & 0 & 0 \\ C_{12} & C_{11} & C_{12} & 0 & 0 & 0 \\ C_{12} & C_{12} & C_{11} & 0 & 0 & 0 \\ 0 & 0 & 0 & C_{44} & 0 & 0 \\ 0 & 0 & 0 & 0 & C_{44} & 0 \\ 0 & 0 & 0 & 0 & 0 & C_{44} \end{bmatrix} \begin{bmatrix} e \\ e \\ e_{zz} \\ 0 \\ 0 \\ 0 \end{bmatrix} \tag{6.73}$$

したがって，

$$\sigma = C_{11}e + C_{12}e + C_{12}e_{zz} \tag{6.74}$$

$$0 = C_{11}e_{zz} + 2C_{12}e \tag{6.75}$$

という関係が得られる．式 (6.75) から，次の結果が導かれる．

$$e_{zz} = -\frac{2C_{12}}{C_{11}}\, e \tag{6.76}$$

(b) 式 (6.75) を式 (6.74) に代入すると，次のようになる．

$$\sigma = \left(C_{11} + C_{12} - \frac{2{C_{12}}^2}{C_{11}} \right) e \tag{6.77}$$

(c) 式 (6.64) に式 (6.72), (6.76) を代入すると，弾性エネルギー密度 U は，次のようになる．

$$\begin{aligned} U &= \frac{1}{2} C_{11} \left[e^2 + e^2 + \left(-\frac{2C_{12}}{C_{11}} e \right)^2 \right] + C_{12} \left(-\frac{2C_{12}}{C_{11}} e^2 - \frac{2C_{12}}{C_{11}} e^2 + e^2 \right) \\ &= \left(C_{11} + C_{12} - \frac{2{C_{12}}^2}{C_{11}} \right) e^2 \end{aligned} \tag{6.78}$$

6.2.4 結晶中を伝搬する弾性波

密度 ρ の結晶中を伝搬する**弾性波** (elastic wave) の方程式を考えてみよう．結晶中の微小空間として 1 辺の長さ Δx, Δy, Δz の直方体を考え，図 6.9 (a) のように，x 座標が x の位置において 静水圧応力 $-X_x(x)$ がかかり，x 座標が $x = x + \Delta x$ の位置において 静水圧応力 $X_x(x + \Delta x)$ がかかっているとする．

静水圧応力 $X_x(x)$ を x_0 を中心としてテイラー展開し，x の 1 次の項までとると，次のようになる．

$$X_x(x) = X_x(x_0) + \frac{x - x_0}{1!} \left[\frac{\partial X_x}{\partial x} \right]_{x=x_0} \tag{6.79}$$

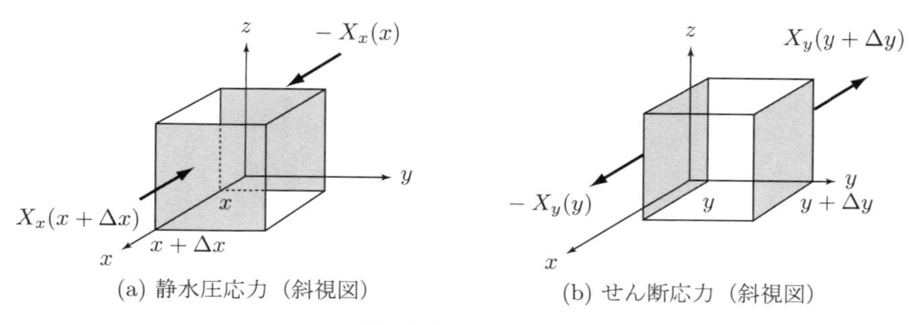

(a) 静水圧応力（斜視図）　(b) せん断応力（斜視図）

図 6.9　弾性波が存在するときの応力

式 (6.79) において，x を $x+\Delta x$ で置き換え，さらに x_0 を x で置き換えると，次の結果が得られる．

$$X_x(x+\Delta x) = X_x(x) + \Delta x \left[\frac{\partial X_x}{\partial x}\right]_{x=x} = X_x(x) + \frac{\partial X_x}{\partial x}\Delta x \tag{6.80}$$

したがって，微小空間において，面の法線が x 軸に平行な二つの面に対して，次の静水圧応力がかかっていることになる．

$$X_x(x+\Delta x) - X_x(x) = \frac{\partial X_x}{\partial x}\Delta x \tag{6.81}$$

静水圧応力 $(\partial X_x/\partial x)\Delta x$ がかかっている面の面積は $\Delta y\Delta z$ だから，これらの面には次の力 F_x がかかっていることになる．

$$F_x = \frac{\partial X_x}{\partial x}\Delta x \times \Delta y\Delta z = \frac{\partial X_x}{\partial x}\Delta x\Delta y\Delta z \tag{6.82}$$

次に，図 6.9 (b) のように，y 座標が y の位置において，せん断応力 $-X_y(y)$ がかかり，y 座標が $y=y+\Delta y$ の位置において，せん断応力 $X_y(y+\Delta y)$ がかかっているとする．せん断応力 $X_y(y)$ を y_0 を中心としてテイラー展開し，y の 1 次の項までとると，次のようになる．

$$X_y(y) = X_y(y_0) + \frac{y-y_0}{1!}\left[\frac{\partial X_y}{\partial y}\right]_{y=y_0} \tag{6.83}$$

式 (6.83) において，y を $y+\Delta y$ で置き換え，さらに y_0 を y で置き換えると，次の結果が得られる．

$$X_y(y+\Delta y) = X_y(y) + \Delta y \left[\frac{\partial X_y}{\partial y}\right]_{y=y} = X_y(y) + \frac{\partial X_y}{\partial y}\Delta y \tag{6.84}$$

したがって，微小空間において，面の法線が y 軸に沿っている 2 個の面に対して，次のせん断応力がかかっていることになる．

$$X_y(y+\Delta y) - X_y(y) = \frac{\partial X_y}{\partial y}\Delta y \tag{6.85}$$

せん断応力 $(\partial X_y/\partial y)\Delta y$ がかかっている面の面積は $\Delta z\Delta x$ だから，これらの面には次の力 F_y がかかっていることになる．

$$F_y = \frac{\partial X_y}{\partial y}\Delta y \times \Delta z\Delta x = \frac{\partial X_y}{\partial y}\Delta x\Delta y\Delta z \tag{6.86}$$

同様にして，せん断応力 X_z について考えると，$z=z$ の面と $z=z+\Delta z$ の面には次の力 F_z がかかっていることになる．

$$F_z = \frac{\partial X_z}{\partial z}\Delta x \Delta y \Delta z \tag{6.87}$$

結晶の密度が ρ だから，x 方向の変位 u については，

$$\rho \Delta x \Delta y \Delta z \, \frac{\partial^2 u}{\partial t^2} = F_x + F_y + F_z \tag{6.88}$$

が成り立つ．

式 (6.88) に式 (6.82)–(6.87) を代入し，両辺を $\Delta x \Delta y \Delta z$ で割ると，密度 ρ の結晶中を伝搬する弾性波の方程式は，応力成分を用いて次のように表される．

$$\rho \, \frac{\partial^2 u}{\partial t^2} = \frac{\partial X_x}{\partial x} + \frac{\partial X_y}{\partial y} + \frac{\partial X_z}{\partial z} \tag{6.89}$$

立方晶の場合，変位成分と弾性スティフネス定数を用いて表すと，弾性波の方程式は次のようになる．

$$\rho \, \frac{\partial^2 u}{\partial t^2} = C_{11} \, \frac{\partial^2 u}{\partial x^2} + C_{44} \left(\frac{\partial^2 u}{\partial y^2} + \frac{\partial^2 u}{\partial z^2} \right) + (C_{12} + C_{44}) \left(\frac{\partial^2 v}{\partial x \partial y} + \frac{\partial^2 w}{\partial x \partial z} \right) \tag{6.90}$$

ここで，式 (6.61)–(6.63) を用いた．

同様にして，y 方向の変位 v，z 方向の変位 w についても，次のような弾性波方程式が得られる．

$$\rho \, \frac{\partial^2 v}{\partial t^2} = C_{11} \, \frac{\partial^2 v}{\partial y^2} + C_{44} \left(\frac{\partial^2 v}{\partial x^2} + \frac{\partial^2 v}{\partial z^2} \right) + (C_{12} + C_{44}) \left(\frac{\partial^2 u}{\partial x \partial y} + \frac{\partial^2 w}{\partial y \partial z} \right) \tag{6.91}$$

$$\rho \, \frac{\partial^2 w}{\partial t^2} = C_{11} \, \frac{\partial^2 w}{\partial z^2} + C_{44} \left(\frac{\partial^2 w}{\partial x^2} + \frac{\partial^2 w}{\partial y^2} \right) + (C_{12} + C_{44}) \left(\frac{\partial^2 u}{\partial x \partial z} + \frac{\partial^2 v}{\partial y \partial z} \right) \tag{6.92}$$

【例題 6.7】

立方結晶における [100] 方向に伝搬する弾性波について，縦波と横波の位相速度を求めよ．

解

[100] 方向の弾性波は，波数ベクトル $\boldsymbol{K} = K\hat{\boldsymbol{x}} = (K, 0, 0)$ をもつ．ここで，弾性波の角振動数を ω とする．

弾性波の振動方向（結晶中の粒子の変位成分）と進行方向が同一の波，すなわち縦波は，

$$u = u_0 \exp[\mathrm{i}(Kx - \omega t)], \quad v = w = 0 \tag{6.93}$$

と表すことができる．式 (6.93) を式 (6.90) に代入すると，

$$\omega^2 \rho = C_{11} K^2 \tag{6.94}$$

が得られる．したがって，[100] 方向の縦波の位相速度 $v_{\mathrm{elp}} = \omega / K$ は，次のようになる．

$$v_{\mathrm{elp}} = \sqrt{\frac{C_{11}}{\rho}} \tag{6.95}$$

弾性波の振動方向（結晶中の粒子の変位成分）と進行方向が垂直な波，すなわち横波は，

$$u = 0, \quad v = v_0 \exp[\mathrm{i}(Kx - \omega t)], \quad w = w_0 \exp[\mathrm{i}(Kx - \omega t)] \tag{6.96}$$

と表すことができる．式 (6.96) をそれぞれ式 (6.91), (6.92) に代入すると，次式が得られる．

$$\omega^2 \rho = C_{44} K^2 \tag{6.97}$$

したがって，[100] 方向の横波の位相速度 $v_{\mathrm{etp}} = \omega / K$ は，次のようになる．

$$v_{\mathrm{etp}} = \sqrt{\frac{C_{44}}{\rho}} \tag{6.98}$$

第7章

固体の比熱

この章の目的

　極低温における固体の比熱は，格子振動を量子化したフォノンと，自由電子気体によって支配されている．この章では，フォノンによる比熱と自由電子気体による比熱について説明する．

キーワード

　格子振動，音響モード，光学モード，フォノン，状態密度，束縛条件，周期的境界条件，アインシュタイン・モデル，デバイ・モデル

7.1　フォノンによる比熱

7.1.1　格子振動

結晶中の原子やイオンは，熱エネルギーなどのために，平衡位置を中心にして弾性振動している．このような弾性振動を**格子振動** (lattice vibration) という．

7.1.2　1種類の原子から構成される結晶の格子振動

1種類の原子から構成される結晶の格子振動について，図7.1のような調和振動子モデルを用いて解析する．原子の質量を M とし，s 番目の原子の変位 (displacement) を u_s とおく．そして，s 番目の原子にはたらく力は，隣接相

互作用のみであると仮定する．つまり，s 番目の原子には，隣接する $s-1$ 番目の原子と $s+1$ 番目の原子だけから力がはたらくと考える．また，隣接する原子間の相互作用定数（ばね定数）を $C(>0)$ とおき，原子の変位はすべて右向きを正とする．

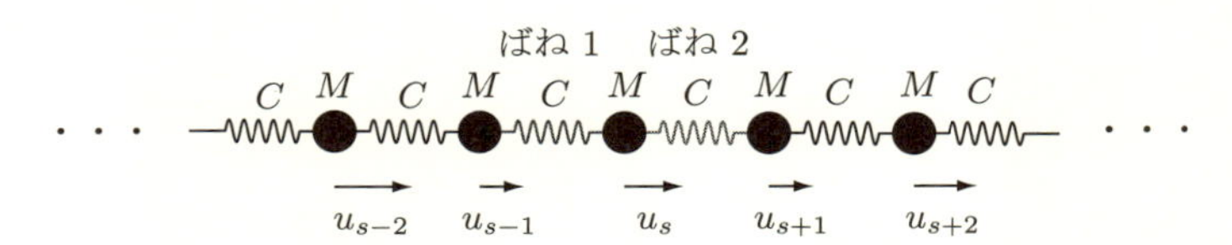

図 7.1　1 種類の原子から構成される結晶の格子振動

図 7.1 における s 番目の原子の両側のばね 1 とばね 2 に着目して，s 番目の原子に対する運動方程式を考えてみよう．

ばね 1 の長さの変化を図 7.2 (a) に示す．ただし，原子が変位する前のばね 1 の長さ，すなわち原子間隔の平衡値を a とした．まず，s 番目の原子だけの変位を考慮すると，ばね 1 の長さは $a+u_s$ になる．次に $s-1$ 番目の原子の変位も考慮すると，ばね 1 の長さは $a+(u_s-u_{s-1})$ となる．すなわち，ばね 1 の伸びは (u_s-u_{s-1}) になる．この結果，ばね 1 は縮もうとして s 番目の原子に弾性力 $-C\,(u_s-u_{s-1})$ がはたらく．ここで，負の符号 $-$ が，左向きの力であることを示している．

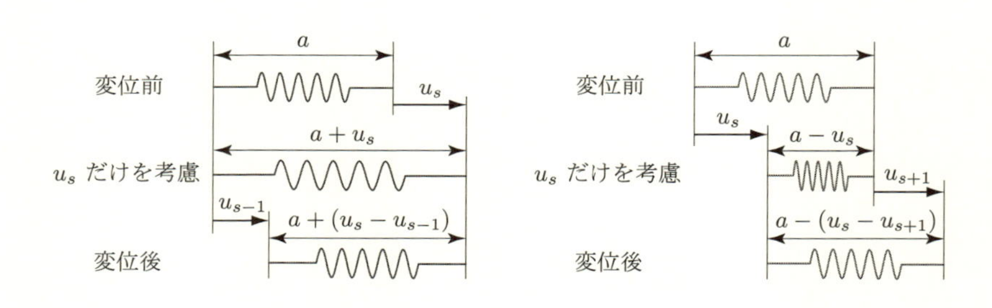

(a) 変位前後のばね 1　　(b) 変位前後のばね 2

図 7.2　1 種類の原子から構成される結晶における変位

ばね 2 の長さの変化を図 7.2 (b) に示す．ただし，原子が変位する前のばね 2 の長さは a である．まず，s 番目の原子だけの変位を考慮すると，ばね 2 の長さは $a-u_s$ になる．次に $s+1$ 番目の原子の変位も考慮すると，ばね 2 の長さは $a-(u_s-u_{s+1})$ となる．すなわち，ばね 2 の縮みは (u_s-u_{s+1}) になる．この結果，ばね 2 は伸びようとして s 番目の原子に弾性力 $-C\,(u_s-u_{s+1})$ がはたらく．ここでも，負の符号 $-$ が，左向きの力であることを示している．

以上から，s 番目の原子に対する運動方程式は，次のように表される．

$$M\frac{\mathrm{d}^2u_s}{\mathrm{d}t^2}=-C\,(u_s-u_{s-1})-C\,(u_s-u_{s+1})=C\,(u_{s+1}+u_{s-1}-2u_s) \tag{7.1}$$

式 (7.1) の仮定解として進行波形の $u_s=u\exp[-\mathrm{i}\,(\omega t-Kx)]$ を考える．ただし，原子間隔の平衡値 a を用いて $x=sa$ とおくと，u_s は次のように表される．

$$u_s=u\exp[-\mathrm{i}\,(\omega t-sKa)]=u\exp(-\mathrm{i}\,\omega t)\exp(\mathrm{i}sKa) \tag{7.2}$$

ここで，u は振幅，ω は格子振動の角振動数，t は時間，K は格子振動の波数である．

式 (7.2) から次のようになる．

$$\begin{aligned}u_{s+1}&=u\exp(-\mathrm{i}\,\omega t)\exp[\mathrm{i}(s+1)Ka]\\&=u\exp(-\mathrm{i}\,\omega t)\exp(\mathrm{i}sKa)\exp(\mathrm{i}Ka)\\&=u_s\exp(\mathrm{i}Ka)\end{aligned} \tag{7.3}$$

$$\begin{aligned}u_{s-1}&=u\exp(-\mathrm{i}\,\omega t)\exp[\mathrm{i}(s-1)Ka]\\&=u\exp(-\mathrm{i}\,\omega t)\exp(\mathrm{i}sKa)\exp(-\mathrm{i}Ka)\\&=u_s\exp(-\mathrm{i}Ka)\end{aligned} \tag{7.4}$$

式 (7.2)–(7.4) を式 (7.1) に代入すると，次式が得られる．

$$\begin{aligned}-M\omega^2u_s&=C[\exp(\mathrm{i}Ka)+\exp(-\mathrm{i}Ka)-2]u_s\\&=2C(\cos Ka-1)u_s\end{aligned} \tag{7.5}$$

式 (7.5) において，左辺を右辺に移項して，u_s でくくると次のようになる．

$$\left[M\omega^2+2C(\cos Ka-1)\right]u_s=\left[M\omega^2-2C(1-\cos Ka)\right]u_s=0 \tag{7.6}$$

式 (7.6) が任意の u_s に対して成り立つという条件と $\omega \geq 0$ から，次の分散関係 (dispersion relation) が得られる．

$$\omega = \sqrt{\frac{2C}{M}(1 - \cos Ka)} = \sqrt{\frac{4C}{M}\sin^2\frac{Ka}{2}} = 2\sqrt{\frac{C}{M}}\left|\sin\frac{Ka}{2}\right| \tag{7.7}$$

式 (7.7) の分散関係を図示すると，図 7.3 のように $0 \leq K \leq \pi/a$ の範囲では K に対する単調増加関数となる．

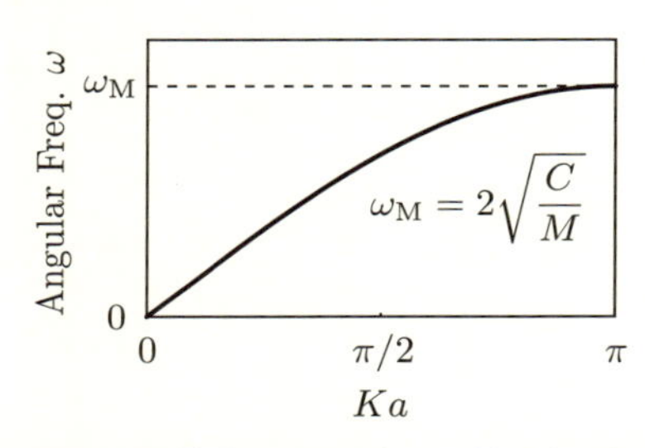

図 7.3　1 種類の原子から構成される結晶の格子振動における分散関係

この分散関係は，隣接原子間の相対位相 $\exp(\pm \mathrm{i}Ka)$ に依存しているから，波数 K の範囲で重要なのは，

$$-\frac{\pi}{a} < K < \frac{\pi}{a} \tag{7.8}$$

である．このような波数 K の範囲を**第 1 ブリユアン・ゾーン** (first Brillouin zone) という．

多くの金属では，このような力が，隣接原子間だけではなく，もっと離れた原子間でもはたらく．この場合は，原子 s と原子 $s+p$ との間の相互作用定数を C_p として，分散関係は次のようになる．

$$\omega = \sqrt{\frac{2}{M}\sum_{p>0} C_p(1 - \cos pKa)} \tag{7.9}$$

7.1.3　2 種類の原子から構成される結晶の格子振動

2 種類の原子から構成される結晶の格子振動について，図 7.4 のような調和振動子モデルを用いて考える．それぞれの原子の質量を M_1，M_2，変位を u_s，

v_s とする．ここでも隣接相互作用のみを考え，隣接する原子間の相互作用定数を $C(>0)$ とおく．また，原子の変位はすべて右向きを正とする．

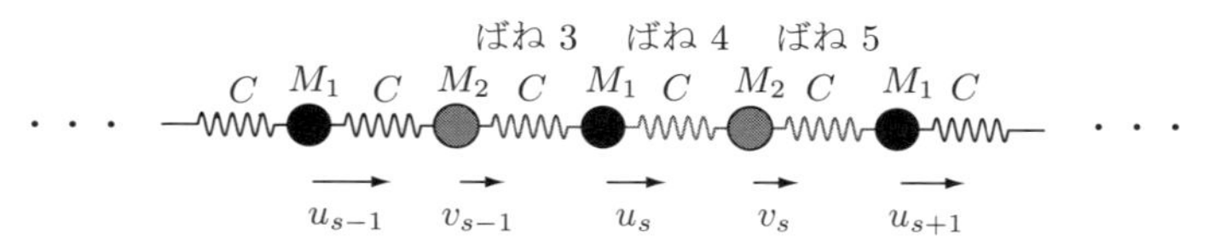

図 7.4　2 種類の原子から構成される結晶の格子振動

図 7.4 における s 番目の質量 M_1 の原子の両側のばね 3 とばね 4 に着目して，s 番目の質量 M_1 の原子に対する運動方程式を考えてみよう．

ばね 3 の長さの変化を図 7.5 (a) に示す．ただし，原子が変位する前のばね 3 の長さ，すなわち隣接原子間距離の平衡値を $a/2$ とした．まず，s 番目の質量 M_1 の原子だけの変位を考慮すると，ばね 3 の長さは $a/2+u_s$ になる．次に $s-1$ 番目の質量 M_2 の原子の変位も考慮すると，ばね 3 の長さは $a/2+(u_s-v_{s-1})$ となる．すなわち，ばね 3 の伸びは (u_s-v_{s-1}) になる．この結果，ばね 3 は縮もうとして s 番目の質量 M_1 の原子に弾性力 $-C\,(u_s-v_{s-1})$ がはたらく．ここでも，負の符号 $-$ が，左向きの力であることを示している．

ばね 4 の長さの変化を図 7.5 (b) に示す．ただし，原子が変位する前のばね 4 の長さも $a/2$ とした．このように，原子が変位する前のばね 3 の長さと原

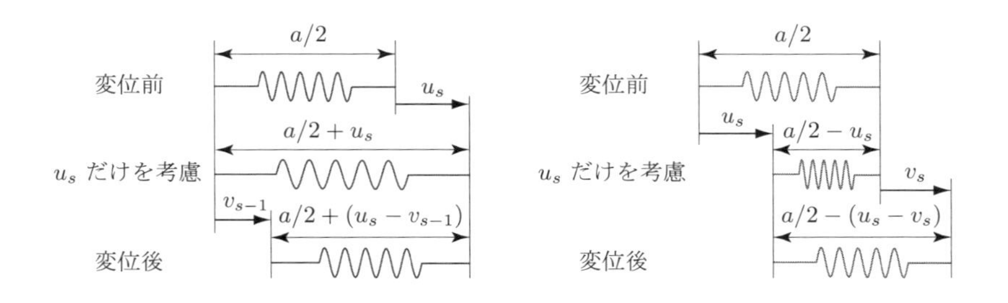

(a) 変位前後のばね 3　　(b) 変位前後のばね 4

図 7.5　2 種類の原子から構成される結晶における u_s を基準とした変位

子が変位する前のばね 4 の長さを両方とも $a/2$ にしたことで，同種原子間距離の平衡値は a となる．さて，s 番目の質量 M_1 の原子だけの変位を考慮すると，ばね 4 の長さは $a/2 - u_s$ になる．次に s 番目の質量 M_2 の原子の変位も考慮すると，ばね 4 の長さは $a/2 - (u_s - v_s)$ となる．すなわち，ばね 4 の縮みは $(u_s - v_s)$ になる．この結果，ばね 4 は伸びようとして s 番目の質量 M_1 の原子に弾性力 $-C\,(u_s - v_s)$ がはたらく．ここでも，負の符号 $-$ が，左向きの力であることを示している．

以上から，s 番目の質量 M_1 の原子に対する運動方程式は，次のようになる．

$$M_1 \frac{\mathrm{d}^2 u_s}{\mathrm{d}t^2} = -C\,(u_s - v_{s-1}) - C\,(u_s - v_s) = C\,(v_s + v_{s-1} - 2u_s) \quad (7.10)$$

次に，図 7.4 における s 番目の質量 M_2 の原子の両側のばね 4 とばね 5 に着目して，s 番目の質量 M_2 の原子に対する運動方程式を考えてみよう．

ばね 4 の長さの変化を図 7.6 (a) に示す．ただし，原子が変位する前のばね 4 の長さは，前述のように $a/2$ である．まず，s 番目の質量 M_2 の原子だけの変位を考慮すると，ばね 4 の長さは $a/2 + v_s$ になる．次に s 番目の質量 M_1 の原子の変位も考慮すると，ばね 4 の長さは $a/2 + (v_s - u_s)$ となる．すなわち，ばね 4 の伸びは $(v_s - u_s)$ になる．この結果，ばね 4 は縮もうとして s 番目の質量 M_2 の原子に弾性力 $-C\,(v_s - u_s)$ がはたらく．ここでも，負の符号 $-$ が，左向きの力であることを示している．

ばね 5 の長さの変化を図 7.6 (b) に示す．ただし，原子が変位する前のばね

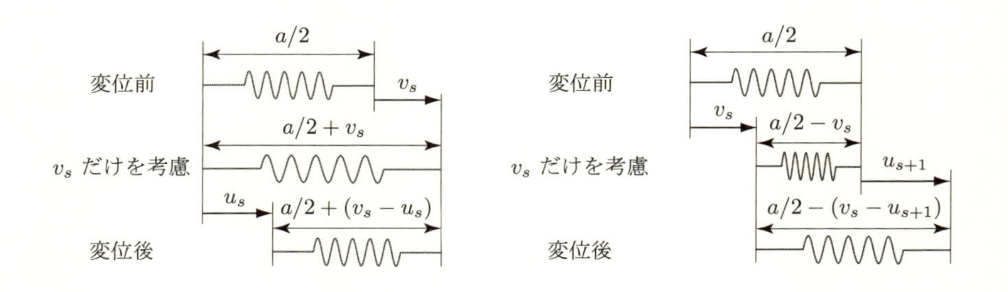

(a) 変位前後のばね 4　　(b) 変位前後のばね 5

図 7.6　2 種類の原子から構成される結晶における v_s を基準とした変位

5の長さは $a/2$ とした．このように，原子が変位する前のばね 4の長さと原子が変位する前のばね 5の長さを両方とも $a/2$ にしたことで，同種原子間距離の平衡値は a となる．さて，s 番目の質量 M_2 の原子だけの変位を考慮すると，ばね 5の長さは $a/2 - v_s$ になる．次に $s+1$ 番目の質量 M_1 の原子の変位も考慮すると，ばね 5の長さは $a/2 - (v_s - u_{s+1})$ となる．すなわち，ばね 5の縮みは $(v_s - u_{s+1})$ になる．この結果，ばね 5は伸びようとして s 番目の質量 M_2 の原子に弾性力 $-C\,(v_s - u_{s+1})$ がはたらく．ここでも，負の符号 $-$ が，左向きの力であることを示している．

以上から，s 番目の質量 M_2 の原子に対する運動方程式は，次のようになる．

$$M_2\frac{\mathrm{d}^2 v_s}{\mathrm{d}t^2} = -C\,(v_s - u_s) - C\,(v_s - u_{s+1}) = C\,(u_{s+1} + u_s - 2v_s) \quad (7.11)$$

同一質量をもつ原子の間隔の平衡値は a であり，式 (7.10), (7.11) の運動方程式の解 u_s, v_s を式 (7.2) にならって次のように仮定する．

$$u_s = u\exp[-\mathrm{i}\,(\omega t - sKa)], \quad v_s = v\exp[-\mathrm{i}\,(\omega t - sKa)] \quad (7.12)$$

ここで，u は u_s の振幅，v は v_s の振幅，ω は格子振動の角振動数，t は時間，K は格子振動の波数である．

式 (7.12) から次のようになる．

$$u_{s+1} = u_s\exp(\mathrm{i}Ka), \quad v_{s-1} = v_s\exp(-\mathrm{i}Ka) \quad (7.13)$$

式 (7.12), (7.13) を式 (7.10), (7.11) に代入すると，次のようになる．

$$-M_1\omega^2 u = C[1 + \exp(-\mathrm{i}\,Ka)]v - 2Cu \quad (7.14)$$

$$-M_2\omega^2 v = C[\exp(\mathrm{i}\,Ka) + 1]u - 2Cv \quad (7.15)$$

式 (7.14), (7.15) において，すべての項を左辺に集め，u と v について整理すると，次式が得られる．

$$\left(2C - M_1\omega^2\right)u - C[1 + \exp(-\mathrm{i}\,Ka)]v = 0 \quad (7.16)$$

$$-C[1 + \exp(\mathrm{i}\,Ka)]u + \left(2C - M_2\omega^2\right)v = 0 \quad (7.17)$$

連立方程式 (7.16), (7.17) が $u = v = 0$ 以外の解をもつためには，u と v の係数を成分とする次の行列式が成立すればよい．

$$\begin{vmatrix} 2C - M_1\omega^2 & -C[1+\exp(-\mathrm{i}Ka)] \\ -C[1+\exp(\mathrm{i}Ka)] & 2C - M_2\omega^2 \end{vmatrix} = 0 \tag{7.18}$$

式 (7.18) から，次のようになる．

$$\left(2C - M_1\omega^2\right)\left(2C - M_2\omega^2\right) - C^2[1+\exp(-\mathrm{i}Ka)][1+\exp(\mathrm{i}Ka)] = 0 \tag{7.19}$$

$$\therefore\ M_1M_2\omega^4 - 2C\left(M_1+M_2\right)\omega^2 + 4C^2 - C^2[2+\exp(\mathrm{i}Ka)+\exp(-\mathrm{i}Ka)] = 0 \tag{7.20}$$

$$\therefore\ M_1M_2\omega^4 - 2C\left(M_1+M_2\right)\omega^2 + 2C^2(1-\cos Ka) = 0 \tag{7.21}$$

$$\therefore\ M_1M_2\omega^4 - 2C\left(M_1+M_2\right)\omega^2 + 4C^2\sin^2\frac{Ka}{2} = 0 \tag{7.22}$$

ここで，$\omega^2 = x\,(\geq 0)$ とおけば，式 (7.22) は次のように x についての 2 次方程式となる．

$$\therefore\ M_1M_2x^2 - 2C\left(M_1+M_2\right)x + 4C^2\sin^2\frac{Ka}{2} = 0 \tag{7.23}$$

2 次方程式の解の公式を用いると，式 (7.23) の解 $\omega^2 = x$ が次のように求められる．

$$\begin{aligned}\omega^2 &= x \\ &= \frac{1}{M_1M_2}C\left(M_1+M_2\right) \\ &\qquad \pm \frac{1}{M_1M_2}\sqrt{C^2\left(M_1+M_2\right)^2 - 4M_1M_2C^2\sin^2\frac{Ka}{2}} \\ &= \frac{C}{M_1M_2}\left(M_1+M_2 \pm \sqrt{\left(M_1+M_2\right)^2 - 4M_1M_2\sin^2\frac{Ka}{2}}\right)\end{aligned} \tag{7.24}$$

式 (7.24) の平方根をとり，$\omega \geq 0$ であることに留意すると，2 種類の原子から構成される結晶における分散関係が，次のように求められる．

$$\omega = \left[\frac{C}{M_1M_2}\left(M_1+M_2 \pm \sqrt{\left(M_1+M_2\right)^2 - 4M_1M_2\sin^2\frac{Ka}{2}}\right)\right]^{\frac{1}{2}} \tag{7.25}$$

さて，$Ka \ll 1$ の場合，式 (7.24) における平方根は次のようになる．

$$
\begin{aligned}
&\sqrt{(M_1+M_2)^2 - 4M_1M_2\sin^2\frac{Ka}{2}} \\
&\qquad \simeq \sqrt{(M_1+M_2)^2 - 4M_1M_2\left(\frac{Ka}{2}\right)^2} \\
&\qquad = (M_1+M_2)\sqrt{1-\frac{M_1M_2K^2a^2}{(M_1+M_2)^2}} \\
&\qquad \simeq (M_1+M_2)\left(1-\frac{M_1M_2K^2a^2}{2\,(M_1+M_2)^2}\right)
\end{aligned}
\tag{7.26}
$$

式 (7.26) を式 (7.24) に代入すると，次のようになる．

$$
\begin{aligned}
\omega^2 &\simeq \frac{C}{M_1M_2}\left[(M_1+M_2) \pm (M_1+M_2)\left(1-\frac{M_1M_2K^2a^2}{2\,(M_1+M_2)^2}\right)\right] \\
&= \frac{C\,(M_1+M_2)}{M_1M_2}\left[1 \pm \left(1-\frac{M_1M_2K^2a^2}{2\,(M_1+M_2)^2}\right)\right]
\end{aligned}
\tag{7.27}
$$

式 (7.27) において，$\pm$ のうち $+$ の場合は次のようになる．

$$
\begin{aligned}
\omega^2 &\simeq \frac{C\,(M_1+M_2)}{M_1M_2}\left(1+1-\frac{M_1M_2K^2a^2}{2\,(M_1+M_2)^2}\right) \\
&= \frac{2C\,(M_1+M_2)}{M_1M_2} - \frac{CK^2a^2}{2\,(M_1+M_2)} \\
&\simeq \frac{2C\,(M_1+M_2)}{M_1M_2} = 2C\left(\frac{1}{M_1}+\frac{1}{M_2}\right)
\end{aligned}
\tag{7.28}
$$

ここで，$Ka \ll 1$ を用いた．

式 (7.27) において，$\pm$ のうち $-$ の場合は次のようになる．

$$
\begin{aligned}
\omega^2 &\simeq \frac{C\,(M_1+M_2)}{M_1M_2}\left(1-1+\frac{M_1M_2K^2a^2}{2\,(M_1+M_2)^2}\right) \\
&= \frac{CK^2a^2}{2\,(M_1+M_2)} = \frac{C}{2\,(M_1+M_2)}\,K^2a^2
\end{aligned}
\tag{7.29}
$$

$K=0$ のとき，式 (7.28) から次のようになる．

$$
M_1\omega^2 \simeq 2C\left(1+\frac{M_1}{M_2}\right) = 2C + 2C\,\frac{M_1}{M_2}
\tag{7.30}
$$

$$M_2\omega^2 \simeq 2C\left(\frac{M_2}{M_1}+1\right) = 2C\,\frac{M_2}{M_1}+2C \tag{7.31}$$

式 (7.30), (7.31) を式 (7.16), (7.17) に代入して $K=0$ とおくと，次のようになる．

$$-2C\,\frac{M_1}{M_2}\,u - 2Cv = 0,\ \ -2Cu - 2C\,\frac{M_2}{M_1}\,v = 0 \quad \therefore\ \frac{u}{v} = -\frac{M_2}{M_1} \tag{7.32}$$

式 (7.32) から，原子はお互いに反対方向に振動することがわかる．2種類の原子が反対符号の電荷をもっているとき，このような振動は，**電気双極子振動** (electric dipole oscillation) になるので，光波などの電界と相互作用する．したがって，**光学的分枝** (optical branch) とよばれる．

一方，$K=0$ のとき，式 (7.29) から次のようになる．

$$\omega^2 \simeq \frac{C}{2\,(M_1+M_2)}\,K^2a^2 = 0 \tag{7.33}$$

式 (7.33) を式 (7.16), (7.17) に代入して $K=0$ とおくと，次のようになる．

$$2Cu - 2Cv = 0 \quad \therefore\ u = v \tag{7.34}$$

式 (7.34) から，音の振動のように原子は同じ方向に振動することがわかる．したがって，**音響的分枝** (acoustical branch) とよばれる．

式 (7.25) の分散関係を図示すると，図 7.7 のようになる．ただし，$M_1 < M_2$ とした．図 7.7 からわかるように，$0 \leq K \leq \pi/a$ の範囲では，光学的分枝は

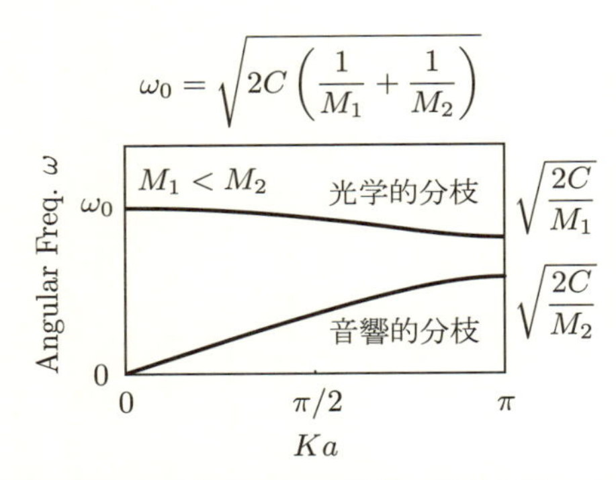

図 7.7　2種類の原子から構成される結晶の格子振動における分散関係

K に対する単調減少関数，音響的分枝は K に対する単調増加関数となる．図7.7において，式(7.25)の ± の + に対応するのが光学的分枝であり，式(7.25)の ± の − に対応するのが音響的分枝である．

さて，振動のしかたをモード (mode) という言葉で表現することが多い．たとえば，弾性振動における**縦波** (longitudinal wave) を**縦モード** (longitudinal mode) の弾性振動という．$Ka = 2m\pi$ (m : 整数) のとき，縦モードにおける光学的分枝と音響的分枝に対する原子の変位は，図7.8のようになる．図7.8において，(a) が光学的分枝，(b) が音響的分枝を表している．縦モードにおける光学的分枝を**縦光学モード** (logitudinal optical mode, LO mode)，縦モードにおける音響的分枝を**縦音響モード** (logitudinal acoustical mode, LA mode) とよぶことも多い．なお，破線が変位前の原子（イオン）の位置を，実線が変位後の原子（イオン）の位置を示している．

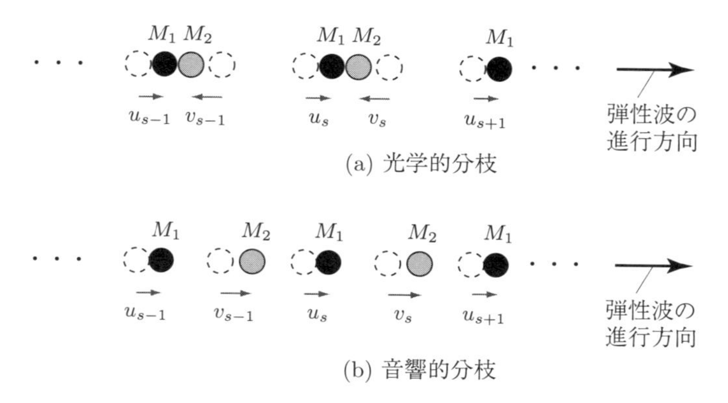

図 7.8 $Ka = 2m\pi$ (m : 整数) のときの縦モードの弾性振動

弾性振動における**横波** (transverse wave) を**横モード** (transverse mode) の弾性振動という．$Ka = 2m\pi$ (m : 整数) のとき，横モードの弾性振動における光学的分枝と音響的分枝に対する原子の変位は，図7.9のようになる．図7.9において，(a) が光学的分枝，(b) が音響的分枝を表している．横モードにおける光学的分枝を**横光学モード** (transverse optical mode, TO mode)，横モードにおける音響的分枝を**横音響モード** (transverse acoustical mode, TA mode) とよぶことも多い．なお，破線が変位前の原子（イオン）の位置を，実線が変位後の原子（イオン）の位置を示している．

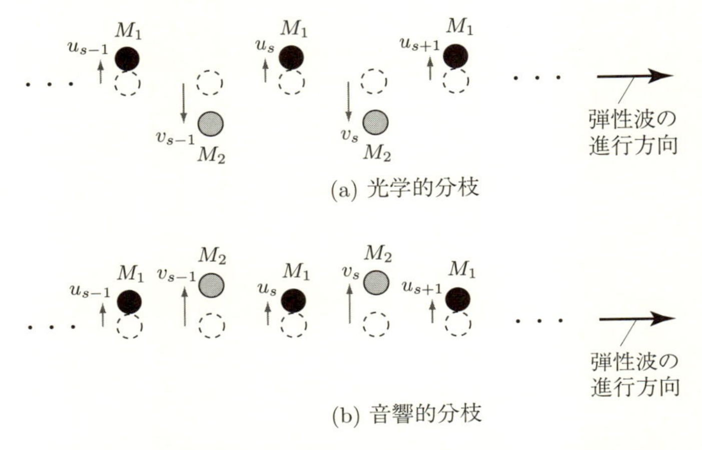

図 7.9　$Ka = 2m\pi$ (m : 整数) のときの横モードの弾性振動

1個の基本セルの中に p 種類の原子が存在するときは，3個の音響的分枝と $(3p-3)$ 個の光学的分枝が存在する．さらに，このような基本セルが結晶中に N 個あるときは，$3N$ 個の音響的分枝と $(3p-3)N$ 個の光学的分枝が存在する．

7.1.4　フォノン

格子振動を量子化したものが，フォノン (phonon) である．波数ベクトル $\boldsymbol{K}$ をもつフォノンは，光子，中性子，電子などと相互作用するとき，運動量 $\hbar\boldsymbol{K}$ をもっているかのようにふるまう．しかし，物理的運動量は運ばない．そこで，このような運動量を**結晶運動量** (crystal momentum) という．

次に，光子，中性子，電子などが結晶に入射し，非弾性散乱を受ける場合を考えてみよう．非弾性散乱の前後で光子，中性子，電子などの波数ベクトルが，$\boldsymbol{k}$ から $\boldsymbol{k}'$ に変わったとする．このとき，運動量保存則から，次式が成り立つ．

$$\boldsymbol{k} + \boldsymbol{G} = \boldsymbol{k}' \pm \boldsymbol{K} \tag{7.35}$$

ここで，$\boldsymbol{G}$ は逆格子ベクトルであり，フォノンの波数ベクトル $\boldsymbol{K}$ が第1ブリユアン・ゾーン内に入るように選ぶ．この式において，+ がフォノンの生成を，− がフォノンの吸収を表している．

7.1.5　フォノンの状態数

格子振動の場合は，格子振動の波数ベクトル $\boldsymbol{K}$ の個数が 1 モードあたりの状態数 W となる．波数ベクトル $\boldsymbol{K}$ が決まれば，格子振動の進行方向が決まる．そして，格子振動の振動方向には，進行方向と同じ場合（縦モード）と，進行方向に垂直な場合（横モード）とがある．縦モードは，振動方向が進行方向と同じなので，1 個の座標で表すことができる．このため，縦モードは 1 個と考える．横モードに対しては，2 個の座標を決めればすべての振動方向を決定できる．このため，横モードは 2 個あると考える．つまり，1 個の波数ベクトル $\boldsymbol{K}$ で表される格子振動には，3 個のモード（縦モード 1 個，横モード 2 個）が存在する．したがって，格子振動および格子振動を量子化したフォノンの状態数 W は，波数ベクトル $\boldsymbol{K}$ の個数の 3 倍になる．

7.1.6　境界条件

これから，3 次元格子における格子振動に対して，図 7.10 のような二つの境界条件を考え，1 モードあたりの状態数 W を求めよう．図 7.10 (a) は，1 辺の長さ L の立方体の中に閉じ込められた格子振動に対する境界条件 (束縛条件) を表している．一方，図 7.10 (b) は，立方体間を伝搬する格子振動に対する境界条件（周期的境界条件）を表しており，仮想的な空間として 1 辺の長さ L の立方体を考えている．

まず，図 7.10 (a) の束縛条件のもとで，1 モードあたりの状態数 W を求める．立方体の中に格子振動が閉じ込められているから，立方体の外では格子振動の変位 $\phi(x, y, z)$ は 0 である．立方体の外側から徐々に立方体に近づいて，立方体の境界に達したとすると，立方体の境界でも格子振動は存在しないから，境界条件として次式が成り立つ．

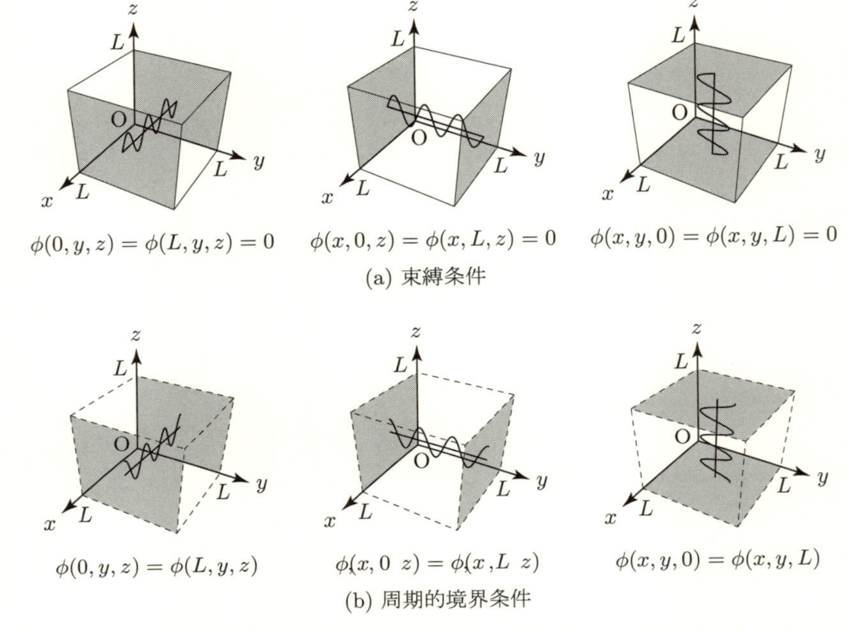

図 7.10　3次元格子における格子振動に対する境界条件

$$
\begin{aligned}
\phi(0, y, z) &= \phi(L, y, z) = 0 \\
\phi(x, 0, z) &= \phi(x, L, z) = 0 \\
\phi(x, y, 0) &= \phi(x, y, L) = 0
\end{aligned}
\tag{7.36}
$$

境界条件と解との関係は第4章の第4.3節と第4.4節においてすでに説明したが，この機会に復習しておこう．式(7.36)から，立方体に閉じ込められた格子振動は，次のような定在波 (standing wave) として表すことができる．

$$\phi(x, y, z) = \phi_0 \sin(K_x x) \sin(K_y y) \sin(K_z z) \exp(-\mathrm{i}\omega t) \tag{7.37}$$

$$K_x = n_x \frac{\pi}{L},\ K_y = n_y \frac{\pi}{L},\ K_z = n_z \frac{\pi}{L} \tag{7.38}$$

$$n_x, n_y, n_z = 1, 2, 3, \cdots \tag{7.39}$$

ここで，

$$n_x \neq 0,\ n_y \neq 0,\ n_z \neq 0 \tag{7.40}$$

であることに注意してほしい．この理由は，n_x, n_y, n_z のどれか一つでも 0 になると，立方体内のどこでも $\phi(x, y, z) = 0$ となり，立方体内に定在波が存在しなくなるからである．また，n_x, n_y, n_z の値が正負どちらであっても，定在波の節の位置は変わらない．つまり，n_x, n_y, n_z の値が正負どちらであっても同じ定在波を表す．ここでは，簡単のため n_x, n_y, n_z として，正の値を選ぶことにした．

さて，1 モードあたりの状態数 W とは，定在波 $\phi(x, y, z)$ の個数であり，言い換えれば (n_x, n_y, n_z) の組合せの個数である．第 3 章の第 3.5 節では直接 (n_x, n_y, n_z) の組合せを考えた．状態数 W は，波数 K，角振動数（角周波数）ω，エネルギー E を用いて求めることもできる．状態数 W を求めるときは，解析にもっとも便利な変数を用いればよい．ここでは，波数ベクトルの成分 K_x, K_y, K_z を用いてみよう．定在波 $\phi(x, y, z)$ のとりうる波数の上限を K とすると，束縛条件のもとで波数の組合せ (K_x, K_y, K_z) がとりうる点は，図 7.11 (a) のように半径 K の 8 分の 1 球の中に存在する．波数の上限 K が $K \gg \pi/L$ であれば，半径 K の 8 分の 1 球の中に存在する点の個数，すな

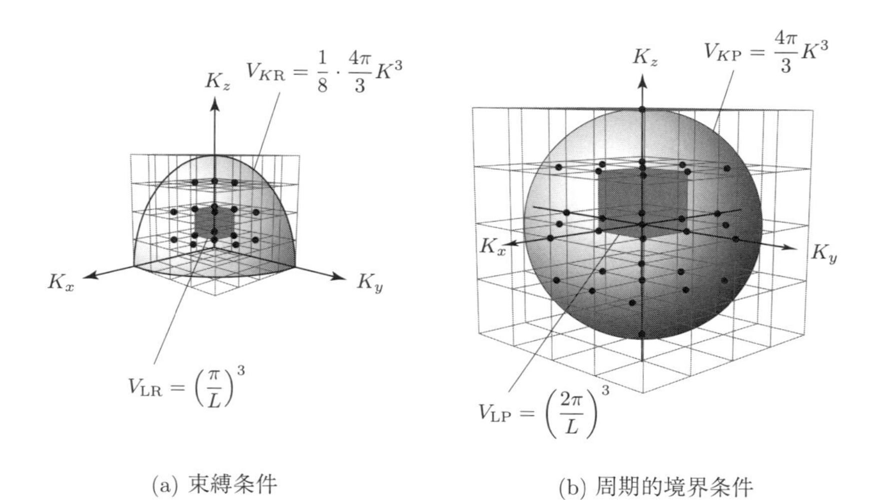

図 7.11　3 次元格子における格子振動に対する 1 モードあたりの状態

わち1モードあたりの状態数 W は，次のように表される．

$$W = V_{\mathrm{KR}} \div V_{\mathrm{LR}} = \frac{1}{8} \cdot \frac{4\pi}{3} K^3 \div \left(\frac{\pi}{L}\right)^3 = \frac{K^3}{6\pi^2} L^3 \tag{7.41}$$

$$V_{\mathrm{KR}} = \frac{1}{8} \cdot \frac{4\pi}{3} K^3,\ V_{\mathrm{LR}} = \left(\frac{\pi}{L}\right)^3 \tag{7.42}$$

式(7.41)のような状態数 W の計算方法では，球の表面付近における点の数え漏れがある．しかし，$K \gg \pi/L$ のときには球の中の点の個数がきわめて多いので，球の表面付近における点の数え漏れを無視している．なお，式(7.42)における V_{KR} は半径 K の8分の1球の体積，V_{LR} は点 (K_x, K_y, K_z) がつくる最小の立方体の体積である．

次に，図7.10 (b)の周期的境界条件のもとで，1モードあたりの状態数 W を求める．仮想的な立方体の境界で，格子振動の値が等しいとすると，境界条件として次式が成り立つ．

$$\begin{aligned} \phi(0, y, z) &= \phi(L, y, z) \\ \phi(x, 0, z) &= \phi(x, L, z) \\ \phi(x, y, 0) &= \phi(x, y, L) \end{aligned} \tag{7.43}$$

式(7.43)と式(7.36)を比較すると，束縛条件と周期的境界条件では，境界において格子振動の変位が必ず0になるかどうかの違いがあることがわかる．

式(7.43)から，周期的境界条件のもとでの格子振動は，次のような進行波(traveling wave)として表すことができる．

$$\phi(x, y, z) = \phi_0 \exp(\mathrm{i}K_x x) \exp(\mathrm{i}K_y y) \exp(\mathrm{i}K_z z) \exp(-\mathrm{i}\omega t) \tag{7.44}$$

$$K_x = n_x \frac{2\pi}{L},\ K_y = n_y \frac{2\pi}{L},\ K_z = n_z \frac{2\pi}{L} \tag{7.45}$$

$$n_x, n_y, n_z = 0, \pm 1, \pm 2, \pm 3, \cdots \tag{7.46}$$

進行波 $\phi(x, y, z)$ のとりうる波数の上限を K とすると，周期的境界条件のもとで波数の組合せ (K_x, K_y, K_z) がとりうる点は，図7.11 (b)のように，半径 K の球の中に存在する．波数の上限 K が $K \gg 2\pi/L$ であれば，半径 K の球の中に存在する点の個数，すなわち1モードあたりの状態数 W は，次のように表される．

$$W = V_{KP} \div V_{\mathrm{LP}} = \frac{4\pi}{3}K^3 \div \left(\frac{2\pi}{L}\right)^3 = \frac{K^3}{6\pi^2}L^3 \tag{7.47}$$

$$V_{KP} = \frac{4\pi}{3}K^3,\ V_{\mathrm{LP}} = \left(\frac{2\pi}{L}\right)^3 \tag{7.48}$$

式 (7.47) のような状態数 W の計算方法では，球の表面付近における点の数え漏れがある．しかし，$K \gg \pi/L$ のときには球の中の点の個数がきわめて多いので，球の表面付近における点の数え漏れを無視している．なお，式 (7.48) における V_{KP} は半径 K の球の体積，V_{LP} は点 (K_x, K_y, K_z) がつくる最小の立方体の体積である．

式 (7.41), (7.47) から，束縛条件，周期的境界条件にかかわらず，1 モードあたりの状態数 W は等しいことがわかる．

7.1.7 フォノンの状態密度

波数 K，角振動数 ω，エネルギー E を用いて，1 モードあたりの状態数 W の微分 $\mathrm{d}W$ から，1 モードあたりの状態密度 $D(K)$, $D(\omega)$, $D(E)$ を次式によって定義する．

$$\mathrm{d}W = D(K)\,\mathrm{d}K = D(\omega)\,\mathrm{d}\omega = D(E)\,\mathrm{d}E \tag{7.49}$$

状態密度は，式 (7.49) から次のように解釈することができる．

$D(K)\,\mathrm{d}K$ ： $K \sim K + \mathrm{d}K$ の範囲の 1 モードあたりの状態数
$D(\omega)\,\mathrm{d}\omega$ ： $\omega \sim \omega + \mathrm{d}\omega$ の範囲の 1 モードあたりの状態数
$D(E)\,\mathrm{d}E$ ： $E \sim E + \mathrm{d}E$ の範囲の 1 モードあたりの状態数

式 (7.41), (7.47), (7.49) から，3 次元格子における格子振動に対して，1 モードあたりの状態密度 $D(K)$ は，次のように表される．

$$D(K) = \frac{\mathrm{d}W}{\mathrm{d}K} = \frac{K^2}{2\pi^2}L^3 \tag{7.50}$$

式 (7.50) から，単位体積あたりの状態密度 $D_{\mathrm{V}}(K)$ は，次のようになる．

$$D_{\mathrm{V}}(K) = \frac{D(K)}{L^3} = \frac{K^2}{2\pi^2} \tag{7.51}$$

式 (7.50), 式 (7.51) から角振動数による状態密度 $D(\omega)$ を求めるには，分散関係を考慮して式 (7.49) の関係を用いることを忘れないようにしよう．

【例題 7.1】

1辺の長さ L の2次元正方格子における格子振動の1モードあたりの状態密度 $D(K)$ を求めよ．

解

まず，束縛条件のもとで，1モードあたりの状態数 W を求める．正方形の中に格子振動が閉じ込められているから，正方形の外では格子振動の変位 $\phi(x,y)$ は0である．正方形の境界でも格子振動は存在しないから，境界条件として次式が成り立つ．

$$\phi(0,y)=\phi(L,y)=0, \quad \phi(x,0)=\phi(x,L)=0 \tag{7.52}$$

このため，正方形の中の格子振動は，次のような定在波として表すことができる．

$$\phi(x,y)=\phi_0\sin(K_x x)\sin(K_y y)\exp(-\mathrm{i}\omega t) \tag{7.53}$$

$$K_x=n_x\frac{\pi}{L},\ K_y=n_y\frac{\pi}{L} \tag{7.54}$$

$$n_x, n_y=1,2,3,\cdots \tag{7.55}$$

定在波 $\phi(x,y)$ のとりうる波数の上限を K とするとき，束縛条件のもとで波数の組合せ (K_x,K_y) がとりうる点は，図7.12 (a) のように，半径 K の4分の1円の中に存在する．波数の上限 K が $K\gg\pi/L$ であれば，半径 K の4分の1円の中に存在する点の個数，すなわち1モードあたりの状態数 W は，次のように表される．

$$W=S_{\mathrm{KR}}\div S_{\mathrm{LR}}=\frac{1}{4}\cdot\pi K^2\div\left(\frac{\pi}{L}\right)^2=\frac{K^2}{4\pi}L^2 \tag{7.56}$$

$$S_{\mathrm{KR}}=\frac{1}{4}\pi K^2,\ S_{\mathrm{LR}}=\left(\frac{\pi}{L}\right)^2 \tag{7.57}$$

式 (7.56) のような状態数 W の計算方法では，円周付近における点の数え漏れがある．しかし，$K\gg\pi/L$ のときには円の中の点の個数がきわめて多いので，円周付近における点の数え漏れを無視している．なお，式 (7.57) における S_{KR} は半径 K の4分の1円の面積，S_{LR} は点 (K_x,K_y) がつくる最小の正方形の面積である．

次に，周期的境界条件のもとで，1モードあたりの状態数 W を求める．仮想的な正方形の境界で，格子振動の値が等しいとすると，境界条件として次式が成り立つ．

$$\phi(0,y)=\phi(L,y), \quad \phi(x,0)=\phi(x,L) \tag{7.58}$$

式 (7.58) から，周期的境界条件のもとでの格子振動は，次のような進行波として表すことができる．

$$\phi(x,y)=\phi_0\exp(\mathrm{i}K_x x)\exp(\mathrm{i}K_y y)\exp(-\mathrm{i}\omega t) \tag{7.59}$$

$$K_x=n_x\frac{2\pi}{L},\ K_y=n_y\frac{2\pi}{L} \tag{7.60}$$

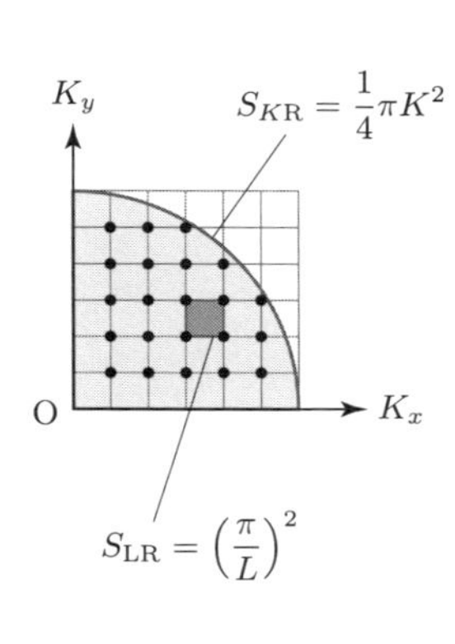

(a) 束縛条件

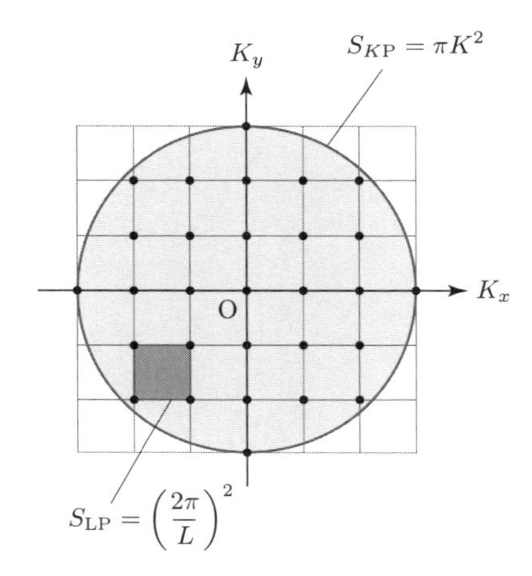

(b) 周期的境界条件

図 7.12 2次元格子における格子振動に対する1モードあたりの状態

$$n_x, n_y = 0, \pm 1, \pm 2, \pm 3, \cdots \tag{7.61}$$

進行波 $\phi(x, y)$ のとりうる波数の上限を K とするとき，周期的境界条件のもとで波数の組合せ (K_x, K_y) がとりうる点は，図 7.12 (b) のように，半径 K の円の中に存在する．波数の上限 K が $K \gg 2\pi/L$ であれば，半径 K の円の中に存在する点の個数，すなわち1モードあたりの状態数 W は，次のように表される．

$$W = S_{\mathrm{KP}} \div S_{\mathrm{LP}} = \pi K^2 \div \left(\frac{2\pi}{L}\right)^2 = \frac{K^2}{4\pi} L^2 \tag{7.62}$$

$$S_{\mathrm{KP}} = \pi K^2,\ S_{\mathrm{LP}} = \left(\frac{2\pi}{L}\right)^2 \tag{7.63}$$

式 (7.62) のような状態数 W の計算方法では，円周付近における点の数え漏れがある．しかし，$K \gg \pi/L$ のときには円の中の点の個数がきわめて多いので，円周付近における点の数え漏れを無視している．なお，式 (7.63) における S_{KP} は半径 K の円の面積，S_{LP} は点 (K_x, K_y) がつくる最小の正方形の面積である．

式 (7.56), (7.62) から，束縛条件，周期的境界条件にかかわらず，1モードあたりの状態数 W が等しく，式 (7.49) を用いると，1モードあたりの状態密度 $D(K)$ は，

$$D(K) = \frac{\mathrm{d}W}{\mathrm{d}K} = \frac{K}{2\pi} L^2 \tag{7.64}$$

と表される．式 (7.64) から，単位面積あたりの状態密度 $D_{\mathrm{S}}(K)$ は，次のようになる．

$$D_{\mathrm{S}}(K)=\frac{D(K)}{L^2}=\frac{K}{2\pi} \tag{7.65}$$

【例題 7.2】

分散関係が次式で与えられるとき，3次元格子の状態密度 $D(\omega)$ を求めよ．

$$\omega=AK^2\ (A:\text{定数}, K\geq 0) \tag{7.66}$$

解

式 (7.66) から，両辺の微分をとると

$$\mathrm{d}\omega=2AK\,\mathrm{d}K=2\sqrt{A\omega}\,\mathrm{d}K \tag{7.67}$$

となる．式 (7.66), (7.67), (7.50) を式 (7.49) に代入すると，次のようになる．

$$D(\omega)\,\mathrm{d}\omega=D(K)\mathrm{d}K=\frac{K^2}{2\pi^2}L^3\mathrm{d}K=\frac{\omega}{2\pi^2A}L^3\,\mathrm{d}K \tag{7.68}$$

したがって，状態密度 $D(\omega)$ は次のように求められる．

$$D(\omega)=\frac{\omega}{2\pi^2A}L^3\frac{\mathrm{d}K}{\mathrm{d}\omega}=\frac{\omega}{2\pi^2A}L^3\frac{1}{2\sqrt{A\omega}}=\frac{L^3}{4\pi^2}\sqrt{\frac{\omega}{A^3}} \tag{7.69}$$

7.1.8 フォノンによる熱容量

角振動数 $\omega\sim\omega+\mathrm{d}\omega$ の範囲に存在する状態数は $D(\omega)\,\mathrm{d}\omega$ だから，角振動数 $\omega\sim\omega+\mathrm{d}\omega$ の範囲に存在するフォノン数は，一つの状態を占有する平均フォノン数 $\langle n\rangle$ すなわちプランク分布関数を用いて $\langle n\rangle D(\omega)\,\mathrm{d}\omega$ と表される．

フォノンのエネルギー U_{p} は，状態密度 $D_m(\omega)$ を用い，式 (4.149) の n を式 (3.33) のプランク分布関数 $\langle n\rangle$ で置き換えて

$$\begin{aligned}U_{\mathrm{p}}&=\sum_m\int D_m(\omega)\left(\langle n\rangle+\frac{1}{2}\right)\hbar\omega\,\mathrm{d}\omega\\&=\sum_m\int D_m(\omega)\left[\frac{1}{\exp(\hbar\omega/k_{\mathrm{B}}T)-1}+\frac{1}{2}\right]\hbar\omega\,\mathrm{d}\omega\end{aligned} \tag{7.70}$$

と表すことができる．ここで，添え字の m はモードに対する指標である．

体積一定の場合，フォノンによる熱容量，すなわち**定積熱容量** (specific heat capacity at constant volume) C_p は，次式によって定義される．

$$C_\mathrm{p} = \left(\frac{\partial U_\mathrm{p}}{\partial T}\right)_V \tag{7.71}$$

なお，**比熱** (specific heat) は，単位質量あたりの熱容量である．一様な物体の場合，熱容量は比熱と質量の積で与えられる．

7.1.9　アインシュタイン・モデル

アインシュタイン (Einstein) は，格子振動の角振動数 ω が一定であるとし，3次元格子に対する状態密度 $D(\omega)$ をデルタ関数を用いて，次のように表した．

$$D(\omega) = 3N\delta\left(\omega - \omega_0\right) \tag{7.72}$$

ここで，N は振動子の個数，ω_0 が格子振動の角振動数である．このような物理モデルをアインシュタイン・モデル (Einstein model) という．

アインシュタイン・モデルでは，3次元格子におけるフォノンのエネルギー U_p は，式 (7.70), (7.72) から次のようになる．

$$\begin{aligned} U_\mathrm{p} &= 3N\int_0^\infty \delta\left(\omega-\omega_0\right)\left[\frac{1}{\exp\left(\hbar\omega/k_\mathrm{B}T\right)-1}+\frac{1}{2}\right]\hbar\omega\,\mathrm{d}\omega \\ &= 3N\left[\frac{1}{\exp\left(\hbar\omega_0/k_\mathrm{B}T\right)-1}+\frac{1}{2}\right]\hbar\omega_0 \end{aligned} \tag{7.73}$$

式 (7.73) を式 (7.71) に代入すると，フォノンによる3次元格子に対する定積熱容量 C_p は次式のようになる．

$$C_\mathrm{p} = 3N\frac{\hbar^2{\omega_0}^2}{k_\mathrm{B}T^2}\frac{\exp\left(\hbar\omega_0/k_\mathrm{B}T\right)}{\left[\exp\left(\hbar\omega_0/k_\mathrm{B}T\right)-1\right]^2} \tag{7.74}$$

7.1.10　デバイ・モデル

デバイ (Debye) は，各モードにおいて音速 v が一定であるとし，分散関係を

$$\omega = vK \tag{7.75}$$

と表した．このような近似をデバイ近似 (Debye approximation) といい，デバイ近似を用いた物理モデルは，デバイ・モデル (Debye model) とよばれている．

式 (7.75), (7.50) を式 (7.49) に代入すると，3 次元格子に対する状態密度 $D(\omega)$ は，次式のように表される．

$$D(\omega) = D(K)\frac{\mathrm{d}K}{\mathrm{d}\omega} = \frac{K^2}{2\pi^2}L^3\frac{1}{v} = \frac{(\omega/v)^2}{2\pi^2 v}L^3 = \frac{\omega^2}{2\pi^2 v^3}L^3 \tag{7.76}$$

振動子の個数 N は，1 モードあたりの状態数 W と等しい．したがって，ω の上限を ω_D とすると，

$$N = W = \int_0^{\omega_\mathrm{D}} D(\omega)\,\mathrm{d}\omega = \frac{{\omega_\mathrm{D}}^3}{6\pi^2 v^3}L^3 \tag{7.77}$$

と表される．これから，

$$\omega_\mathrm{D} = v\left(\frac{6\pi^2 N}{L^3}\right)^{1/3} \tag{7.78}$$

であり，

$$\theta = \frac{\hbar\omega_\mathrm{D}}{k_\mathrm{B}} = \frac{\hbar v}{k_\mathrm{B}}\left(\frac{6\pi^2 N}{L^3}\right)^{1/3} \tag{7.79}$$

によって，デバイ温度 (Debye temperature) θ が定義される．

7.1.11　デバイ・モデルにおけるフォノンのエネルギー

デバイ・モデルでは，3 次元格子におけるフォノンのエネルギー U_p は，式 (7.70), (7.76) から

$$U_\mathrm{p} = 3\int_0^{\omega_\mathrm{D}} \frac{\omega^2}{2\pi^2 v^3}L^3\left[\frac{1}{\exp\left(\frac{\hbar\omega}{k_\mathrm{B}T}\right) - 1} + \frac{1}{2}\right]\hbar\omega\,\mathrm{d}\omega \tag{7.80}$$

となる．ただし，モード数を 3（縦モード 1, 横モード 2）とした．ここで，積分を容易にするために，

$$x = \frac{\hbar\omega}{k_\mathrm{B}T} \tag{7.81}$$

とおくと，次のようになる．

$$\mathrm{d}x = \frac{\hbar}{k_\mathrm{B}T}\mathrm{d}\omega \tag{7.82}$$

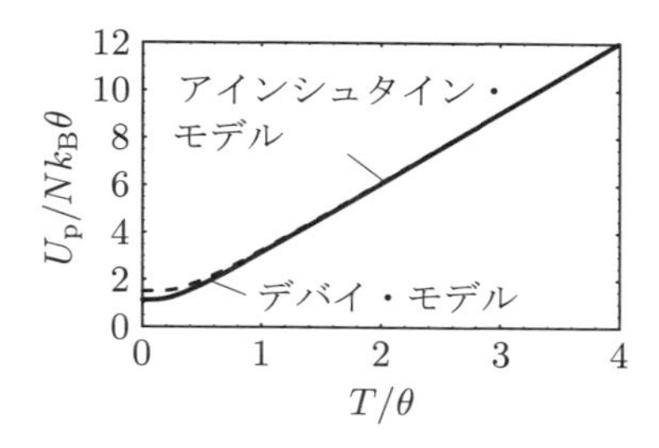

図 7.13 3 次元格子に対するフォノンのエネルギー（実線：デバイ・モデル，破線：アインシュタイン・モデル）

$$\omega = 0 \text{ のとき } x = 0, \quad \omega = \omega_\mathrm{D} \text{ のとき } x = \frac{\hbar\omega_\mathrm{D}}{k_\mathrm{B}T} = \frac{\theta}{T} \tag{7.83}$$

ここで，式 (7.79) を用いた．

式 (7.78), (7.81)–(7.83) を式 (7.80) に代入すると，次の結果が得られる．

$$\begin{aligned} U_\mathrm{p} &= \frac{3L^3{k_\mathrm{B}}^4T^4}{2\pi^2\hbar^3v^3}\int_0^{\frac{\theta}{T}} \frac{x^3}{\mathrm{e}^x - 1}\,\mathrm{d}x + \frac{3\hbar L^3}{16\pi^2v^3}{\omega_\mathrm{D}}^4 \\ &= 9Nk_\mathrm{B}\theta\left(\frac{T}{\theta}\right)^4\int_0^{\frac{\theta}{T}} \frac{x^3}{\mathrm{e}^x - 1}\,\mathrm{d}x + \frac{9}{8}Nk_\mathrm{B}\theta \end{aligned} \tag{7.84}$$

式 (7.84) において，積分の上端（上限）に絶対温度 T が含まれていることに注意しよう．

図 7.13 に 3 次元格子に対するフォノンのエネルギー U_p を T/θ の関数として示す．実線はデバイ・モデルに対する結果であり，破線はアインシュタイン・モデルによる結果である．ただし，

$$\theta = \frac{\hbar\omega_0}{k_\mathrm{B}} \tag{7.85}$$

とした．図 7.13 からわかるように，U_p は T/θ に対する単調増加関数であり，T/θ が大きくなるにつれて，だんだん T/θ に比例するようになる．極低温では，アインシュタイン・モデルにおけるエネルギーの方がデバイ・モデルにおけるエネルギーよりも大きい．

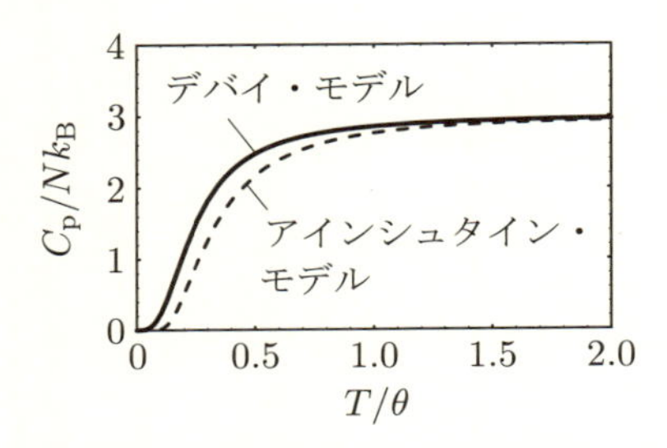

図 7.14　3次元格子に対するフォノンの熱容量（実線：デバイ・モデル，破線：アインシュタイン・モデル）

7.1.12　デバイ・モデルにおけるフォノンの定積熱容量

デバイ・モデルにおける3次元格子に対するフォノンの定積熱容量 C_p は，式 (7.80) を式 (7.71) に代入して，次のように求められる．

$$
\begin{aligned}
C_\mathrm{p} &= \frac{3L^3\hbar^2}{2\pi^2 v^3 k_\mathrm{B} T^2}\int_0^{\omega_\mathrm{D}} \frac{\omega^4 \exp\left(\frac{\hbar\omega}{k_\mathrm{B}T}\right)}{\left[\exp\left(\frac{\hbar\omega}{k_\mathrm{B}T}\right)-1\right]^2}\,\mathrm{d}\omega \\
&= 9Nk_\mathrm{B}\left(\frac{T}{\theta}\right)^3 \int_0^{\frac{\theta}{T}} \frac{x^4\mathrm{e}^x}{(\mathrm{e}^x-1)^2}\,\mathrm{d}x
\end{aligned}
\tag{7.86}
$$

図 7.14 に3次元格子に対するフォノンの熱容量 C_p を T/θ の関数として示す．実線はデバイ・モデルに対する結果であり，破線はアインシュタイン・モデルによる結果である．図 7.14 からわかるように，C_p は T/θ の増加につれて飽和する．アインシュタイン・モデルは，フォノンの光学モードを表す近似として，よく用いられている．しかし，アインシュタイン・モデルでは極低温における比熱に対する実験結果を説明することができない．後述するように，極低温における比熱に対する実験結果は，デバイ・モデルによってよく説明できる．

7.1.13　極低温の場合

ここで，極低温 ($T \ll \theta$) の場合について考えよう．このとき，積分の下端（下限）と上端（上限）は，それぞれ次のようになる．

$$\omega = 0 \text{ のとき } x = 0, \quad \omega = \omega_\mathrm{D} \text{ のとき } x = \frac{\hbar\omega_\mathrm{D}}{k_\mathrm{B}T} = \frac{\theta}{T} \simeq \infty \tag{7.87}$$

したがって，極低温ではデバイ・モデルによる U_p は

$$\begin{aligned} U_\mathrm{p} &= \frac{3L^3 k_\mathrm{B}{}^4 T^4}{2\pi^2\hbar^3 v^3} \int_0^\infty \frac{x^3}{\mathrm{e}^x - 1}\,\mathrm{d}x + \frac{3\hbar L^3}{16\pi^2 v^3}\omega_\mathrm{D}{}^4 \\ &= \frac{\pi^2 L^3 k_\mathrm{B}{}^4}{10\hbar^3 v^3} T^4 + \frac{3\hbar L^3}{16\pi^2 v^3}\omega_\mathrm{D}{}^4 \end{aligned} \tag{7.88}$$

となる．ここで

$$\int_0^\infty \frac{x^3}{\mathrm{e}^x - 1}\,\mathrm{d}x = \frac{\pi^4}{15} \tag{7.89}$$

を用いた．式 (7.88) を式 (7.71) に代入すると，フォノンによる定積熱容量 C_p は次式のようになり，極低温では絶対温度 T の 3 乗に比例する．この計算結果は，実験結果とよく一致する．

$$C_\mathrm{p} = \frac{2\pi^2 k_\mathrm{B}{}^4 L^3}{5\hbar^3 v^3} T^3 \tag{7.90}$$

7.2 自由電子気体による比熱

極低温における金属の比熱は，格子振動による寄与と自由電子気体による寄与とで決まる．これから，比熱に対する自由電子気体による寄与について説明しよう．

7.2.1 自由電子の状態数

金属中における自由電子は，金属中のポテンシャルの影響を受けている．したがって，自由という表現がついていても，完全な自由粒子というわけではない．また，箱型ポテンシャルの中に存在する粒子を箱型ポテンシャル中の自由粒子と表現したり，ポテンシャルの井戸の中に存在する粒子を井戸中の自由粒子を表現したりする．このように，自由という表現がついていても，必ずしも完全な自由粒子というわけではないことに注意しよう．

質量 m の自由電子 1 個の運動エネルギー E は，波数ベクトルを $\boldsymbol{K} = (K_x, K_y, K_z)$ とおき，$K = |\boldsymbol{K}|$ とすると，第 4 章で学んだことを用いて，次

のように求められる．

$$E = \frac{\hbar^2}{2m}\left({K_x}^2 + {K_y}^2 + {K_z}^2\right) = \frac{\hbar^2 K^2}{2m} \tag{7.91}$$

さて，自由電子の運動エネルギーが E 以下となる状態数 W_e は，エネルギー E 以下をもつ自由電子の個数 N_e と等しい．波動関数 $\varphi(\boldsymbol{r})$ における波数ベクトル $\boldsymbol{K}$ の決め方は，格子振動の場合と同様である．ただし，電子には上向きスピン，下向きスピンという2個の状態が存在するので，$W_\mathrm{e} = N_\mathrm{e}$ は，格子振動に対する1モードあたりの状態数 W の2倍になる．したがって，式(7.41)あるいは式(7.47)を2倍することで，次の関係が得られる．

$$W_\mathrm{e} = N_\mathrm{e} = 2W = \frac{K^3}{3\pi^2}L^3 \tag{7.92}$$

式(7.91)を式(7.92)に代入すると，自由電子の状態数 W_e すなわち自由電子の個数 N_e を次のようになる．

$$W_\mathrm{e} = N_\mathrm{e} = \frac{L^3}{3\pi^2}\left(\frac{2mE}{\hbar^2}\right)^{3/2} \tag{7.93}$$

7.2.2　自由電子気体の状態密度

式(7.93)から，3次元自由電子気体の状態密度 $D_\mathrm{e}(E)$ は，次のようになる．

$$D_\mathrm{e}(E) = \frac{\mathrm{d}W_\mathrm{e}}{\mathrm{d}E} = \frac{L^3}{2\pi^2}\left(\frac{2m}{\hbar^2}\right)^{3/2}\sqrt{E} = \frac{3}{2}\frac{N_\mathrm{e}}{E} \tag{7.94}$$

自由電子の個数 N_e は，状態密度 $D_\mathrm{e}(E)$ とフェルミ–ディラック分布関数 $f_\mathrm{FD}(E)$ を用いて，

$$N_\mathrm{e} = \int_0^\infty f_\mathrm{FD}(E) D_\mathrm{e}(E)\,\mathrm{d}E \tag{7.95}$$

と表すこともできる．また，絶対零度 ($T = 0\,\mathrm{K}$) では，自由電子の運動エネルギーの上限はフェルミ準位 E_F であり，$f_\mathrm{FD}(E) = 1$ だから，自由電子の個数 N_e を次のように書くこともできる．

$$N_\mathrm{e} = \int_0^{E_\mathrm{F}} D_\mathrm{e}(E)\,\mathrm{d}E = \frac{L^3}{3\pi^2}\left(\frac{2mE_\mathrm{F}}{\hbar^2}\right)^{3/2} \tag{7.96}$$

なお，フェルミ準位 E_F は温度の関数であり，絶対零度におけるフェルミ準位を特別にフェルミ・エネルギー (Fermi energy) とよんで区別している．

7.2.3 自由電子気体のエネルギー

自由電子気体のエネルギー U_{e} は，状態密度 $D_{\mathrm{e}}(E)$ とフェルミ–ディラック分布関数 $f_{\mathrm{FD}}(E)$ を用いて，次のように表される．

$$\begin{aligned} U_{\mathrm{e}} &= \int_0^{E_{\max}} E f_{\mathrm{FD}}(E) D_{\mathrm{e}}(E)\,\mathrm{d}E \\ &= \frac{L^3}{2\pi^2}\left(\frac{2m}{\hbar^2}\right)^{3/2} \int_0^{E_{\max}} \frac{E^{3/2}}{\exp\left[(E-E_{\mathrm{F}})/k_{\mathrm{B}}T\right]+1}\,\mathrm{d}E \end{aligned} \tag{7.97}$$

ここで，式 (3.80), (7.94) を用いた．ただし，化学ポテンシャル μ をフェルミ準位 E_{F} で置き換えた．また，$E_{\max}$ は自由電子気体のエネルギーの上限である．これから，自由電子気体のエネルギーの上限 $E_{\max}$ が，フェルミ準位 E_{F} に比べて十分大きい場合，すなわち $E_{\max} \gg E_{\mathrm{F}}$ の場合について考えよう．積分範囲 $E_{\max} \gg E_{\mathrm{F}}$ の領域では，フェルミ–ディラック分布関数 $f_{\mathrm{FD}}(E)$ に対して $f_{\mathrm{FD}}(E) \ll 1$ という条件が成り立つから，積分の上端（上限）を無限大としてもよい近似となる．したがって，自由電子気体のエネルギー U_{e} は，次のように表すことができる．

$$U_{\mathrm{e}} \simeq \frac{L^3}{2\pi^2}\left(\frac{2m}{\hbar^2}\right)^{3/2} \int_0^{\infty} \frac{E^{3/2}}{\exp\left[(E-E_{\mathrm{F}})/k_{\mathrm{B}}T\right]+1}\,\mathrm{d}E \tag{7.98}$$

式 (7.98) を図示すると，図 7.15 のようになり，$U_{\mathrm{e}}/N_{\mathrm{e}}E_{\mathrm{F}}$ は $k_{\mathrm{B}}T/E_{\mathrm{F}}$ に対して単調に増加する．

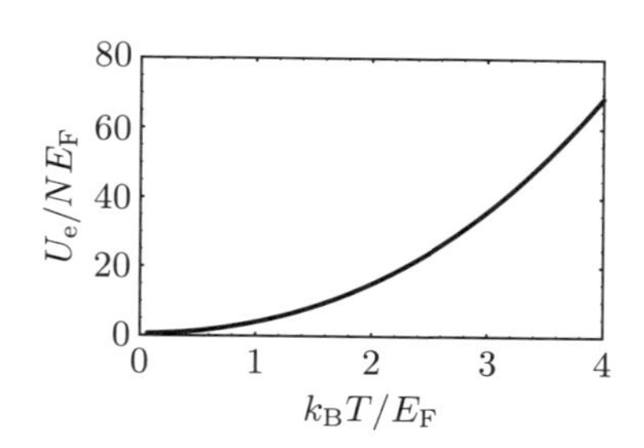

図 7.15 3 次元自由電子気体のエネルギー

3次元自由電子気体による定積熱容量 C_{e} は，式 (7.98), (7.71) から

$$
\begin{aligned}
C_{\mathrm{e}} &= \left(\frac{\partial U_{\mathrm{e}}}{\partial T}\right)_V \\
&\simeq \frac{L^3}{2\pi^2}\left(\frac{2m}{\hbar^2}\right)^{3/2}\int_0^\infty E^{3/2}\frac{\partial}{\partial T}\left[\exp\left(\frac{E-E_{\mathrm{F}}}{k_{\mathrm{B}}T}\right)+1\right]^{-1}\mathrm{d}E \qquad (7.99)
\end{aligned}
$$

となる．式 (7.99) を図示すると，図 7.16 のようになり，$C_{\mathrm{e}}/Nk_{\mathrm{B}}$ は $k_{\mathrm{B}}T/E_{\mathrm{F}}$ に対して単調に増加する．

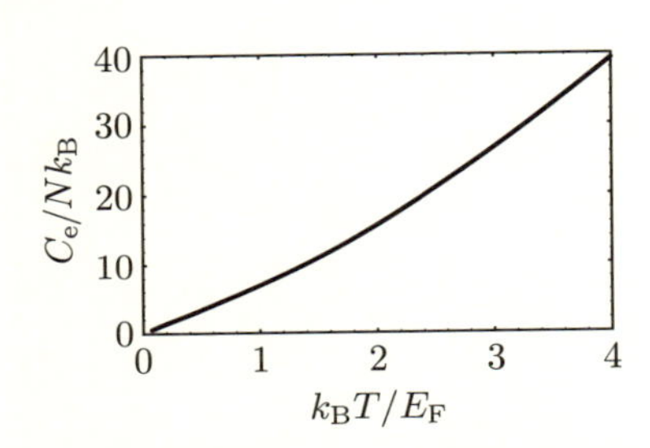

図 7.16　3次元自由電子気体の熱容量

7.2.4　自由電子気体の極低温における熱容量

極低温 ($T \simeq 0\,\mathrm{K}$) における熱容量について考えよう．式 (7.97), (7.71) から，自由電子気体による熱容量 C_{e} を次のように書き換えることができる．

$$
\begin{aligned}
C_{\mathrm{e}} &= \int_0^{E_{\max}} E\,\frac{\partial f_{\mathrm{FD}}(E)}{\partial T}D_{\mathrm{e}}(E)\,\mathrm{d}E \\
&= k_{\mathrm{B}}\int_0^{E_{\max}} \frac{E-E_{\mathrm{F}}}{k_{\mathrm{B}}}\frac{\partial f_{\mathrm{FD}}(E)}{\partial T}D_{\mathrm{e}}(E)\,\mathrm{d}E \\
&\quad + E_{\mathrm{F}}\int_0^{E_{\max}} \frac{\partial f_{\mathrm{FD}}(E)}{\partial T}D_{\mathrm{e}}(E)\,\mathrm{d}E \qquad (7.100)
\end{aligned}
$$

ここで，式 (7.100) における被積分関数の一部

$$
\frac{E-E_{\mathrm{F}}}{k_{\mathrm{B}}}\frac{\partial f_{\mathrm{FD}}(E)}{\partial T},\quad \frac{\partial f_{\mathrm{FD}}(E)}{\partial T}
$$

に着目してみよう．これらを $(E-E_{\mathrm{F}})/k_{\mathrm{B}}T$ の関数として示すと，図 7.17 のようになる．

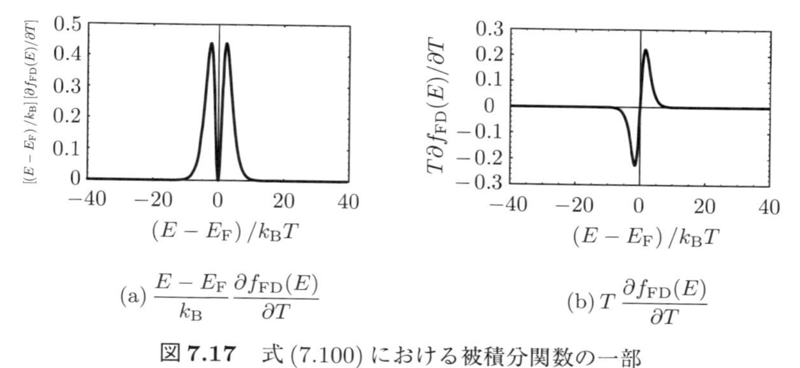

(a) $\dfrac{E-E_\mathrm{F}}{k_\mathrm{B}}\dfrac{\partial f_\mathrm{FD}(E)}{\partial T}$　(b) $T\,\dfrac{\partial f_\mathrm{FD}(E)}{\partial T}$

図 7.17　式 (7.100) における被積分関数の一部

図 7.17 を見ると，これらの関数は $E \simeq E_\mathrm{F}$ 付近だけで値をもち，それ以外の領域つまり $|E-E_\mathrm{F}|$ が大きい領域ではほぼ 0 になることがわかる．したがって，式 (7.100) は，次のように書き換えられる．

$$
\begin{aligned}
C_\mathrm{e} = k_\mathrm{B} D_\mathrm{e}(E_\mathrm{F}) \int_0^{E_\mathrm{max}} \frac{E-E_\mathrm{F}}{k_\mathrm{B}} \frac{\partial f_\mathrm{FD}(E)}{\partial T}\,\mathrm{d}E \\
+ E_\mathrm{F} D_\mathrm{e}(E_\mathrm{F}) \int_0^{E_\mathrm{max}} \frac{\partial f_\mathrm{FD}(E)}{\partial T}\,\mathrm{d}E
\end{aligned}
\tag{7.101}
$$

ここで，積分を容易にするために，

$$
x = \frac{E-E_\mathrm{F}}{k_\mathrm{B}T} \tag{7.102}
$$

とおくと，

$$
\mathrm{d}x = \frac{1}{k_\mathrm{B}T}\mathrm{d}E \tag{7.103}
$$

$$
E = 0 \text{ のとき } x = -\frac{E_\mathrm{F}}{k_\mathrm{B}T} \to -\infty \tag{7.104}
$$

$$
E = E_\mathrm{max} \text{ のとき } x = \frac{E_\mathrm{max}-E_\mathrm{F}}{k_\mathrm{B}T} \to \infty \tag{7.105}
$$

となる．

したがって，極低温では

$$
\begin{aligned}
C_{\mathrm{e}} &\simeq {k_{\mathrm{B}}}^2 D_{\mathrm{e}}(E_{\mathrm{F}}) T \int_{-\infty}^{\infty} \frac{x^2 \mathrm{e}^x}{(\mathrm{e}^x + 1)^2}\,\mathrm{d}x \\
&= \frac{1}{3}\pi^2 {k_{\mathrm{B}}}^2 D_{\mathrm{e}}(E_{\mathrm{F}}) T = \frac{1}{2}\pi^2 N_{\mathrm{e}} k_{\mathrm{B}} \frac{T}{T_{\mathrm{F}}} \propto T
\end{aligned} \tag{7.106}
$$

となって，絶対温度 T に比例することがわかる．ただし，ここで

$$
\int_{-\infty}^{\infty} \frac{x^2 \mathrm{e}^x}{(\mathrm{e}^x + 1)^2}\,\mathrm{d}x = \frac{\pi^2}{3} \tag{7.107}
$$

と式 (7.94) を用いた．また，$T_{\mathrm{F}} = E_{\mathrm{F}}/k_{\mathrm{B}}$ は，**フェルミ温度** (Fermi temperature) とよばれるパラメータである．

金属のように，T^3 に比例するフォノンによる寄与と T に比例する自由電子気体による寄与がある場合，極低温における定積比熱 C は，

$$
C = \alpha T^3 + \beta T \tag{7.108}
$$

と表すことができ，実験結果とよく一致する．なお，ここで α, β は温度に依存しない係数である．

第8章

エネルギーバンド

この章の目的

結晶中では，電子が占有するエネルギー状態は，ほぼ連続となり，エネルギーバンドを形成する．そして，結晶の周期性によって，エネルギーバンド間に禁制帯が形成される．この章では，これらのエネルギーバンドと禁制帯について説明する．

キーワード

パウリの排他律，エネルギーバンド，禁制帯，エネルギーギャップ，バンドギャップ，充満帯，価電子帯，伝導帯，ほとんど自由な電子モデル，周期性，ブロッホの定理，クローニッヒーペニーモデル，有効質量，サイクロトロン共鳴

8.1 エネルギーバンドと禁制帯

結晶中では，原子間の距離が数オングストローム (Å) 程度と近いため，原子の電子分布が，隣接する原子の電子分布と重なる．電子はフェルミ粒子であり，2 個の電子が同じ状態を占有することはできない．この原理をパウリの排他律 (Pauli exclusion principle) という．

電子が占有可能な状態がつくられるように電子のエネルギー準位は分裂し，新たなエネルギー準位が形成される．このエネルギー準位の間隔は 10^{-18} eV 程度ときわめて小さく，ほぼ連続とみなされる．このようにほぼ連続とみなさ

れるエネルギー準位の一群は，**エネルギーバンド** (energy band) とよばれる．

電子が詰まっているエネルギーバンドを**充満帯** (filled band) という．共有結合結晶では，充満帯を占有している電子は結合に寄与しており，**価電子** (valence electron) とよばれている．そこで，共有結合結晶では，充満帯のことを**価電子帯** (valence band) ともいう．

一方，充満帯よりも電子のエネルギーが高く，電気伝導に寄与するエネルギーバンドを**伝導帯** (conduction band) という．ただし，伝導帯を占有している電子が電気伝導に寄与するためには，伝導帯がすべて占有されていないこと，つまり伝導帯に空席があることが必要である．

結晶の周期性によって，電子が占有することのできないエネルギー領域が，エネルギーバンド間に形成される．この領域を**禁制帯** (forbidden band)，**エネルギーギャップ** (energy gap)，または**バンドギャップ** (band gap) という．一般に，禁制帯の大きさは，電子ボルト (eV) あるいはそれ以上のオーダーである．

図 8.1 に絶縁体，半導体，半金属，金属のエネルギーバンドを示す．図 8.1 において，長方形がエネルギーバンドを表し，網掛け部が電子が占有している領域を示す．また，電子のエネルギーは，上方ほど高い．

図 8.1 (a) のように，伝導帯が完全に空の場合，あるいは伝導帯に電子が充満している場合，電子は動くことができず，この固体は**絶縁体** (insulator) に

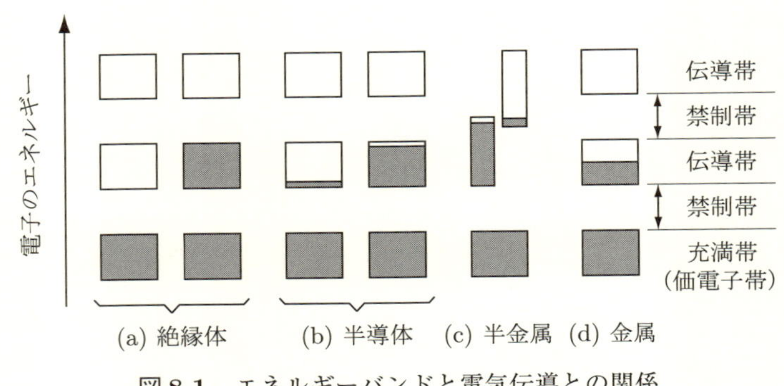

図 8.1　エネルギーバンドと電気伝導との関係

なる．図 8.1 (b) のように，伝導帯がわずかに電子で占有されているか，またはわずかに空の部分をもっていれば，この固体は**半導体** (semiconductor) となる．このとき，電気伝導に寄与する電子，すなわち伝導電子の濃度は，原子濃度のせいぜい 10^{-2} 以下である．図 8.1 (c) のように，わずかに電子で占有されている伝導帯とわずかに空の部分がある伝導帯が重なっている場合，**半金属** (semimetal) になる．図 8.1 (d) のように，伝導帯のうち 10 % から 90 % 程度が電子で占有されている場合，この固体は**金属** (metal) になる．

8.2 ほとんど自由な電子モデル

結晶のバンド構造は，**ほとんど自由な電子モデル** (nearly free electron model) を用いて，定性的に説明することができる．このモデルでは，伝導電子は結晶中を自由に動き回ろうとするが，イオン殻の**周期的ポテンシャル** (periodic potential) によって，伝導電子が**摂動** (perturbation) を受けていると考える．

8.2.1 ほとんど自由な電子に対するシュレーディンガー方程式

ポテンシャルの影響をまったく受けずに自由に運動している電子，すなわち自由電子に対するハミルトニアンを非摂動ハミルトニアン $\mathcal{H}_0$ とし，摂動ハミルトニアン $\mathcal{H}'$ を周期的ポテンシャル $U(\boldsymbol{r})$ とすると，ほとんど自由な電子に対するシュレーディンガー方程式は，次のように表される．

$$\left(\mathcal{H}_0 + \mathcal{H}'\right)\psi(\boldsymbol{k},\boldsymbol{r}) = E(\boldsymbol{k})\psi(\boldsymbol{k},\boldsymbol{r}) \tag{8.1}$$

$$\mathcal{H}_0 = -\frac{\hbar^2}{2m_0}\nabla^2,\ \mathcal{H}' = U(\boldsymbol{r}) \tag{8.2}$$

ここで，$\psi(\boldsymbol{k},\boldsymbol{r})$ は波動関数，$E(\boldsymbol{k})$ はエネルギー固有値である．そして，$\hbar$ はプランク定数 h を 2π で割った $\hbar = h/2\pi$ によって与えられ，ディラック定数とよばれることもある．また，m_0 は真空中の電子の質量である．

自由電子に対して，波動関数を $\psi_0(\boldsymbol{k},\boldsymbol{r})$，エネルギー固有値を $E_0(\boldsymbol{k})$ とすると，非摂動ハミルトニアン $\mathcal{H}_0$ を用いて，自由電子に対するシュレーディンガー方程式は，次のように書くことができる．

$$\mathcal{H}_0\psi_0(\boldsymbol{k},\boldsymbol{r}) = E_0(\boldsymbol{k})\psi_0(\boldsymbol{k},\boldsymbol{r}) \tag{8.3}$$

$$\psi_0(\boldsymbol{k},\boldsymbol{r}) = \frac{1}{\sqrt{V}}\exp(\mathrm{i}\boldsymbol{k}\cdot\boldsymbol{r}),\ E_0(\boldsymbol{k}) = \frac{\hbar^2}{2m_0}\boldsymbol{k}^2 \tag{8.4}$$

ここで，V は結晶の体積である．

これから，第4.7節で説明した定常状態における摂動論を用いて，ほとんど自由な電子モデルについて解析しよう．まず，解析を容易にするために，摂動ハミルトニアン $\mathcal{H}'$，つまり周期的ポテンシャル $U(\boldsymbol{r})$ を次のようにフーリエ級数展開する．

$$\mathcal{H}' = U(\boldsymbol{r}) = \sum_{\boldsymbol{K}} U_{\boldsymbol{K}}\exp(\mathrm{i}\boldsymbol{K}\cdot\boldsymbol{r}) \tag{8.5}$$

ここで，$U_{\boldsymbol{K}}$ はフーリエ係数である．周期的ポテンシャル $U(\boldsymbol{r})$ が実数であることに着目して式 (8.5) の両辺の複素共役をとると，次の関係が成り立つ．

$$U^*(\boldsymbol{r}) = \sum_{\boldsymbol{K}} U^*_{\boldsymbol{K}}\exp(-\mathrm{i}\boldsymbol{K}\cdot\boldsymbol{r}) = U(\boldsymbol{r}) \tag{8.6}$$

ここで，右肩の $*$ は複素共役であることを示している．また，周期的ポテンシャル $U(\boldsymbol{r})$ を次のようにフーリエ級数展開することもできる．

$$U(\boldsymbol{r}) = \sum_{\boldsymbol{K}} U_{-\boldsymbol{K}}\exp(-\mathrm{i}\boldsymbol{K}\cdot\boldsymbol{r}) \tag{8.7}$$

式 (8.6) と式 (8.7) を比較すると，次の関係が導かれる．

$$U^*_{\boldsymbol{K}} = U_{-\boldsymbol{K}} \tag{8.8}$$

縮退がない場合の摂動論

縮退がない場合，行列要素 $\langle\boldsymbol{k}'|\mathcal{H}'|\boldsymbol{k}\rangle$ を計算すると次のようになる．

$$\begin{aligned}\langle\boldsymbol{k}'|\mathcal{H}'|\boldsymbol{k}\rangle &= \int_0^V \psi_0{}^*(\boldsymbol{k}',\boldsymbol{r})\sum_{\boldsymbol{K}} U_{\boldsymbol{K}}\exp(\mathrm{i}\boldsymbol{K}\cdot\boldsymbol{r})\psi_0(\boldsymbol{k},\boldsymbol{r})\,\mathrm{d}V \\ &= \frac{1}{V}\sum_{\boldsymbol{K}}\int_0^V U_{\boldsymbol{K}}\exp\left[\mathrm{i}\left(\boldsymbol{k}+\boldsymbol{K}-\boldsymbol{k}'\right)\cdot\boldsymbol{r}\right]\,\mathrm{d}V \\ &= \begin{cases} 0 & (\boldsymbol{k}+\boldsymbol{K}\neq\boldsymbol{k}') \\ U_{\boldsymbol{K}} = U_{\boldsymbol{k}'-\boldsymbol{k}} & (\boldsymbol{k}+\boldsymbol{K}=\boldsymbol{k}') \end{cases}\end{aligned} \tag{8.9}$$

式 (8.9) から，$\boldsymbol{K}\neq 0$ のとき，$\boldsymbol{k}'=\boldsymbol{k}$ に対して，

$$\langle\boldsymbol{k}|\mathcal{H}'|\boldsymbol{k}\rangle = 0 \tag{8.10}$$

が導かれる．つまり，1次の摂動エネルギーは 0 になる．

1次の摂動までの範囲で，波動関数 $\psi(\boldsymbol{k},\boldsymbol{r})$ は次のように表される．

$$\begin{aligned}
\psi(\boldsymbol{k},\boldsymbol{r}) &= \psi_0(\boldsymbol{k},\boldsymbol{r}) + \sum_{\boldsymbol{k}'(\neq\boldsymbol{k})} \frac{\langle \boldsymbol{k}'|\mathcal{H}'|\boldsymbol{k}\rangle}{E_0(\boldsymbol{k}) - E_0(\boldsymbol{k}')} \psi_0(\boldsymbol{k}',\boldsymbol{r}) \\
&= \psi_0(\boldsymbol{k},\boldsymbol{r}) + \sum_{\boldsymbol{K}(\neq 0)} \frac{\langle \boldsymbol{k}+\boldsymbol{K}|\mathcal{H}'|\boldsymbol{k}\rangle}{E_0(\boldsymbol{k}) - E_0(\boldsymbol{k}+\boldsymbol{K})} \psi_0(\boldsymbol{k}+\boldsymbol{K},\boldsymbol{r}) \\
&= \frac{1}{\sqrt{V}} \left[1 + \sum_{\boldsymbol{K}(\neq 0)} \frac{U_{\boldsymbol{K}}}{E_0(\boldsymbol{k}) - E_0(\boldsymbol{k}+\boldsymbol{K})} \exp(\mathrm{i}\boldsymbol{K}\cdot\boldsymbol{r}) \right] \exp(\mathrm{i}\boldsymbol{k}\cdot\boldsymbol{r})
\end{aligned} \tag{8.11}$$

ここで，式 (8.4), (8.9) を用いた．

2次の摂動までの範囲では，エネルギー固有値 $E(\boldsymbol{k})$ は次のようになる．

$$\begin{aligned}
E(\boldsymbol{k}) &= E_0(\boldsymbol{k}) + \sum_{\boldsymbol{k}'(\neq\boldsymbol{k})} \frac{\langle \boldsymbol{k}'|\mathcal{H}'|\boldsymbol{k}\rangle \langle \boldsymbol{k}|\mathcal{H}'|\boldsymbol{k}'\rangle}{E_0(\boldsymbol{k}) - E_0(\boldsymbol{k}')} \\
&= E_0(\boldsymbol{k}) + \sum_{\boldsymbol{K}(\neq 0)} \frac{|U_{\boldsymbol{K}}|^2}{E_0(\boldsymbol{k}) - E_0(\boldsymbol{k}+\boldsymbol{K})}
\end{aligned} \tag{8.12}$$

ここで，式 (8.9) を用いた．

縮退がある場合の摂動論

縮退がある場合，つまり $E_0(\boldsymbol{k}) = E_0(\boldsymbol{k}+\boldsymbol{K})$ の場合，波動関数 $\psi(\boldsymbol{k},\boldsymbol{r})$ を $\psi_0(\boldsymbol{k},\boldsymbol{r})$ の線形結合として次のように表す．

$$\psi(\boldsymbol{k},\boldsymbol{r}) = \sum_{\boldsymbol{k}'} a_{\boldsymbol{k}'} \psi_0(\boldsymbol{k}',\boldsymbol{r}) = \sum_{\boldsymbol{K}'} A_{\boldsymbol{K}'} \exp[\mathrm{i}(\boldsymbol{k}+\boldsymbol{K}')\cdot\boldsymbol{r}] \tag{8.13}$$

ただし，$\boldsymbol{k}' = \boldsymbol{k}+\boldsymbol{K}'$ とおいた．また，$a_{\boldsymbol{k}'}$ と $A_{\boldsymbol{K}'}$ は線形結合をつくるための係数である．式 (8.13), (8.5) を式 (8.1) に代入すると，次のようになる．

$$\begin{aligned}
&\sum_{\boldsymbol{K}'} \left[\frac{\hbar^2}{2m_0}(\boldsymbol{k}+\boldsymbol{K}')^2 - E(\boldsymbol{k}) \right] A_{\boldsymbol{K}'} \exp[\mathrm{i}(\boldsymbol{k}+\boldsymbol{K}')\cdot\boldsymbol{r}] \\
&\qquad + \sum_{\boldsymbol{K}'} \sum_{\boldsymbol{K}''} U_{\boldsymbol{K}''} \exp(\mathrm{i}\boldsymbol{K}''\cdot\boldsymbol{r}) A_{\boldsymbol{K}'} \exp[\mathrm{i}(\boldsymbol{k}+\boldsymbol{K}')\cdot\boldsymbol{r}] = 0
\end{aligned} \tag{8.14}$$

式 (8.14) に左から $\exp[-\mathrm{i}(\boldsymbol{k}+\boldsymbol{K}')\cdot\boldsymbol{r}]/V$ をかけ，その後に全体積にわたって積分すると，次式が得られる．

$$\left[E_0(\boldsymbol{k}+\boldsymbol{K}') - E(\boldsymbol{k})\right] A_{\boldsymbol{K}'} + \sum_{\boldsymbol{K}''} U_{\boldsymbol{K}'-\boldsymbol{K}''} A_{\boldsymbol{K}''} = 0 \tag{8.15}$$

ここで，$\boldsymbol{K}' = \boldsymbol{K}''$ のときフーリエ係数が 0 つまり $U_0 = 0$ とし，A_0 と $A_{\boldsymbol{K}}$ が支配的な場合を考える．このとき，式 (8.15) から次式が導かれる．

$$[E_0(\boldsymbol{k}) - E(\boldsymbol{k})] A_0 + U_{-\boldsymbol{K}} A_{\boldsymbol{K}} = 0 \tag{8.16}$$

$$U_{\boldsymbol{K}} A_0 + [E_0(\boldsymbol{k}+\boldsymbol{K}) - E(\boldsymbol{k})] A_{\boldsymbol{K}} = 0 \tag{8.17}$$

【例題 8.1】

式 (8.14) から式 (8.15) を導出せよ．

解

計算をわかりやすくするために，式 (8.14) において $\sum$ の指標 $\boldsymbol{K}'$ を $\boldsymbol{K}$ と書き換えると，次式が得られる．

$$\sum_{\boldsymbol{K}} \left[\frac{\hbar^2}{2m_0}(\boldsymbol{k}+\boldsymbol{K})^2 - E(\boldsymbol{k})\right] A_{\boldsymbol{K}} \exp[\mathrm{i}(\boldsymbol{k}+\boldsymbol{K})\cdot\boldsymbol{r}] + \sum_{\boldsymbol{K}}\sum_{\boldsymbol{K}''} U_{\boldsymbol{K}''} A_{\boldsymbol{K}} \exp[\mathrm{i}(\boldsymbol{k}+\boldsymbol{K}+\boldsymbol{K}'')\cdot\boldsymbol{r}] = 0 \tag{8.18}$$

式 (8.18) に左から $\exp[-\mathrm{i}(\boldsymbol{k}+\boldsymbol{K}')\cdot\boldsymbol{r}]/V$ をかけると，次のようになる．

$$\frac{1}{V}\sum_{\boldsymbol{K}} \left[\frac{\hbar^2}{2m_0}(\boldsymbol{k}+\boldsymbol{K})^2 - E(\boldsymbol{k})\right] A_{\boldsymbol{K}} \exp[\mathrm{i}(\boldsymbol{K}-\boldsymbol{K}')\cdot\boldsymbol{r}] + \frac{1}{V}\sum_{\boldsymbol{K}}\sum_{\boldsymbol{K}''} U_{\boldsymbol{K}''} A_{\boldsymbol{K}} \exp[\mathrm{i}(\boldsymbol{K}''+\boldsymbol{K}-\boldsymbol{K}')\cdot\boldsymbol{r}] = 0 \tag{8.19}$$

式 (8.19) を全体積にわたって積分するとき，左辺第 1 項が 0 以外の値となるのは $\boldsymbol{K} = \boldsymbol{K}'$ のときである．また，左辺第 2 項が 0 以外の値となるのは $\boldsymbol{K}'' = \boldsymbol{K}' - \boldsymbol{K}$ のときである．したがって，式 (8.19) を全体積にわたって積分すると，次式が得られる．

$$\left[\frac{\hbar^2}{2m_0}(\boldsymbol{k}+\boldsymbol{K}')^2 - E(\boldsymbol{k})\right] A_{\boldsymbol{K}'} + \sum_{\boldsymbol{K}} U_{\boldsymbol{K}'-\boldsymbol{K}} A_{\boldsymbol{K}} = 0 \tag{8.20}$$

ここで，式 (8.4) から，次式が成り立つ．

$$E_0(\boldsymbol{k}+\boldsymbol{K}') = \frac{\hbar^2}{2m_0}(\boldsymbol{k}+\boldsymbol{K}')^2 \tag{8.21}$$

式 (8.21) を式 (8.20) に代入し，さらに式 (8.20) において $\sum$ の指標 $\boldsymbol{K}$ を $\boldsymbol{K}''$ と書き換えると，式 (8.15) が得られる．

【例題 8.2】

式 (8.16), (8.17) を導出せよ.

解

i) $\boldsymbol{K}' = 0$ のとき, 式 (8.15) は次のようになる.

$$[E_0(\boldsymbol{k}) - E(\boldsymbol{k})]\, A_0 + U_0 A_0 + U_{-\boldsymbol{K}} A_{\boldsymbol{K}} = 0 \tag{8.22}$$

ここで, $U_0 = 0$ を利用すると, 式 (8.16) が得られる.

ii) $\boldsymbol{K}' = \boldsymbol{K}$ のとき, 式 (8.15) は次のようになる.

$$[E_0(\boldsymbol{k} + \boldsymbol{K}) - E(\boldsymbol{k})]\, A_{\boldsymbol{K}} + U_{\boldsymbol{K}} A_0 + U_0 A_{\boldsymbol{K}} = 0 \tag{8.23}$$

ここで, $U_0 = 0$ を利用すると, 式 (8.17) が得られる.

8.2.2 ほとんど自由な電子のエネルギーバンド

連立方程式 (8.16), (8.17) が $A_0 = A_{\boldsymbol{K}} = 0$ 以外の解をもつためには, A_0 と $A_{\boldsymbol{K}}$ の係数を成分とする次の行列式が成り立てばよい.

$$\begin{vmatrix} E_0(\boldsymbol{k}) - E(\boldsymbol{k}) & U_{-\boldsymbol{K}} \\ U_{\boldsymbol{K}} & E_0(\boldsymbol{k} + \boldsymbol{K}) - E(\boldsymbol{k}) \end{vmatrix} = 0 \tag{8.24}$$

式 (8.24) から次のようになる.

$$[E_0(\boldsymbol{k}) - E(\boldsymbol{k})]\, [E_0(\boldsymbol{k} + \boldsymbol{K}) - E(\boldsymbol{k})] - U_{-\boldsymbol{K}} U_{\boldsymbol{K}} = 0 \tag{8.25}$$

$$\begin{aligned} \therefore\ \ E(\boldsymbol{k})^2 - [E_0(\boldsymbol{k}) + E_0(\boldsymbol{k} + \boldsymbol{K})]\, E(\boldsymbol{k}) & \\ + E_0(\boldsymbol{k}) E_0(\boldsymbol{k} + \boldsymbol{K}) - |U_{\boldsymbol{K}}|^2 = 0 & \end{aligned} \tag{8.26}$$

ここで, 式 (8.8) から次のようになることを用いた.

$$U_{-\boldsymbol{K}} U_{\boldsymbol{K}} = U_{\boldsymbol{K}}^* U_{\boldsymbol{K}} = |U_{\boldsymbol{K}}|^2 \tag{8.27}$$

式 (8.26) に対して, 2 次方程式の解の公式を用いると, エネルギー固有値 $E(\boldsymbol{k})$ は, 次のように求められる.

$$
\begin{aligned}
E(\boldsymbol{k}) &= \frac{1}{2}\left[E_0(\boldsymbol{k}) + E_0(\boldsymbol{k}+\boldsymbol{K})\right] \\
&\quad \pm \frac{1}{2}\sqrt{\left[E_0(\boldsymbol{k}+\boldsymbol{K}) + E_0(\boldsymbol{k})\right]^2 - 4\left[E_0(\boldsymbol{k})E_0(\boldsymbol{k}+\boldsymbol{K}) - |U_{\boldsymbol{K}}|^2\right]} \\
&= \frac{1}{2}\left[E_0(\boldsymbol{k}) + E_0(\boldsymbol{k}+\boldsymbol{K})\right] \\
&\quad \pm \frac{1}{2}\sqrt{E_0(\boldsymbol{k}+\boldsymbol{K})^2 - 2E_0(\boldsymbol{k})E_0(\boldsymbol{k}+\boldsymbol{K}) + E_0(\boldsymbol{k})^2 + 4|U_{\boldsymbol{K}}|^2} \\
&= \frac{1}{2}\left[E_0(\boldsymbol{k}) + E_0(\boldsymbol{k}+\boldsymbol{K})\right] \\
&\quad \pm \frac{1}{2}\sqrt{\left[E_0(\boldsymbol{k}+\boldsymbol{K}) - E_0(\boldsymbol{k})\right]^2 + 4|U_{\boldsymbol{K}}|^2}
\end{aligned}
\tag{8.28}
$$

式 (8.28) の $\pm$ に対応して二つのエネルギー固有値が存在することがわかる．

ここで，$E_0(\boldsymbol{k}+\boldsymbol{K}) = E_0(\boldsymbol{k})$ かつ $\boldsymbol{k} \neq \boldsymbol{0}$ の場合すなわち $\boldsymbol{k} = -\boldsymbol{K}/2$ の場合を考えよう．このとき，式 (8.28) から次のようになる．

$$E(-\boldsymbol{K}/2) = E_0(-\boldsymbol{K}/2) \pm |U_{\boldsymbol{K}}| \tag{8.29}$$

式 (8.29) から，ほとんど自由な電子モデルでは，$\boldsymbol{k} = -\boldsymbol{K}/2$ において大きさ $2|U_{\boldsymbol{K}}|$ の禁制帯が存在することがわかる．

図 8.2 (a) に自由電子モデルに対するエネルギーバンドを，図 8.2 (b) にほとんど自由な電子モデルに対するエネルギーバンドを示す．ただし，$\boldsymbol{k}$ と $\boldsymbol{K}$ は平行であると仮定し，$K = 2\pi/a$, $a = 5\,\text{Å} = 0.5\,\text{nm}$, $m_0 = 9.109 \times 10^{-31}\,\text{kg}$, $U_{\boldsymbol{K}} = 0.5\,\text{eV}$ とした．そして，図 8.2 (b) のほとんど自由な電子モデルに対するエネルギーバンドは，A_0, $A_{\boldsymbol{K}}$, $A_{2\boldsymbol{K}}$ が支配的な場合の計算結果である．図

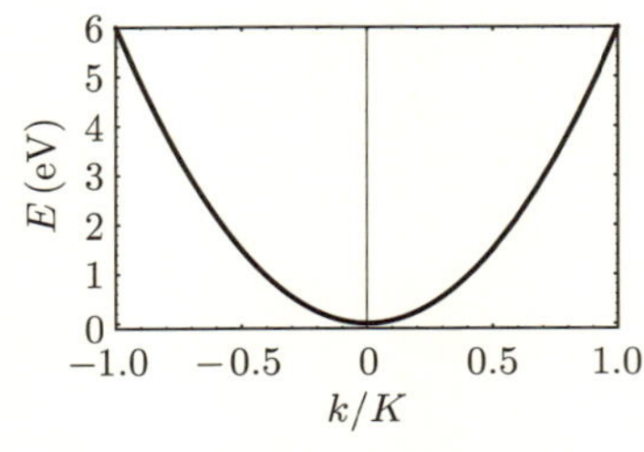

(a) 自由電子モデル

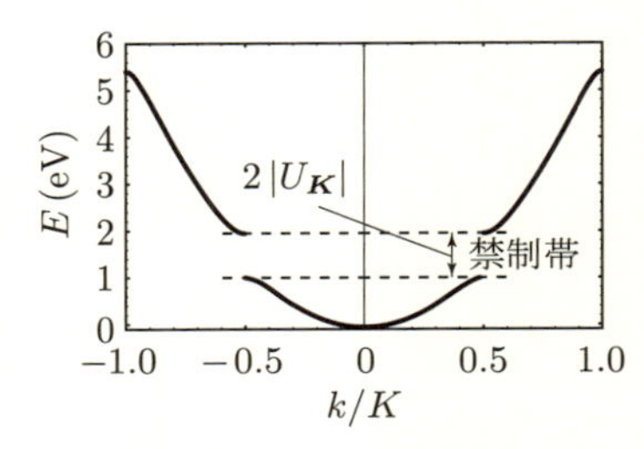

(b) ほとんど自由な電子モデル

図 8.2　自由電子モデルとほとんど自由な電子モデルに対するエネルギーバンド

8.2 (a) の自由電子モデルでは禁制帯が存在しないが，図 8.2 (b) のほとんど自由な電子モデルでは $k = \pm K/2$ において大きさ $2\,|U_{\boldsymbol{K}}|$ の禁制帯が存在することに注意しよう．また，$|\boldsymbol{K}| = K$ をみたすベクトルは $\boldsymbol{K}$ と $-\boldsymbol{K}$ であり，2 箇所で禁制帯が生じる．

$E_0(\boldsymbol{k}+\boldsymbol{K}) = E_0(\boldsymbol{k})$ すなわち $\boldsymbol{k} = -\boldsymbol{K}/2$ の場合，$U_{\boldsymbol{K}}$ が実数ならば，波動関数 $\psi(\boldsymbol{k}, \boldsymbol{r})$ は次式で与えられる．

$$\psi(\boldsymbol{k}, \boldsymbol{r}) = \sqrt{\frac{2}{V}} \cos\left(\frac{\boldsymbol{K}\cdot\boldsymbol{r}}{2}\right) \tag{8.30}$$

$$\psi(\boldsymbol{k}, \boldsymbol{r}) = \sqrt{\frac{2}{V}} \sin\left(\frac{\boldsymbol{K}\cdot\boldsymbol{r}}{2}\right) \tag{8.31}$$

式 (8.30), (8.31) から，$\boldsymbol{k} = -\boldsymbol{K}/2$ において，ほとんど自由な電子モデルに対する電子の存在確率 $|\psi(\boldsymbol{k}, \boldsymbol{r})|^2$ を示すと，図 8.3 のようになる．原子位置に伝導電子が多く存在する場合と，原子間に伝導電子が多く存在する場合の 2 通りあることが，この図からわかる．

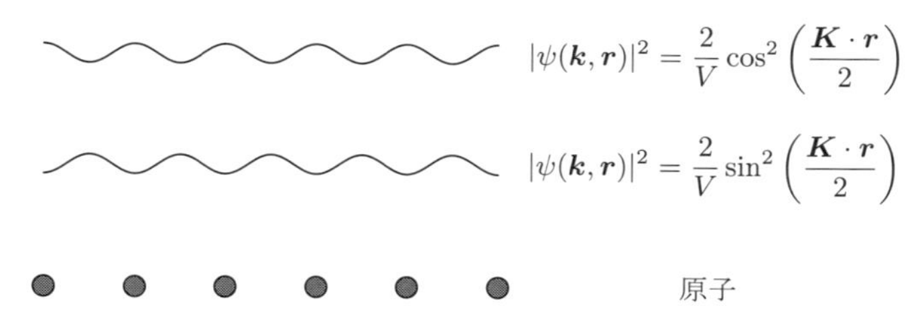

図 8.3 ほとんど自由な電子モデルに対する伝導電子の存在確率

【例題 8.3】

式 (8.30), (8.31) を導出せよ．

解

$U_{\boldsymbol{K}}$ が実数ならば，$U_{\boldsymbol{K}}^* = U_{\boldsymbol{K}}$ であり，式 (8.8) を用いると次のようになる．

$$U_{\boldsymbol{K}}^* = U_{\boldsymbol{K}} = U_{-\boldsymbol{K}} \tag{8.32}$$

(i) $E(-\boldsymbol{K}/2) = E_0(-\boldsymbol{K}/2) + |U_{\boldsymbol{K}}|$ のとき，式 (8.16), (8.17) から，次の連立方程式が得られる．

$$-|U_{\boldsymbol{K}}|\,A_0 + U_{-\boldsymbol{K}} A_{\boldsymbol{K}} = 0 \tag{8.33}$$

$$U_{\boldsymbol{K}} A_0 - |U_{\boldsymbol{K}}|\,A_{\boldsymbol{K}} = 0 \tag{8.34}$$

$U_{\boldsymbol{K}} > 0$ のとき，式 (8.32)–(8.34) から次のようになる．

$$-U_{\boldsymbol{K}} A_0 + U_{\boldsymbol{K}} A_{\boldsymbol{K}} = 0 \tag{8.35}$$

$$U_{\boldsymbol{K}} A_0 - U_{\boldsymbol{K}} A_{\boldsymbol{K}} = 0 \tag{8.36}$$

式 (8.35), (8.36) から次の関係が得られる．

$$A_0 = A_{\boldsymbol{K}} \tag{8.37}$$

式 (8.13), (8.37) から波動関数 $\psi(\boldsymbol{k},\boldsymbol{r})$ は次のように求められる．

$$\begin{aligned}\psi(\boldsymbol{k},\boldsymbol{r}) &= A_0 \exp(\mathrm{i}\boldsymbol{k}\cdot\boldsymbol{r}) + A_{\boldsymbol{K}} \exp[\mathrm{i}(\boldsymbol{k}+\boldsymbol{K})\cdot\boldsymbol{r}] \\ &= A_{\boldsymbol{K}} \exp\left(-\mathrm{i}\frac{\boldsymbol{K}\cdot\boldsymbol{r}}{2}\right) + A_{\boldsymbol{K}} \exp\left(\mathrm{i}\frac{\boldsymbol{K}\cdot\boldsymbol{r}}{2}\right) \\ &= 2A_{\boldsymbol{K}} \cos\left(\frac{\boldsymbol{K}\cdot\boldsymbol{r}}{2}\right)\end{aligned} \tag{8.38}$$

式 (8.38) を次のように規格化する．

$$\int_0^V \psi^*(\boldsymbol{k},\boldsymbol{r})\psi(\boldsymbol{k},\boldsymbol{r})\,\mathrm{d}V = 2V\,|A_{\boldsymbol{K}}|^2 = 1 \tag{8.39}$$

ここで，簡単のために $A_{\boldsymbol{K}}$ を正とすると，次のようになる．

$$A_{\boldsymbol{K}} = \sqrt{\frac{1}{2V}} \quad \therefore\ 2A_{\boldsymbol{K}} = \sqrt{\frac{2}{V}} \tag{8.40}$$

式 (8.40) を式 (8.38) に代入すると，次のように式 (8.30) が得られる．

$$\psi(\boldsymbol{k},\boldsymbol{r}) = \sqrt{\frac{2}{V}} \cos\left(\frac{\boldsymbol{K}\cdot\boldsymbol{r}}{2}\right) \tag{8.41}$$

$U_{\boldsymbol{K}} < 0$ のとき，式 (8.32)–(8.34) から次のようになる．

$$U_{\boldsymbol{K}} A_0 + U_{\boldsymbol{K}} A_{\boldsymbol{K}} = 0 \tag{8.42}$$

$$U_{\boldsymbol{K}} A_0 + U_{\boldsymbol{K}} A_{\boldsymbol{K}} = 0 \tag{8.43}$$

式 (8.42), (8.43) から次の関係が得られる．

$$A_0 = -A_{\boldsymbol{K}} \tag{8.44}$$

式 (8.13), (8.44) から波動関数 $\psi(\boldsymbol{k}, \boldsymbol{r})$ は次のように求められる.

$$\begin{aligned}\psi(\boldsymbol{k}, \boldsymbol{r}) &= A_0 \exp(\mathrm{i}\boldsymbol{k} \cdot \boldsymbol{r}) + A_{\boldsymbol{K}} \exp[\mathrm{i}(\boldsymbol{k} + \boldsymbol{K}) \cdot \boldsymbol{r}] \\ &= -A_{\boldsymbol{K}} \exp\left(-\mathrm{i}\frac{\boldsymbol{K} \cdot \boldsymbol{r}}{2}\right) + A_{\boldsymbol{K}} \exp\left(\mathrm{i}\frac{\boldsymbol{K} \cdot \boldsymbol{r}}{2}\right) \\ &= 2\mathrm{i}A_{\boldsymbol{K}} \sin\left(\frac{\boldsymbol{K} \cdot \boldsymbol{r}}{2}\right) \end{aligned} \tag{8.45}$$

式 (8.45) を次のように規格化する.

$$\int_0^V \psi^*(\boldsymbol{k}, \boldsymbol{r})\psi(\boldsymbol{k}, \boldsymbol{r}) \, \mathrm{d}V = 2V \left|A_{\boldsymbol{K}}\right|^2 = 1 \tag{8.46}$$

ここで, 簡単のために $\mathrm{i}A_{\boldsymbol{K}}$ を正とすると, 次のようになる.

$$\mathrm{i}A_{\boldsymbol{K}} = \sqrt{\frac{1}{2V}} \quad \therefore\ 2\mathrm{i}A_{\boldsymbol{K}} = \sqrt{\frac{2}{V}} \tag{8.47}$$

式 (8.47) を式 (8.45) に代入すると, 次のように式 (8.31) が得られる.

$$\psi(\boldsymbol{k}, \boldsymbol{r}) = \sqrt{\frac{2}{V}} \sin\left(\frac{\boldsymbol{K} \cdot \boldsymbol{r}}{2}\right) \tag{8.48}$$

(ii) $E(-\boldsymbol{K}/2) = E_0(-\boldsymbol{K}/2) - |U_{\boldsymbol{K}}|$ のとき, 式 (8.16), (8.17) から, 次の連立方程式が得られる.

$$|U_{\boldsymbol{K}}|\, A_0 + U_{-\boldsymbol{K}} A_{\boldsymbol{K}} = 0 \tag{8.49}$$

$$U_{\boldsymbol{K}} A_0 + |U_{\boldsymbol{K}}|\, A_{\boldsymbol{K}} = 0 \tag{8.50}$$

$U_{\boldsymbol{K}} > 0$ のとき, 式 (8.32), (8.49), (8.50) から次のようになる.

$$U_{\boldsymbol{K}} A_0 + U_{\boldsymbol{K}} A_{\boldsymbol{K}} = 0 \tag{8.51}$$

$$U_{\boldsymbol{K}} A_0 + U_{\boldsymbol{K}} A_{\boldsymbol{K}} = 0 \tag{8.52}$$

式 (8.51), (8.52) から次の関係が得られる.

$$A_0 = -A_{\boldsymbol{K}} \tag{8.53}$$

式 (8.13), (8.53) から波動関数 $\psi(\boldsymbol{k}, \boldsymbol{r})$ は次のように求められる.

$$\begin{aligned}\psi(\boldsymbol{k}, \boldsymbol{r}) &= A_0 \exp(\mathrm{i}\boldsymbol{k} \cdot \boldsymbol{r}) + A_{\boldsymbol{K}} \exp[\mathrm{i}(\boldsymbol{k} + \boldsymbol{K}) \cdot \boldsymbol{r}] \\ &= -A_{\boldsymbol{K}} \exp\left(-\mathrm{i}\frac{\boldsymbol{K} \cdot \boldsymbol{r}}{2}\right) + A_{\boldsymbol{K}} \exp\left(\mathrm{i}\frac{\boldsymbol{K} \cdot \boldsymbol{r}}{2}\right) \\ &= 2\mathrm{i}A_{\boldsymbol{K}} \sin\left(\frac{\boldsymbol{K} \cdot \boldsymbol{r}}{2}\right) \end{aligned} \tag{8.54}$$

式 (8.54) を次のように規格化する.

$$\int_0^V \psi^*(\boldsymbol{k},\boldsymbol{r})\psi(\boldsymbol{k},\boldsymbol{r})\,\mathrm{d}V = 2V\left|A_{\boldsymbol{K}}\right|^2 = 1 \tag{8.55}$$

ここで，簡単のために $\mathrm{i}A_{\boldsymbol{K}}$ を正とすると，次のようになる.

$$\mathrm{i}A_{\boldsymbol{K}} = \sqrt{\frac{1}{2V}} \quad \therefore\ 2\mathrm{i}A_{\boldsymbol{K}} = \sqrt{\frac{2}{V}} \tag{8.56}$$

式 (8.56) を式 (8.38) に代入すると，次のように式 (8.31) が得られる.

$$\psi(\boldsymbol{k},\boldsymbol{r}) = \sqrt{\frac{2}{V}}\sin\left(\frac{\boldsymbol{K}\cdot\boldsymbol{r}}{2}\right) \tag{8.57}$$

$U_{\boldsymbol{K}} < 0$ のとき，式 (8.32), (8.49), (8.50) から次のようになる.

$$-U_{\boldsymbol{K}}A_0 + U_{\boldsymbol{K}}A_{\boldsymbol{K}} = 0 \tag{8.58}$$

$$U_{\boldsymbol{K}}A_0 - U_{\boldsymbol{K}}A_{\boldsymbol{K}} = 0 \tag{8.59}$$

式 (8.58), (8.59) から次の関係が得られる.

$$A_0 = A_{\boldsymbol{K}} \tag{8.60}$$

式 (8.13), (8.60) から波動関数 $\psi(\boldsymbol{k},\boldsymbol{r})$ は次のように求められる.

$$\begin{aligned}\psi(\boldsymbol{k},\boldsymbol{r}) &= A_0\exp(\mathrm{i}\boldsymbol{k}\cdot\boldsymbol{r}) + A_{\boldsymbol{K}}\exp[\mathrm{i}(\boldsymbol{k}+\boldsymbol{K})\cdot\boldsymbol{r}]\\ &= A_{\boldsymbol{K}}\exp\left(-\mathrm{i}\frac{\boldsymbol{K}\cdot\boldsymbol{r}}{2}\right) + A_{\boldsymbol{K}}\exp\left(\mathrm{i}\frac{\boldsymbol{K}\cdot\boldsymbol{r}}{2}\right)\\ &= 2A_{\boldsymbol{K}}\cos\left(\frac{\boldsymbol{K}\cdot\boldsymbol{r}}{2}\right)\end{aligned} \tag{8.61}$$

式 (8.61) を次のように規格化する.

$$\int_0^V \psi^*(\boldsymbol{k},\boldsymbol{r})\psi(\boldsymbol{k},\boldsymbol{r})\,\mathrm{d}V = 2V\left|A_{\boldsymbol{K}}\right|^2 = 1 \tag{8.62}$$

ここで，簡単のために $A_{\boldsymbol{K}}$ を正とすると，次のようになる.

$$A_{\boldsymbol{K}} = \sqrt{\frac{1}{2V}} \quad \therefore\ 2A_{\boldsymbol{K}} = \sqrt{\frac{2}{V}} \tag{8.63}$$

式 (8.63) を式 (8.45) に代入すると，次のように式 (8.30) が得られる.

$$\psi(\boldsymbol{k},\boldsymbol{r}) = \sqrt{\frac{2}{V}}\cos\left(\frac{\boldsymbol{K}\cdot\boldsymbol{r}}{2}\right) \tag{8.64}$$

8.3 周期的ポテンシャル中の電子

8.3.1 ブロッホの定理

結晶では，原子が周期的に並んでいる．このため，次のようなブロッホ関数 (Bloch function) によって，波動関数を表すことができる．このことをブロッホの定理 (Bloch theorem) という．

$$\psi_{\boldsymbol{k}}(\boldsymbol{r}) = u_{\boldsymbol{k}}(\boldsymbol{r}) \exp(\mathrm{i}\,\boldsymbol{k}\cdot\boldsymbol{r}) \tag{8.65}$$

$$u_{\boldsymbol{k}}(\boldsymbol{r}) = u_{\boldsymbol{k}}(\boldsymbol{r}+\boldsymbol{T}) \tag{8.66}$$

ただし，$\boldsymbol{T}$ は結晶の周期を表すベクトルすなわち並進ベクトルであり，次式をみたす．

$$\exp(\mathrm{i}\,\boldsymbol{k}\cdot\boldsymbol{T}) = 1 \tag{8.67}$$

これから，ブロッホの定理を三つの方法によって証明してみよう．

(i) 基本並進ベクトルを用いた証明

式 (5.2) で示したように，基本並進ベクトル $\hat{\boldsymbol{a}}_1$, $\hat{\boldsymbol{a}}_2$, $\hat{\boldsymbol{a}}_3$ と任意の整数 u_1, u_2, u_3 を用いて並進ベクトル $\boldsymbol{T}$ を次のようにおく．

$$\boldsymbol{T} = u_1\hat{\boldsymbol{a}}_1 + u_2\hat{\boldsymbol{a}}_2 + u_3\hat{\boldsymbol{a}}_3 \tag{8.68}$$

そして，ポテンシャルエネルギー $U(\boldsymbol{r})$ は周期性をもっており，次の関係をみたすと仮定する．

$$U(\boldsymbol{r}) = U(\boldsymbol{r}+\boldsymbol{T}) \tag{8.69}$$

ここで，$|\hat{\boldsymbol{a}}_1| = a_1$, $|\hat{\boldsymbol{a}}_2| = a_2$, $|\hat{\boldsymbol{a}}_3| = a_3$ とおき，次の定常状態におけるシュレーディンガー方程式

$$\left[-\frac{\hbar^2}{2m}\nabla^2 + U(\boldsymbol{r})\right]\varphi(\boldsymbol{r}) = E\,\varphi(\boldsymbol{r}) \tag{8.70}$$

の解を $\varphi_1(x,y,z)$, $\varphi_2(x,y,z)$, $\cdots$, $\varphi_l(x,y,z)$ とおく．このとき，次のような線形結合を考える．

$$\varphi_n(x+a_1,y,z) = \sum_{m=1}^{l} a_{mn}\varphi_m(x,y,z) \tag{8.71}$$

$$\varphi_n(x,y+a_2,z) = \sum_{m=1}^{l} b_{mn}\varphi_m(x,y,z) \tag{8.72}$$

$$\varphi_n(x,y,z+a_3) = \sum_{m=1}^{l} c_{mn}\varphi_m(x,y,z) \tag{8.73}$$

ここで，a_{mn}, b_{mn}, c_{mn} $(m, n = 1, 2, \cdots, l)$ は係数であり，これらの係数を成分とする行列 (a_{mn}), (b_{mn}), (c_{mn}) を次のように定義する．

$$(a_{mn}) = \begin{bmatrix} a_{11} & a_{12} & \dots & a_{1l} \\ a_{21} & a_{22} & \dots & a_{2l} \\ \vdots & \vdots & \ddots & \vdots \\ a_{l1} & a_{l2} & \dots & a_{ll} \end{bmatrix} \tag{8.74}$$

$$(b_{mn}) = \begin{bmatrix} b_{11} & b_{12} & \dots & b_{1l} \\ b_{21} & b_{22} & \dots & b_{2l} \\ \vdots & \vdots & \ddots & \vdots \\ b_{l1} & b_{l2} & \dots & b_{ll} \end{bmatrix} \tag{8.75}$$

$$(c_{mn}) = \begin{bmatrix} c_{11} & c_{12} & \dots & c_{1l} \\ c_{21} & c_{22} & \dots & c_{2l} \\ \vdots & \vdots & \ddots & \vdots \\ c_{l1} & c_{l2} & \dots & c_{ll} \end{bmatrix} \tag{8.76}$$

このとき，G_1, G_2, G_3 を整数として，ポテンシャルエネルギー $U(\boldsymbol{r})$ が空間的周期 $G_1 a_1$, $G_2 a_2$, $G_3 a_3$ をもっていれば，次のようになる．

$$(a_{mn})^{G_1} = (b_{mn})^{G_2} = (c_{mn})^{G_3} = (\delta_{mn}) \tag{8.77}$$

ここで，(δ_{mn}) は単位行列，すなわち対角成分が 1 で非対角成分が 0 の行列である．したがって，行列 (a_{mn}), (b_{mn}), (c_{mn}) の対角成分 a_{nn}, b_{nn}, c_{nn} は 1 の根であり，次のように書くことができる．

$$a_{nn} = \exp\left(\mathrm{i}\frac{2\pi k_{1n}}{G_1}\right) \tag{8.78}$$

$$b_{nn} = \exp\left(\mathrm{i}\frac{2\pi k_{2n}}{G_2}\right) \tag{8.79}$$

$$c_{nn} = \exp\left(\mathrm{i}\frac{2\pi k_{3n}}{G_2}\right) \tag{8.80}$$

ただし，k_{1n}, k_{2n}, k_{3n} は整数である．

ここで，$a_{mn} = b_{mn} = c_{mn} = \delta_{mn}$ であることに注意して式 (8.78)–(8.80) を式 (8.71)–(8.73) に代入すると，次のようになる．

$$\varphi_n(x + a_1, y, z) = \exp\left(\mathrm{i}\frac{2\pi k_{1n}}{G_1}\right)\varphi_n(x, y, z) \tag{8.81}$$

$$\varphi_n(x, y + a_2, z) = \exp\left(\mathrm{i}\frac{2\pi k_{2n}}{G_2}\right)\varphi_n(x, y, z) \tag{8.82}$$

$$\varphi_n(x, y, z + a_3) = \exp\left(\mathrm{i}\frac{2\pi k_{3n}}{G_2}\right)\varphi_n(x, y, z) \tag{8.83}$$

式 (8.81)–(8.83) をみたす固有関数として，次のような固有関数を考えることができる．

$$\varphi_n(x, y, z) = \exp\left[\mathrm{i}2\pi\left(\frac{k_{1n}x}{G_1a_1} + \frac{k_{2n}y}{G_2a_2} + \frac{k_{3n}z}{G_3a_3}\right)\right]u_n(x, y, z) \tag{8.84}$$

ただし，境界条件として $u_n(x + a_1, y, z) = u_n(x, y, z)$, $u_n(x, y + a_2, z) = u_n(x, y, z)$, $u_n(x, y, z + a_3) = u_n(x, y, z)$ をみたすと仮定する．

式 (8.84) の固有関数が式 (8.81)–(8.83) をみたすことは，式 (8.84) の x, y, z をそれぞれ $x + a_1$, $y + a_2$, $z + a_3$ で置き換えると，次式が得られることからわかる．

$$\begin{aligned}
&\varphi_n(x + a_1, y, z) \\
&\quad = \exp\left[\mathrm{i}2\pi\left(\frac{k_{1n}(x + a_1)}{G_1a_1} + \frac{k_{2n}y}{G_2a_2} + \frac{k_{3n}z}{G_3a_3}\right)\right]u_n(x + a_1, y, z) \\
&\quad = \exp\left(\mathrm{i}\frac{2\pi k_{1n}}{G_1}\right)\exp\left[\mathrm{i}2\pi\left(\frac{k_{1n}x}{G_1a_1} + \frac{k_{2n}y}{G_2a_2} + \frac{k_{3n}z}{G_3a_3}\right)\right]u_n(x, y, z) \\
&\quad = \exp\left(\mathrm{i}\frac{2\pi k_{1n}}{G_1}\right)\varphi_n(x, y, z)
\end{aligned} \tag{8.85}$$

$$\begin{aligned}
&\varphi_n(x, y + a_2, z) \\
&\quad = \exp\left[\mathrm{i}2\pi\left(\frac{k_{1n}x}{G_1a_1} + \frac{k_{2n}(y + a_2)}{G_2a_2} + \frac{k_{3n}z}{G_3a_3}\right)\right]u_n(x, y + a_2, z) \\
&\quad = \exp\left(\mathrm{i}\frac{2\pi k_{2n}}{G_2}\right)\exp\left[\mathrm{i}2\pi\left(\frac{k_{1n}x}{G_1a_1} + \frac{k_{2n}y}{G_2a_2} + \frac{k_{3n}z}{G_3a_3}\right)\right]u_n(x, y, z) \\
&\quad = \exp\left(\mathrm{i}\frac{2\pi k_{2n}}{G_2}\right)\varphi_n(x, y, z)
\end{aligned} \tag{8.86}$$

$$
\begin{aligned}
&\varphi_n(x,y,z+a_3)\\
&\quad= \exp\left[\mathrm{i}2\pi\left(\frac{k_{1n}x}{G_1a_1}+\frac{k_{2n}y}{G_2a_2}+\frac{k_{3n}(z+a_3)}{G_3a_3}\right)\right]u_n(x,y,z+a_3)\\
&\quad= \exp\left(\mathrm{i}\frac{2\pi k_{3n}}{G_3}\right)\exp\left[\mathrm{i}2\pi\left(\frac{k_{1n}x}{G_1a_1}+\frac{k_{2n}y}{G_2a_2}+\frac{k_{3n}z}{G_3a_3}\right)\right]u_n(x,y,z)\\
&\quad= \exp\left(\mathrm{i}\frac{2\pi k_{3n}}{G_3}\right)\varphi_n(x,y,z) \qquad (8.87)
\end{aligned}
$$

(ii) 反転対称性を用いた証明

簡単のため，次のような1次元における定常状態におけるシュレーディンガー方程式を考える．

$$
\left[-\frac{\hbar^2}{2m}\frac{\mathrm{d}^2\varphi}{\mathrm{d}x^2}+U(x)\right]\varphi(x)=E\,\varphi(x) \qquad (8.88)
$$

ここで，ポテンシャルエネルギー $U(x)$ は周期的で $U(x+a)=U(x)$ をみたすと仮定する．

式 (8.88) のお互いに独立な実数解を $f(x)$, $g(x)$ とおく．ポテンシャルエネルギーの周期性 $U(x+a)=U(x)$ から $f(x+a)$, $g(x+a)$ も式 (8.88) の解である．したがって，次のようにおく．

$$
f(x+a)=\alpha_1 f(x)+\alpha_2 g(x) \qquad (8.89)
$$

$$
g(x+a)=\beta_1 f(x)+\beta_2 g(x) \qquad (8.90)
$$

ここで，α_1, α_2, β_1, β_2 はエネルギー E を変数とする実数関数である．

さて，式 (8.88) の他の任意の解 $\varphi(x)$ が，A と B を定数として，次式で定義されると仮定する．

$$
\varphi(x)=Af(x)+Bg(x) \qquad (8.91)
$$

このとき，式 (8.89)–(8.91) から，次式が成り立つ．

$$
\begin{aligned}
\varphi(x+a)&=Af(x+a)+Bg(x+a)\\
&=A\left[\alpha_1 f(x)+\alpha_2 g(x)\right]+B\left[\beta_1 f(x)+\beta_2 g(x)\right]\\
&=(\alpha_1 A+\beta_1 B)\,f(x)+(\alpha_2 A+\beta_2 B)\,g(x) \qquad (8.92)
\end{aligned}
$$

ここで，λ を定数として，次のようにおく．

$$
\alpha_1 A+\beta_1 B=\lambda A \qquad (8.93)
$$

$$
\alpha_2 A+\beta_2 B=\lambda B \qquad (8.94)
$$

このとき，式 (8.91)–(8.94) から，次の関係が得られる．

$$\varphi(x+a) = \lambda Af(x) + \lambda Bg(x) = \lambda\,[Af(x) + Bg(x)] = \lambda\varphi(x) \tag{8.95}$$

さて，式 (8.93), (8.94) から次式が得られる．

$$(\alpha_1 - \lambda)A = -\beta_1 B \tag{8.96}$$

$$(\beta_2 - \lambda)B = -\alpha_2 A \tag{8.97}$$

式 (8.96) と式 (8.97) の辺々の積をとると，次式が得られる．

$$(\alpha_1 - \lambda)(\beta_2 - \lambda) = \alpha_2\beta_1 \tag{8.98}$$

式 (8.98) は λ についての 2 次方程式になっており，式 (8.98) の二つの解を λ_1, λ_2 とおく．ただし，$\lambda_1 \neq 0$, $\lambda_2 \neq 0$ とする．そして，式 (8.95) の性質をもつ波動関数として，$\lambda = \lambda_1$ に対する波動関数を $\varphi_1(x)$，$\lambda = \lambda_2$ に対する波動関数を $\varphi_2(x)$ と書くことにすると，次のように表される．

$$\varphi_1(x+a) = \lambda_1\varphi_1(x) \tag{8.99}$$

$$\varphi_2(x+a) = \lambda_2\varphi_2(x) \tag{8.100}$$

ここで，x 軸の原点を適切に選び，ポテンシャルエネルギー $U(x)$ が $U(x) = U(-x)$ をみたす，つまりポテンシャルエネルギー $U(x)$ が x 軸の原点に対して対称であると仮定する．式 (8.99), (8.100) において，x を $x-a$ で置き換えると，次式が得られる．

$$\varphi_1(x-a) = \frac{1}{\lambda_1}\varphi_1(x) \tag{8.101}$$

$$\varphi_2(x-a) = \frac{1}{\lambda_2}\varphi_2(x) \tag{8.102}$$

式 (8.101), (8.102) において，さらに x を $-x$ で置き換えると，次のようになる．

$$\varphi_1(-(x+a)) = \frac{1}{\lambda_1}\varphi_1(-x) \tag{8.103}$$

$$\varphi_2(-(x+a)) = \frac{1}{\lambda_2}\varphi_2(-x) \tag{8.104}$$

したがって，$\lambda = 1/\lambda_1$ と $\lambda = 1/\lambda_2$ に対して，それぞれ $\varphi_1(-x)$ と $\varphi_2(-x)$ は，x 軸の負の領域で式 (8.95) と同様な関係をもつことがわかる．

さて，式 (8.98) の二つの解を λ_1, λ_2 とおいたから，$\lambda = 1/\lambda_1$ は $\lambda_2 = 1/\lambda_1$ を意味する．同様に，$\lambda = 1/\lambda_2$ は $\lambda_1 = 1/\lambda_2$ を意味する．したがって，次の関係が得られる．

$$\lambda_1\lambda_2 = 1 \tag{8.105}$$

式 (8.98) の二つの解が複素数の場合，式 (8.105) から次のようにおくことができる．

$$\lambda_1 = \exp(\mathrm{i}\,ka), \quad \lambda_2 = \exp(-\mathrm{i}\,ka) \tag{8.106}$$

式 (8.106) をみたす固有関数として，次のような固有関数を考えることができる．

$$\varphi_n(x) = \exp(\mathrm{i}kx)u_n(x) \tag{8.107}$$

ただし，$u_n(x+a) = u_n(x)$ をみたすと仮定する．

式 (8.107) の固有関数が式 (8.95) をみたすことは，式 (8.107) の x をそれぞれ $x+a$ で置き換えると，次式が得られることからわかる．

$$\begin{aligned}\varphi_n(x+a) &= \exp[\mathrm{i}k(x+a)]u_n(x+a)\\ &= \exp(\mathrm{i}ka)\exp(\mathrm{i}kx)u_n(x)\\ &= \exp(\mathrm{i}ka)\varphi_n(x)\end{aligned} \tag{8.108}$$

(iii) 線形結合解を用いた証明

前述の (ii) の証明と同様に，式 (8.88) のような1次元における定常状態におけるシュレーディンガー方程式を考え，ポテンシャルエネルギー $U(x)$ は周期的で $U(x+a) = U(x)$ をみたすと仮定する．

式 (8.88) のお互いに独立な実数解を $\varphi_1(x), \varphi_2(x)$ とおく．ポテンシャルエネルギーの周期性 $U(x+a) = U(x)$ から $\varphi_1(x+a), \varphi_2(x+a)$ も式 (8.88) の解である．したがって，次のようにおく．

$$\varphi_1(x+a) = c_{11}\varphi_1(x) + c_{12}\varphi_2(x) \tag{8.109}$$

$$\varphi_2(x+a) = c_{21}\varphi_1(x) + c_{22}\varphi_2(x) \tag{8.110}$$

ここで，c_{11}，c_{12}，c_{21}，c_{22} は実数の定数である．

式 (8.109), (8.110) を x について微分すると，次のようになる．

$$\varphi_1{}'(x+a) = c_{11}\varphi_1{}'(x) + c_{12}\varphi_2{}'(x) \tag{8.111}$$

$$\varphi_2{}'(x+a) = c_{21}\varphi_1{}'(x) + c_{22}\varphi_2{}'(x) \tag{8.112}$$

式 (8.109)–(8.112) から，次の関係が得られる．

$$\begin{vmatrix} \varphi_1{}'(x+a) & \varphi_1(x+a) \\ \varphi_2{}'(x+a) & \varphi_2(x+a) \end{vmatrix} = \begin{vmatrix} c_{11} & c_{12} \\ c_{21} & c_{22} \end{vmatrix} \begin{vmatrix} \varphi_1{}'(x) & \varphi_1(x) \\ \varphi_2{}'(x) & \varphi_2(x) \end{vmatrix} \tag{8.113}$$

さて，式 (8.88) に $\varphi_1(x)$, $\varphi_2(x)$ を代入すると，次のようになる．

$$\frac{\hbar^2}{2m}\varphi_1{}'' = [U(x) - E]\,\varphi_1 \tag{8.114}$$

$$\frac{\hbar^2}{2m}\varphi_2{}'' = [U(x) - E]\,\varphi_2 \tag{8.115}$$

式 (8.114), (8.115) から，次の関係が得られる．

$$\varphi_1{}''\varphi_2 = \frac{2m}{\hbar^2}\,[U(x) - E]\,\varphi_1\varphi_2 \tag{8.116}$$

$$\varphi_1\varphi_2{}'' = \frac{2m}{\hbar^2}\,[U(x) - E]\,\varphi_1\varphi_2 \tag{8.117}$$

式 (8.116), (8.117) から，次のようになる．

$$\begin{aligned} \frac{\mathrm{d}}{\mathrm{d}x}\begin{vmatrix} \varphi_1{}' & \varphi_1 \\ \varphi_2{}' & \varphi_2 \end{vmatrix} &= \frac{\mathrm{d}}{\mathrm{d}x}\left(\varphi_1{}'\varphi_2 - \varphi_1\varphi_2{}'\right) \\ &= \varphi_1{}''\varphi_2 + \varphi_1{}'\varphi_2{}' - \varphi_1{}'\varphi_2{}' - \varphi_1\varphi_2{}'' \\ &= \varphi_1{}''\varphi_2 - \varphi_1\varphi_2{}'' = 0 \end{aligned} \tag{8.118}$$

したがって，次の結果が得られる．

$$\begin{vmatrix} \varphi_1{}' & \varphi_1 \\ \varphi_2{}' & \varphi_2 \end{vmatrix} = \mathrm{Constant} \tag{8.119}$$

ここで，$\varphi_1(x)$, $\varphi_2(x)$ がお互いに独立な実数解であることに着目すると，式 (8.119) の右辺の定数は 0 ではない． 式 (8.113), (8.119) から，次式が得られる．

$$\begin{vmatrix} c_{11} & c_{12} \\ c_{21} & c_{22} \end{vmatrix} = 1 \tag{8.120}$$

さて，式 (8.88) の任意の解 $\varphi(x)$ に対して，定数 a_1, a_2, λ を用いて次の関係が成り立つと仮定する．

$$\varphi(x) = a_1\varphi_1(x) + a_2\varphi_2(x), \quad \varphi(x+a) = \lambda\varphi(x) \tag{8.121}$$

ただし，a_1 と a_2 は同時には 0 にならないと仮定する．式 (8.109), (8.110), (8.121) から，次式が成り立つ．

$$\begin{aligned}\varphi(x+a) &= a_1\varphi_1(x+a) + a_2\varphi_2(x+a)\\ &= a_1\left[c_{11}\varphi_1(x) + c_{12}\varphi_2(x)\right] + a_2\left[c_{21}\varphi_1(x) + c_{22}\varphi_2(x)\right]\\ &= \left(a_1c_{11} + a_2c_{21}\right)\varphi_1(x) + \left(a_1c_{12} + a_2c_{22}\right)\varphi_2(x)\\ &= \lambda\varphi(x) = a_1\lambda\varphi_1(x) + a_2\lambda\varphi_2(x)\end{aligned} \tag{8.122}$$

式 (8.122) から，a_1, a_2 に対して次の連立方程式が得られる．

$$\left(c_{11} - \lambda\right)a_1 + c_{21}a_2 = 0 \tag{8.123}$$

$$c_{12}a_1 + \left(c_{22} - \lambda\right)a_2 = 0 \tag{8.124}$$

連立方程式 (8.123), (8.124) が $a_1 = a_2 = 0$ 以外の解をもつ条件は，a_1 と a_2 の係数を成分とする行列式が，次のように 0 になることである．

$$\begin{aligned}\begin{vmatrix} c_{11} - \lambda & c_{12} \\ c_{21} & c_{22} - \lambda \end{vmatrix} &= \left(c_{11} - \lambda\right)\left(c_{22} - \lambda\right) - c_{12}c_{21}\\ &= \lambda^2 - \left(c_{11} + c_{22}\right)\lambda + c_{11}c_{22} - c_{12}c_{21}\\ &= \lambda^2 - \left(c_{11} + c_{22}\right)\lambda + 1 = 0\end{aligned} \tag{8.125}$$

ここで，式 (8.120) を用いた．式 (8.125) の二つの解を λ_1, λ_2 とおくと，次のように表される．

$$\left(\lambda - \lambda_1\right)\left(\lambda - \lambda_2\right) = \lambda^2 - \left(\lambda_1 + \lambda_2\right)\lambda + \lambda_1\lambda_2 = 0 \tag{8.126}$$

式 (8.125) と式 (8.126) とを比較すると，次の関係が得られる．

$$\lambda_1 + \lambda_2 = c_{11} + c_{22} \tag{8.127}$$

$$\lambda_1\lambda_2 = 1 \tag{8.128}$$

式 (8.128) は式 (8.105) と同一であることから，次のようにおくことができる．

$$\lambda_1 = \exp(\mathrm{i}\, ka), \quad \lambda_2 = \exp(-\mathrm{i}\, ka) \tag{8.129}$$

この後の証明は，(ii) における証明と同じである．

8.3.2 クローニッヒ–ペニーのモデル

図 8.4 のような箱形周期的ポテンシャル $U(\boldsymbol{r})$ をもつ，**クローニッヒ–ペニーのモデル** (Kronig–Penney model) を考えよう．

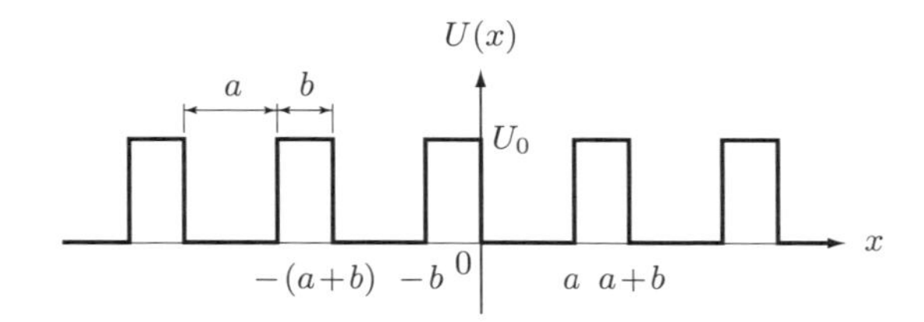

図 **8.4**　クローニッヒ–ペニーのモデル

ポテンシャルの井戸の中では，波動関数は進行波と後退波の重ね合わせによって表される．一方，ポテンシャルエネルギーの高い領域すなわち**エネルギー障壁** (energy barrier) の中では，波動関数は減衰指数関数と増加指数関数の重ね合わせによって表される．したがって，電子の質量を m_0 とすると，波動関数 ψ とエネルギー固有値 E は，

$$\psi = A\,\mathrm{e}^{\mathrm{i}\,Kx} + B\,\mathrm{e}^{-\mathrm{i}\,Kx}, \qquad E = \frac{\hbar^2 K^2}{2m_0} \qquad (0 < x < a) \tag{8.130}$$

$$\psi = C\,\mathrm{e}^{Qx} + D\,\mathrm{e}^{-Qx}, \qquad U_0 - E = \frac{\hbar^2 Q^2}{2m_0} \qquad (-b < x < 0) \tag{8.131}$$

と表される．また，これらの波動関数の間には，

$$\psi(a < x < a + b) = \psi(-b < x < 0)\,\mathrm{e}^{\mathrm{i}\,k(a+b)} \tag{8.132}$$

という関係がある．

ポテンシャルの境界で，ψ と $\mathrm{d}\psi/\mathrm{d}x$ がそれぞれ連続であるとすると，

$x=0$ で

$$A+B=C+D \tag{8.133}$$

$$\mathrm{i}K(A-B)=Q(C-D) \tag{8.134}$$

$x=a$ で

$$A\mathrm{e}^{\mathrm{i}Ka}+B\mathrm{e}^{-\mathrm{i}Ka}=\left(C\mathrm{e}^{-Qb}+D\mathrm{e}^{Qb}\right)\mathrm{e}^{\mathrm{i}k(a+b)} \tag{8.135}$$

$$\mathrm{i}K\left(A\mathrm{e}^{\mathrm{i}Ka}-B\mathrm{e}^{-\mathrm{i}Ka}\right)=Q\left(C\mathrm{e}^{-Qb}-D\mathrm{e}^{Qb}\right)\mathrm{e}^{\mathrm{i}k(a+b)} \tag{8.136}$$

となる．式 (8.133)–(8.136) が，$A=B=C=D=0$ 以外の解をもつ条件は，A, B, C, D の係数を成分とする行列式が，次のように 0 になることである．

$$\begin{vmatrix} 1 & 1 & -1 & -1 \\ \mathrm{i}K & -\mathrm{i}K & -Q & Q \\ \mathrm{e}^{\mathrm{i}Ka} & \mathrm{e}^{-\mathrm{i}Ka} & -\mathrm{e}^{-Qb}\mathrm{e}^{\mathrm{i}k(a+b)} & -\mathrm{e}^{Qb}\mathrm{e}^{\mathrm{i}k(a+b)} \\ \mathrm{i}K\mathrm{e}^{\mathrm{i}Ka} & -\mathrm{i}K\mathrm{e}^{-\mathrm{i}Ka} & -Q\mathrm{e}^{-Qb}\mathrm{e}^{\mathrm{i}k(a+b)} & Q\mathrm{e}^{Qb}\mathrm{e}^{\mathrm{i}k(a+b)} \end{vmatrix}=0 \tag{8.137}$$

式 (8.137) から，次式が得られる．

$$\frac{Q^2-K^2}{2QK}\sinh Qb\sin Ka+\cosh Qb\cos Ka=\cos k(a+b) \tag{8.138}$$

周期的なデルタ関数 ($b\to 0$, $U_0\to\infty$) の場合，$Q\gg K$，$Qb\ll 1$ だから，$P=Q^2ab/2$ とおくと，次のようになる．

$$\frac{P}{Ka}\sin Ka+\cos Ka=\cos ka \tag{8.139}$$

【例題 8.4】

式 (8.139) が成り立つ条件を図示せよ．

解

式 (8.139) において $P=3\pi/2$ とおいたときの結果を図 8.5 に示す．この図は，式 (8.139) の左辺を $F(Ka)$ として図示したものである．式 (8.139) の右辺が余弦関数であることから，式 (8.139) の左辺の値が -1 以上 1 以下（図 8.5 の網掛け部）が，式 (8.139) が成り立つ領域である．

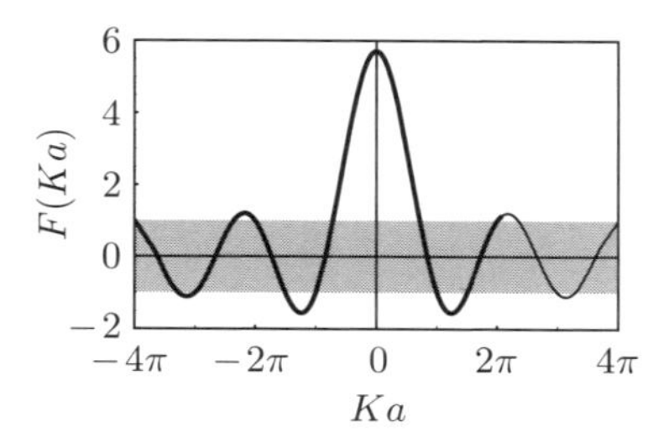

図 8.5　クローニッヒ–ペニーのモデルにおいて式 (8.139) が成り立つ領域

8.3.3　一般的な周期的ポテンシャル

周期的ポテンシャルについて，もう少し一般的に考えてみよう．結晶の周期性に着目して，周期的ポテンシャル $U(\boldsymbol{r})$ と波動関数 $\psi(\boldsymbol{r})$ を次のようにフーリエ級数展開する．

$$U(\boldsymbol{r}) = \sum_{\boldsymbol{G}} U_{\boldsymbol{G}} \exp(\mathrm{i}\,\boldsymbol{G}\cdot\boldsymbol{r}) \tag{8.140}$$

$$\psi(\boldsymbol{r}) = \sum_{\boldsymbol{k}} C_{\boldsymbol{k}} \exp(\mathrm{i}\,\boldsymbol{k}\cdot\boldsymbol{r}) \tag{8.141}$$

ここで，$U_{\boldsymbol{G}}$ と $C_{\boldsymbol{k}}$ はフーリエ係数，$\boldsymbol{G}$ は逆格子ベクトルである．

式 (8.140), (8.141) をシュレーディンガー方程式に代入すると，

$$(\lambda_{\boldsymbol{k}} - E)\,C_{\boldsymbol{k}} + \sum_{\boldsymbol{G}} U_{\boldsymbol{G}} C_{\boldsymbol{k}-\boldsymbol{G}} = 0, \quad \lambda_{\boldsymbol{k}} = \frac{\hbar^2 \boldsymbol{k}^2}{2m} \tag{8.142}$$

が得られる．ただし，E はエネルギー固有値である．この方程式は，基本方程式 (central equation) とよばれ，波動関数のフーリエ係数 $C_{\boldsymbol{k}}$ と逆格子ベクトル $\boldsymbol{G}$ との関係を示している．

【例題 8.5】

式 (8.142) を導け．

解

式 (8.140), (8.141) を式 (4.13) の左辺，右辺にそれぞれ代入すると，次のようになる．

$$
\begin{aligned}
(\text{左辺}) &= \frac{\hbar^2}{2m}\sum_{\boldsymbol{k}} \boldsymbol{k}^2 C_{\boldsymbol{k}} \exp(\,\mathrm{i}\boldsymbol{k}\cdot\boldsymbol{r}) + \sum_{\boldsymbol{G}}\sum_{\boldsymbol{k}} U_{\boldsymbol{G}} C_{\boldsymbol{k}} \exp[\,\mathrm{i}(\boldsymbol{G}+\boldsymbol{k})\cdot\boldsymbol{r}] \\
&= \sum_{\boldsymbol{k}} \left\{ \frac{\hbar^2}{2m}\boldsymbol{k}^2 C_{\boldsymbol{k}} \exp(\,\mathrm{i}\boldsymbol{k}\cdot\boldsymbol{r}) + \sum_{\boldsymbol{G}} U_{\boldsymbol{G}} C_{\boldsymbol{k}} \exp[\,\mathrm{i}(\boldsymbol{G}+\boldsymbol{k})\cdot\boldsymbol{r}] \right\} \\
&= \sum_{\boldsymbol{k}} \left[\frac{\hbar^2}{2m}\boldsymbol{k}^2 C_{\boldsymbol{k}} \exp(\,\mathrm{i}\boldsymbol{k}\cdot\boldsymbol{r}) + \sum_{\boldsymbol{G}} U_{\boldsymbol{G}} C_{\boldsymbol{k}-\boldsymbol{G}} \exp[\,\mathrm{i}(\boldsymbol{G}+\boldsymbol{k}-\boldsymbol{G})\cdot\boldsymbol{r}] \right] \\
&= \sum_{\boldsymbol{k}} \left[\frac{\hbar^2}{2m}\boldsymbol{k}^2 C_{\boldsymbol{k}} \exp(\,\mathrm{i}\boldsymbol{k}\cdot\boldsymbol{r}) + \sum_{\boldsymbol{G}} U_{\boldsymbol{G}} C_{\boldsymbol{k}-\boldsymbol{G}} \exp(\,\mathrm{i}\boldsymbol{k}\cdot\boldsymbol{r}) \right] \\
&= \sum_{\boldsymbol{k}} \left[\frac{\hbar^2}{2m}\boldsymbol{k}^2 C_{\boldsymbol{k}} + \sum_{\boldsymbol{G}} U_{\boldsymbol{G}} C_{\boldsymbol{k}-\boldsymbol{G}} \right] \exp(\,\mathrm{i}\boldsymbol{k}\cdot\boldsymbol{r}) \qquad (8.143)
\end{aligned}
$$

ここで，指数関数が $\exp(\,\mathrm{i}\boldsymbol{k}\cdot\boldsymbol{r})$ に統一されるように，式(8.143)の2行目第2項の $\boldsymbol{k}$ を $\boldsymbol{k}-\boldsymbol{G}$ で置き換えることによって，3行目を導いた．

$$
(\text{右辺}) = E\sum_{\boldsymbol{k}} C_{\boldsymbol{k}} \exp(\,\mathrm{i}\boldsymbol{k}\cdot\boldsymbol{r}) = \sum_{\boldsymbol{k}} E\,C_{\boldsymbol{k}} \exp(\,\mathrm{i}\boldsymbol{k}\cdot\boldsymbol{r}) \qquad (8.144)
$$

式(8.143)，(8.144)から，次式が成り立つ．

$$
\sum_{\boldsymbol{k}} \left[\left(\frac{\hbar^2}{2m}\boldsymbol{k}^2 - E \right) C_{\boldsymbol{k}} + \sum_{\boldsymbol{G}} U_{\boldsymbol{G}} C_{\boldsymbol{k}-\boldsymbol{G}} \right] \exp(\,\mathrm{i}\boldsymbol{k}\cdot\boldsymbol{r}) = 0 \qquad (8.145)
$$

式(8.145)において，$\exp(\,\mathrm{i}\boldsymbol{k}\cdot\boldsymbol{r}) \neq 0$ だから，次の結果が得られる．

$$
\left(\frac{\hbar^2}{2m}\boldsymbol{k}^2 - E \right) C_{\boldsymbol{k}} + \sum_{\boldsymbol{G}} U_{\boldsymbol{G}} C_{\boldsymbol{k}-\boldsymbol{G}} = 0 \qquad (8.146)
$$

ここで，$\lambda_{\boldsymbol{k}} = \hbar^2\boldsymbol{k}^2/2m$ を式(8.146)に代入すると，式(8.142)が得られる．

さて，第1ブリユアン・ゾーンの境界では，

$$
k^2 = \left(\frac{1}{2}\boldsymbol{G}\right)^2,\ (\boldsymbol{k}-\boldsymbol{G})^2 = \left(\frac{1}{2}\boldsymbol{G}\right)^2 \qquad (8.147)
$$

である．いま，$C_{\boldsymbol{G}/2}$ と $C_{-\boldsymbol{G}/2}$ だけを考え，

$$
U(\boldsymbol{r}) = 2U\cos\boldsymbol{G}\cdot\boldsymbol{r} \qquad (8.148)
$$

とすると，次のようになる．

$$
E = \lambda \pm U = \frac{\hbar^2}{2m}\left(\frac{1}{2}\boldsymbol{G}\right)^2 \pm U \qquad (8.149)
$$

この結果から，ポテンシャルエネルギーが $U(\boldsymbol{r}) = 2U\cos\boldsymbol{G}\cdot\boldsymbol{r}$ の場合，第1ブリユアンゾーンの境界で禁制帯の大きさが $2U$ となることがわかる．なお，固体物理学では，$\boldsymbol{k} = \pm\boldsymbol{G}/2$ で囲まれた波数空間を第1ブリユアンゾーンという．

【例題 8.6】

式 (8.149) を導け．

解

オイラーの公式を用いると，ポテンシャルエネルギー $U(\boldsymbol{r})$ を次のように書き換えることができる．

$$\begin{aligned} U(\boldsymbol{r}) &= U\exp(\mathrm{i}\boldsymbol{G}\cdot\boldsymbol{r}) + U\exp(-\mathrm{i}\boldsymbol{G}\cdot\boldsymbol{r}) \\ &= U_{\boldsymbol{G}}\exp(\mathrm{i}\boldsymbol{G}\cdot\boldsymbol{r}) + U_{-\boldsymbol{G}}\exp(-\mathrm{i}\boldsymbol{G}\cdot\boldsymbol{r}) \end{aligned} \tag{8.150}$$

ただし，$U_{\boldsymbol{G}} = U_{-\boldsymbol{G}} = U$ とおいた．

さて，式 (8.140)–(8.142) のような表現にも慣れてほしいが，式 (8.5) のように，$\boldsymbol{G}$ の代わりに $\boldsymbol{K}$ を使った方がわかりやすいかもしれない．式 (8.142) において $\boldsymbol{G}$ を $\boldsymbol{K}$ に変更すると，次のようになる．

$$(\lambda_{\boldsymbol{k}} - E)\,C_{\boldsymbol{k}} + \sum_{\boldsymbol{K}} U_{\boldsymbol{K}} C_{\boldsymbol{k}-\boldsymbol{K}} = 0, \quad \lambda_{\boldsymbol{k}} = \frac{\hbar^2 \boldsymbol{k}^2}{2m} \tag{8.151}$$

ここでは，式 (8.150) に対応して，式 (8.151) において $\boldsymbol{K} = \boldsymbol{G}$ の場合と $\boldsymbol{K} = -\boldsymbol{G}$ の場合があると考えればよい．また，$\boldsymbol{k} = \pm\boldsymbol{G}/2$ における $\lambda_{\boldsymbol{k}}$ を λ とおくと，式 (8.151) から λ は次のように表される．

$$\lambda = \frac{\hbar^2}{2m}\left(\frac{1}{2}\boldsymbol{G}\right)^2 \tag{8.152}$$

さらに，$C_{\boldsymbol{G}/2}$ と $C_{-\boldsymbol{G}/2}$ 以外のフーリエ係数 $C_{\boldsymbol{k}}$ を 0 とすると，式 (8.151) は，$\boldsymbol{k} = \boldsymbol{G}/2$ のとき次のようになる．

$$\begin{aligned} &(\lambda - E)C_{\boldsymbol{G}/2} + U_{\boldsymbol{G}}C_{-\boldsymbol{G}/2} + U_{-\boldsymbol{G}}C_{3\boldsymbol{G}/2} \\ &\qquad = (\lambda - E)C_{\boldsymbol{G}/2} + U_{\boldsymbol{G}}C_{-\boldsymbol{G}/2} \\ &\qquad = (\lambda - E)C_{\boldsymbol{G}/2} + UC_{-\boldsymbol{G}/2} = 0 \end{aligned} \tag{8.153}$$

ただし，$C_{3\boldsymbol{G}/2} = 0$ と $U_{\boldsymbol{G}} = U$ を用いた．

また，式 (8.151) は，$\boldsymbol{k} = -\boldsymbol{G}/2$ のとき次のようになる．

$$
\begin{aligned}
(\lambda - E)C_{-\boldsymbol{G}/2} + U_{\boldsymbol{G}}C_{-3\boldsymbol{G}/2} + U_{-\boldsymbol{G}}C_{\boldsymbol{G}/2}
&= (\lambda - E)C_{-\boldsymbol{G}/2} + U_{-\boldsymbol{G}}C_{\boldsymbol{G}/2} \\
&= (\lambda - E)C_{-\boldsymbol{G}/2} + UC_{\boldsymbol{G}/2} = 0
\end{aligned}
\tag{8.154}
$$

ここで，$C_{-3\boldsymbol{G}/2} = 0$ と $U_{-\boldsymbol{G}} = U$ を用いた．

さて，式 (8.153), (8.154) を整理すると，次のような連立方程式になる．

$$
(\lambda - E)C_{\boldsymbol{G}/2} + UC_{-\boldsymbol{G}/2} = 0 \tag{8.155}
$$

$$
UC_{\boldsymbol{G}/2} + (\lambda - E)C_{-\boldsymbol{G}/2} = 0 \tag{8.156}
$$

式 (8.155), (8.156) の連立方程式が，$C_{\boldsymbol{G}/2} = C_{-\boldsymbol{G}/2} = 0$ 以外の解をもつ条件は，$C_{\boldsymbol{G}/2}$ と $C_{-\boldsymbol{G}/2}$ の係数を成分とする行列式が，次のように 0 になることである．

$$
\begin{vmatrix} \lambda - E & U \\ U & \lambda - E \end{vmatrix} = 0 \tag{8.157}
$$

式 (8.157) から，次式が得られる．

$$
\begin{aligned}
(\lambda - E)^2 - U^2 &= (E - \lambda)^2 - U^2 \\
&= (E - \lambda + U)(E - \lambda - U) = 0
\end{aligned}
\tag{8.158}
$$

式 (8.158) から，エネルギー固有値 E は，次のように求められる．

$$
E = \lambda \pm U = \frac{\hbar^2}{2m}\left(\frac{1}{2}\boldsymbol{G}\right)^2 \pm U \tag{8.159}
$$

ここで，式 (8.152) を用いた．

8.4　有効質量

逆有効質量テンソルは，次式で定義される．

$$\left(\frac{1}{m}\right)_{ij} = \frac{1}{\hbar^2}\frac{\partial^2 E(\boldsymbol{k})}{\partial k_i \partial k_j} \tag{8.160}$$

式 (8.160) を用いると，結晶中の伝導電子のエネルギー $E(\boldsymbol{k})$ は，

$$E(\boldsymbol{k}) = \frac{\hbar^2}{2}\sum_{i,j}\left(\frac{1}{m}\right)_{ij} k_i k_j \tag{8.161}$$

のように簡略化される．この式は，結晶の周期性の効果（結晶のポテンシャルの周期性）を有効質量として質量の中に取り込んだ表現になっている．有効質量を用いると，結晶中の伝導電子のエネルギーを式 (8.4) の自由電子モデルのエネルギーと同様な形式で表すことができ，解析に便利である．

伝導電子の有効質量は，**サイクロトロン共鳴** (cyclotron resonance) の実験によって決定することができる．サイクロトロン共鳴とは，結晶に磁界（磁束密度 $\boldsymbol{B}$, $|\boldsymbol{B}| = B$）を印加した状態で，結晶に電磁波を照射したとき，特定の周波数の電磁波が吸収される現象である．

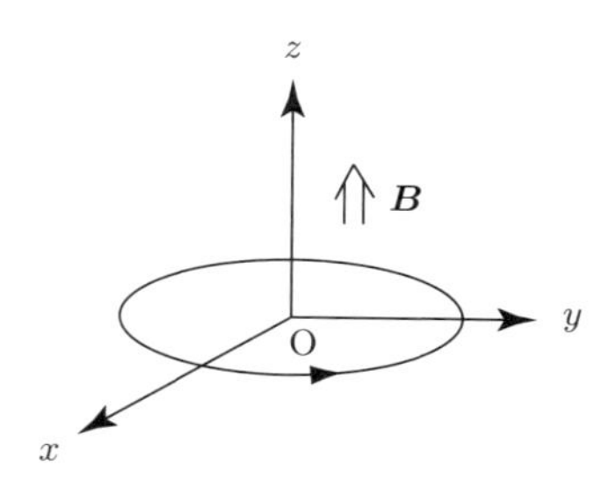

図 **8.6**　サイクロトロン運動

伝導電子は，磁界中ではローレンツ力を受け，図 8.6 に示すように，円運動をする．このような運動を**サイクロトロン運動** (cyclotron motion) という．この円運動の半径を r，伝導電子の速さを v，電気素量を e とすると，遠心力 $m^* v^2/r$ とローレンツ力による向心力 evB がつりあって，次式が成り立つ，

$$\frac{m^* v^2}{r} = evB \tag{8.162}$$

したがって，サイクロトロン角周波数 $\omega_\mathrm{c} = v/r$ は

$$\omega_\mathrm{c} = \frac{v}{r} = \frac{eB}{m^*} \tag{8.163}$$

となる．たとえば，磁束密度 $B = 1\,\mathrm{G} = 10^{-4}\,\mathrm{T}$，伝導電子の有効質量 $m^* = 0.1m_0$（m_0 は真空中の電子の質量）のとき，$\omega_\mathrm{c} = 1.76 \times 10^8\,\mathrm{rad\,s^{-1}}$ となる．この場合，サイクロトロン周波数 $f_\mathrm{c} = \omega_\mathrm{c}/2\pi$ は，$2.80 \times 10^7\,\mathrm{Hz}$ である．

有効質量が波数ベクトルの方向に依存しなければ，有効質量 m^* は，

$$\frac{1}{m^*} = \frac{1}{\hbar^2}\frac{\mathrm{d}^2 E(\boldsymbol{k})}{\mathrm{d}k^2} \tag{8.164}$$

で与えられる．このとき，結晶中の伝導電子のエネルギー $E(\boldsymbol{k})$ は，

$$E(\boldsymbol{k}) = \frac{\hbar^2}{2m^*}\boldsymbol{k}^2 \tag{8.165}$$

のように表される．ここで，有効質量の意義について考えてみよう．たとえば，量子効果が顕著となるような微小サイズのポテンシャル井戸をもつ量子井戸構造では，伝導電子は，結晶の周期ポテンシャルと量子井戸ポテンシャルの両方の影響を受ける．この場合，有効質量を用いて方程式を作れば，周期ポテンシャルの影響は，すでに有効質量の中に取り込まれている．したがって，量子井戸ポテンシャルの影響のみを考慮すればよく，解析が簡単になる．このような解析法を**有効質量近似** (effective-mass approximation) とよんでいる．

参考文献

【数学】

[1] 小平邦彦,「[軽装版] 解析入門 I」(岩波書店, 2003).

[2] 小平邦彦,「[軽装版] 解析入門 II」(岩波書店, 2003).

[3] 田島一郎,「解析入門」(岩波書店, 1981).

[4] 田島一郎, 渡部隆一, 宮崎浩,「改訂　工科の数学①　微分・積分」(培風館, 1978).

[5] 小西栄一, 深見哲造, 遠藤静男,「改訂　工科の数学②　線形代数・ベクトル解析」(培風館, 1978).

[6] 近藤次郎, 高橋磐郎, 小林竜一, 小柳佳勇, 渡辺正,「改訂　工科の数学③　微分方程式・フーリエ解析」(培風館, 1981).

[7] 渡部隆一, 宮崎浩, 遠藤静男,「改訂　工科の数学④　複素関数」(培風館, 1980).

[8] 矢野健太郎, 石原繁,「基礎解析学 (改訂版)」(裳華房, 1993).

[9] C. R. Wylie, Jr., “Advanced Engineering Mathematics” Third Ed. (McGraw-Hill, 1966) : C・R・ワイリー,「工業数学 <上>, <下>」(ブレイン図書 19700).

【古典物理学】

[1] エリ・ランダウ, イェ・リフシッツ ; 広重徹, 水戸巌 訳,「力学」増訂第 3 版 (東京図書, 1974).

[2] エリ・ランダウ, イェ・リフシッツ ; 恒藤敏彦, 広重徹 訳,「場の古典論」増訂新版 (東京図書, 1964).

【電磁気学】

[1] 沼居貴陽,「大学生のためのエッセンス　電磁気学」(共立出版, 2010).

[2] 沼居貴陽,「大学生のための電磁気学演習」(共立出版, 2011).

[3] 太田浩一,「電磁気学の基礎 I」(シュプリンガー・ジャパン, 2007).

[4] 太田浩一,「電磁気学の基礎 II」(シュプリンガー・ジャパン, 2007).

[5] 太田浩一,「マクスウェル理論の基礎 — 相対論と電磁気学 —」(東京大学出版会, 2002).

[6] 牟田泰三,「電磁力学」(岩波書店, 2001).

[7] J. D. Jackson, "Classical Electrodynamics, Third Ed."(John Wiley & Sons, 1999):J. D. ジャクソン;西田稔 訳,「電磁気学 <上>」(吉岡書店, 2002),「電磁気学 <下>」(吉岡書店, 2003).

[8] 砂川重信,「理論電磁気学」第3版 (紀伊國屋書店, 1999).

[9] 砂川重信,「電磁気学 — 初めて学ぶ人のために — (改訂版)」(培風館, 1997).

[10] 砂川重信,「電磁気学の考え方」(岩波書店, 1993).

[11] 砂川重信,「電磁気学」(岩波書店, 1987).

[12] 砂川重信,「電磁気学演習」(岩波書店, 1987).

[13] 霜田光一,「歴史をかえた物理実験」(丸善, 1996).

[14] 霜田光一, 近角聰信 編,「大学演習 電磁気学 (全訂版)」(裳華房, 1980).

[15] 藤田広一, 佐々木 敬介,「続電磁気学演習ノート」(コロナ社, 1979).

[16] 藤田広一,「続電磁気学ノート (改訂版)」(コロナ社, 1978).

[17] 中山正敏,「物質の電磁気学」(岩波書店, 1996).

[18] 今井功,「電磁気学を考える」(サイエンス社, 1990).

[19] 近角聰信,「基礎電磁気学」(培風館, 1990).

[20] V. D. Barger and M. G. Olsson, "Classical Electricity and Magnetism — A Contemporary Perspective —" (Allyn and Bacon, 1987):V. D. バーガー, M. G. オルソン;小林澈郎, 土佐幸子 共訳,「電磁気学 — 新しい視点にたって — I」(培風館, 1991),「電磁気学 — 新しい視点にたって — II」(培風館, 1992).

[21] E. M. Purcell, "Electricity and Magnetism" Second Ed. (McGraw-Hill, 1985):E. M. パーセル;飯田修一 監訳,「電磁気学 <上> (第2版)」(丸善, 1989),「電磁気学 <下> (第2版)」(丸善, 1989).

[22] 長岡洋介,「電磁気学 I」(岩波書店, 1982).

[23] 長岡洋介,「電磁気学 II」(岩波書店, 1983).

[24] ア・エス・カンパニエーツ;高見穎郎 監修, 佐野理 訳,「電磁気学 ═ 物質中の電磁力学 ═」(東京図書, 1981).

[25] ア・エス・カンパニエーツ;高見穎郎 監修, 佐野理 訳,「相対論と電磁力学」

（東京図書，1980）.

[26] 熊谷寛夫，「電磁気学の基礎 — 実験室における —」（裳華房，1975）.

[27] 藤田広一，「電磁気学ノート（改訂版）」（コロナ社，1975）.

[28] 末松安晴，「電磁気学」（共立出版，1973）.

[29] 平川浩正，「電気力学」（培風館，1973）

[30] 安達三郎，曽根敏夫，米谷務，山之内和彦，「電磁気学演習」（丸善，1973）.

[31] 二村忠元，「電磁気学」（丸善，1972）.

[32] 後藤憲一，山崎修一郎，「詳解電磁気学演習」（共立出版，1970）.

[33] 熊谷寛夫，荒川泰二，「電磁気学」（朝倉書店，1965）.

[34] R. P. Feynman, R. B. Leighton, and M. Sands, "The Feynman Lectures on Physics, Volume II" (Addison-Wesley, 1964)：R. P. ファインマン，R. B. レイトン，M. サンズ；宮島龍興 訳，「ファインマン物理学 III　電磁気学」（岩波書店，1969），戸田盛和 訳，「ファインマン物理学 IV　電磁波と物性」（岩波書店，1971）.

[35] エリ・ランダウ，イェ・リフシッツ；井上健男，安河内昂，佐々木健 訳，「電磁気学 1」（東京図書，1962）.

[36] エリ・ランダウ，イェ・リフシッツ；井上健男，安河内昂，佐々木健 訳，「電磁気学 2」（東京図書，1965）.

[37] エリ・ランダウ，イェ・リフシッツ；恒藤敏彦，広重徹 訳，「場の古典論」増訂新版（東京図書，1964）.

[38] W. K. H. Panofsky and M. Phillips, "Classical Electricity and Magnetism, Second Ed." (Addison-Wesley, 1962; Dover, 2005)：W. K. H. パノフスキー，M. フィリップス；林忠四郎，西田稔共 訳，「電磁気学 <上>（新版）」（吉岡書店，1967），林忠四郎，天野恒雄共 訳，「電磁気学 <下>（新版）」（吉岡書店，1968）.

[39] R. Becker, "Electromagnetic Fields and Interactions" (Blaisdell, 1964; Dover, 1982).

[40] 高橋秀俊，「電磁気学」（裳華房，1959）.

[41] J. C. Slater and N. H. Frank, "Electromagnetism, Third Ed." (McGraw-Hill, 1947; Dover, 1969)：J. C. スレイター，N. H. フランク；柿内賢信 訳，「電磁気学（第 3 版）」（丸善，1974）.

[42] J. A. Stratton, "Electromagnetic Theory" (McGraw-Hill, 1941)：J. A. ストラットン；桜井時夫 訳，「電磁理論」（日本社，1943；生産技術センター，1976）.

[43] E. T. Whittaker, "A History of the Theories of Aether and Electricity — from the Age of Descartes to the Close of the Nineteenth Century —"

(Longmans, Green, and Co., 1910)：E.T. ホイッテーカー；霜田光一，近藤都登 訳，「エーテルと電気の歴史 <上>，<下>」(講談社,1976).

[44] J. C. Maxwell, "A Treatise on Electricity and Magnetism, Third Ed., Vol.1, Vol.2" (Clarendon Press, 1891; Dover, 1954).

[45] W. Hallwachs, "Ueber den Einfluss des Lichtes auf electrostatisch geladene Körper," *Ann. Phys.*, vol.33, 301 (1888).

[46] H. Hertz, "Ueber einen Einfluss des ultravioletten Lichtes auf die electrische Entladung," *Ann. Phys.*, vol.31, 983 (1887).

[47] 川村清，「電磁気学」(岩波書店，1994).

【熱・統計物理学】

[1] 沼居貴陽，「固体物性を理解するための統計物理入門」(森北出版，2008).

[2] 沼居貴陽，「熱物理学・統計物理学演習 — キッテルの理解を深めるために —」(丸善，2001).

[3] 久保亮五 編，「大学演習 熱学・統計力学（修訂版）」(裳華房，1998).

[4] 久保亮五，「統計力学」(共立出版，1971).

[5] G. R. Kirchhoff, "Ueber das Verhältniss zwischen dem Emissionsvermörgen und dem Absorptionsvermögen der Körper für Wärme und Licht," *Poggendorf Annarlen*, 109, 275, 1860, *Gesammelte Abhandlungen*, J.A. Barth, Leipzig, pp.571-584 (1982).

[6] C. Kittel and H. Kroemer, "Thermal Physics, 2nd ed." (W. H. Freeman and Company, 1980)；山下次郎，福地充 訳「熱物理学（第 2 版）」(丸善，1983).

[7] C. Kittel, "Elementary Statistical Physics" (John Wiley & Sons, 1958; Dover, 2004)；斎藤信彦，広岡一 訳，「統計物理」(サイエンス社，1977).

【量子力学】

[1] 沼居貴陽，「大学生のためのエッセンス　量子力学」(共立出版，2010).

[2] 沼居貴陽，「大学生のための量子力学演習」(共立出版，2013).

[3] 朝永振一郎；江沢洋 注，「スピンはめぐる — 成熟期の量子力学 —」新版（みすず書房，2008).

[4] 朝永振一郎，「量子力学 I（第 2 版）」(みすず書房，1969).

[5] 朝永振一郎，「量子力学 II（第 2 版）」(みすず書房，1997).

[6] L. D. ランダウ，E.M. リフシッツ；好村滋洋，井上健男 訳，「量子力学 — ランダウ=リフシッツ物理学小教程 —」(筑摩書房，2008).

[7] エリ・ランダウ，イェ・リフシッツ；佐々木健，好村滋洋 訳，「量子力学 1」(東京図書，1967).

[8] エリ・ランダウ，イェ・リフシッツ；好村滋洋，井上健男 訳，「量子力学2」（東京図書，1970）．

[9] 猪木慶治，川合光，「基礎量子力学」（講談社，2007）．

[10] 猪木慶治，川合光，「量子力学 I」（講談社，1994）．

[11] 猪木慶治，川合光，「量子力学 II」（講談社，1994）．

[12] 小川哲生，「量子力学講義」（サイエンス社，2006）．

[13] 清水明，「量子論の基礎 — その本質のやさしい理解のために —（新版）」（サイエンス社，2004）．

[14] S. Gasiorowicz, "Quantum Physics, Third Ed." (John Wiley & Sons, 2003).

[15] S. Gasiorowicz, "Quantum Physics, Second Ed." (John Wiley & Sons, 1996)：S. ガシオロウィッツ；林武美，北門新作 共訳，「量子力学 I」（丸善，1998），「量子力学 II」（丸善，1998）．

[16] 江沢洋，「量子力学」（裳華房，2002）．

[17] 高林武彦，「量子論の発展史」（筑摩書房，2002）．

[18] D. K. Ferry, "Quantum Mechanics — An Introduction for Device Physicists and Electrical Engineers —, Second Ed." (Institute of Physics Publishing, 2001)：D. K. フェリー；落合勇一，打波守，松田和典，石橋幸治 訳，「ナノデバイスへの量子力学」（シュプリンガー・フェアラーク東京，2006）．

[19] D. K. Ferry, "Quantum Mechanics — An Introduction for Device Physicists and Electrical Engineers —" (Institute of Physics Publishing, 1995)：D. K. フェリー；長岡洋介 監訳，丹慶勝市，落合勇一，打波守，石橋幸治 訳，「デバイス物理のための量子力学」（丸善，1996）．

[20] W. グライナー；伊藤伸泰，早野龍五 監訳，川島直輝，河原林透，野々村禎彦，羽田野直道，古川信夫，「量子力学概論」（シュプリンガー・フェアラーク東京，2000）．

[21] ニールス・ボーア；山本義隆 編訳，「量子力学の誕生」（岩波書店，2000）．

[22] ニールス・ボーア；山本義隆 編訳，「因果性と相補性」（岩波書店，1999）．

[23] 砂川重信，「量子力学の考え方」（岩波書店，1993）．

[24] 砂川重信，「量子力学」（岩波書店，1991）．

[25] J. J. Sakurai, "Modern Quantum Mechanics, Revised Ed." (Addison-Wesley, 1994)：J.J. Sakurai；桜井明夫 訳「現代の量子力学<上>，<下>」（吉岡書店，1989）．

[26] 大槻義彦 監修，「演習 現代の量子力学 — J. J. サクライの問題解説 —」（吉岡書店，1992）．

[27] 小出昭一郎，「量子力学 I（改訂版）」（裳華房，1990）．

[28] 小出昭一郎，「量子力学 II（改訂版）」（裳華房，1990）．

[29]　小出昭一郎,「量子論」改訂版（裳華房, 1990）.

[30]　小出昭一郎, 水野幸夫,「量子力学演習」（裳華房, 1978）.

[31]　朝永振一郎；亀淵迪, 原康夫, 小寺武康 編「角運動量とスピン ―『量子力学補巻』―」（みすず書房, 1989）.

[32]　日本物理学会 編,「量子力学と新技術」（培風館, 1987）.

[33]　原島鮮,「初等量子力学」改訂版（裳華房, 1986）.

[34]　後藤憲一, 西山敏之, 山本邦夫, 望月和子, 神吉健, 興地斐男,「詳解理論応用量子力学演習」（共立出版, 1982）.

[35]　ア・エス・カンパニエーツ；高見穎郎 監修, 中村宏樹 訳,「量子力学 1」（東京図書, 1980）.

[36]　ア・エス・カンパニエーツ；高見穎郎 監修, 中村宏樹 訳,「量子力学 2」（東京図書, 1980）.

[37]　A. P. French and E. F. Taylor, "An Introduction to Quantum Physics" (MIT, 1978)：A. P. フレンチ, E. F. テイラー；平松惇 監訳,「量子力学入門 I」（培風館, 1993）,「量子力学入門 II」（培風館, 1994）.

[38]　内山龍雄, 西山敏之,「量子力学演習（改訂版）」（共立出版, 1975）.

[39]　W. Pauli, 'General Principles of Quantum Mechanics" (Springer, 1980)：W. Pauli, "Die allgemeinen Prinzipien der Wellenmechanik" (Springer, 1990)：W. パウリ；川口教男, 堀節子 訳,「量子力学の一般原理」（講談社, 1975）.

[40]　メシア；小出昭一郎, 田村二郎 訳,「量子力学 1」（東京図書, 1971）.

[41]　メシア；小出昭一郎, 田村二郎 訳,「量子力学 2」（東京図書, 1972）.

[42]　メシア；小出昭一郎, 田村二郎 訳,「量子力学 3」（東京図書, 1972）.

[43]　L. I. Schiff, "Quantum Mechanics Third Ed." (McGraw-Hill, 1968)：L. I. シッフ；井上健 訳,「量子力学 <上>（新版）」（吉岡書店, 1970）,「量子力学 <下>（新版）」（吉岡書店, 1972）.

[44]　井上健 監修, 三枝寿勝, 瀬藤憲昭 共著,「量子力学演習 ― シッフの問題解説 ―」（吉岡書店, 1971）.

[45]　E. H. Wichmann, "Quantum Physics" (McGraw-Hill, 1967)：E. H. ウィッチマン；宮澤弘成 監訳,「量子物理 <上>」（丸善, 1972）,「量子物理 <下>」（丸善, 1972）,「量子物理 <上>」第 2 版（丸善, 1975）,「量子物理 <下>」第 2 版（丸善, 1975）.

[46]　R. P. Feynman, R. B. Leighton, and M. Sands, "The Feynman Lectures on Physics Volume III" (Addison-Wesley, 1965)：R. P. ファインマン, R. B. レイトン, M. サンズ；砂川重信 訳,「ファインマン物理学 V　量子力学」（岩波書店, 1979）.

[47] P. A. M. Dirac, "The Principles of Quantum Mechanics, Fourth Ed." (Oxford University Press, 1958)：P. A. M. ディラック，「リプリント 量子力学」第4版（みすず書房，1963），P. A. M. ディラック；朝永振一郎，玉木英彦，木庭二郎，大塚益比古，伊藤大介 共譯，「量子力學」原書第4版（岩波書店，1968）.

[48] P. A. M. Dirac, "The Quantum Theory of the Electron," *Proc. R. Soc. London*, vol.117, 610 (1928).

[49] P. A. M. Dirac, "The Quantum Theory of the Electron. Part II," *Proc. R. Soc. London*, vol.118, 351 (1928).

[50] W. Pauli, "Zur Quantenmechanik des magnetischen Elektrons," *Z. Phys.*, vol.43, 601 (1927).

[51] 小谷正雄，梅沢博臣 編，「大学演習　量子力学」（裳華房，1959）.

[52] D. Bohm, "Quantum Theory" (Prentice-Hall, 1951; Dover, 1989)：D. ボーム；高林武彦，後藤邦夫，河辺六男，井上健 訳，「量子論」（みすず書房，1964）.

[53] W. Heisenberg, "Die physikalischen Prinzipien der Quantentheorie" (Verlag von S. Hirzel, 1930)：W. ハイゼンベルク；玉木英彦，遠藤真二，小出昭一郎 共訳「量子論の物理的基礎」（みすず書房，1954）.

[54] W. Heisenberg, "Über quantentheoretische Umdeutung kinematischer und mechanischer Beziehungen," *Z. Phys.*, vol.33, 879 (1925).

[55] E. Schrödinger, "Quantisierung als Eigenwertproblem (Erste Mitteilung.)," *Ann. Phys.*, vol.79, 361 (1926).

[56] E. Schrödinger, "Quantisierung als Eigenwertproblem(Zweite Mitteilung.)," *Ann. Phys.*, vol.79, 489 (1926).

[57] E. Schrödinger, "Über das Verhältnis der Heisenberg-Born-Jordanschen Quantenmechanik zu der meinem," *Ann. Phys.*, vol.79, 734 (1926).

[58] E. Schrödinger, "Quantisierung als Eigenwertproblem (Dritte Mitteilung.)," *Ann. Phys.*, vol.80, 437 (1926).

[59] E. Schrödinger, "Quantisierung als Eigenwertproblem (Vierte Mitteilung.)," *Ann. Phys.*, vol.81, 109 (1926).

[60] M. Born, "Quantenmechanik der Stoßvorgänge," *Z. Phys.*, vol.38, 803 (1926).

[61] M. Born, "Zur Quantenmechanik der Stoßvorgänge," *Z. Phys.*, vol.37, 863 (1926).

[62] M. Born, W. Heisenberg, and P. Jordan, "Zur Quantenmechanik. II," *Z. Phys.*, vol.35, 557 (1926).

[63] M. Born and P. Jordan, "Zur Quantenmechanik," *Z. Phys.*, vol.34, 858

(1925).

[64] N. Bohr, "On the Constitution of Atoms and Molecules I," *Philos. Mag.*, vol.26, 1 (1913).

[65] N. Bohr, "On the Constitution of Atoms and Molecules II," *Philos. Mag.*, vol.26, 476 (1913).

[66] N. Bohr, "On the Constitution of Atoms and Molecules III," *Philos. Mag.*, vol.26, 857 (1913).

[67] L. de Broglie, "Recherches sur la théorie des quanta (Researches on the quantum theory)," *Thesis, Paris* (1924).

[68] A. H. Compton, "A Quantum Theory of the Scattering of X-rays by Light Elements," *Phys. Rev.*, vol.21, 483 (1923).

[69] A. Einstein, "Über einen die Erzeugung und Verwandlung des Lichtes betreffenden heuristischen Gesichtspunkt," *Ann. Phys.*, vol.17, 132 (1905).

[70] P. Lenard, "Ueber die lichtelektrische Wirkung," *Ann. Phys.*, vol.8, 149 (1902).

[71] M. Planck, "Über das Gesetz der Energieverteilung im Normalspektrum," *Ann. Phys.*, vol.4, 553 (1901).

[72] M. Planck, "Zur Theorie des Gestzes der Energieverteilung im Normalspektrum," *Verh. Dt. Phys. Ges.*, vol.2, 237 (1900).

[73] M. Planck, "Über eine Verbesserung der Wienschen Spektralgleichung," *Verh. Dt. Phys. Ges.*, vol.2, 202 (1900).

【原子物理学】

[1] E. V. シュポルスキー；玉木英彦，細谷資明，井田幸次郎，松平升 訳，「原子物理学 I（増訂新版）」（東京図書，1966）.

[2] E. V. シュポルスキー；玉木英彦，細谷資明，井田幸次郎，松平升 訳，「原子物理学 II」（東京図書，1956）.

[3] G. Herzberg, "Atomic Spectra and Atomic Structure" (Prentice-Hall, 1934; Dover, 1944)：G. ヘルベルグ；堀健夫 訳，「原子スペクトルと原子構造」（丸善，1964）.

[4] 野上茂吉郎，「原子物理学」（サイエンス社，1980）.

[5] 村井友和，「原子・分子の物理学」（共立出版，1972）.

【固体物理学】

[1] 沼居貴陽 編著，「固体物性工学」（オーム社，2012）.

[2] 沼居貴陽，「固体物性入門 — 例題・演習と詳しい解答で理解する —」（森北出版，2007）.

[3] 沼居貴陽，「改訂版　固体物理学演習 — キッテルの理解を深めるために —」（丸善，2005）．
[4] C. Kittel, “Quantum Theory of Solids, 2nd ed.” (John Wiley & Sons, 1987).
[5] 沼居貴陽，「固体物理学演習 — キッテルの理解を深めるために —」（丸善，2000）．
[6] C. Kittel, “Introduction to Solid State Physics, 8th ed.” (John Wiley & Sons, 2005)；宇野良清，津屋 昇，森田 章，山下次郎 共訳「固体物理学入門 <上>，<下>（第 8 版）」（丸善，2005）．
[7] L. Mihály and M. C. Martin, “Solid State Physics Problems and Solutions” (John Wiley & Sons, 1996).
[8] 坂田 亮「理工学基礎 物性科学」（培風館，1995）．
[9] 上村 洸，中尾憲司「電子物性論 ＝ 物性物理・物質科学のための」（培風館，1995）．
[10] 花村榮一，「固体物理学」（裳華房，1986）．
[11] 花村榮一，「基礎物理学演習シリーズ 固体物理学」（裳華房，1986）．
[12] 佐々木昭夫，「現代電子物性論」（オーム社，1981）．
[13] W. A. Harrison, “Electronic Structure and the Properties of Solids” (Dover, 1980)；小島忠宣，小島和子，山田栄三郎 訳，「固体の電子構造と物性 — 化学結合の物理 — <上>，<下>」（現代工学社，1983）．
[14] 浜口智尋，「電子物性入門」（丸善，1979）．
[15] W. A. Harrison, “Solid State Theory” (Dover, 1979).
[16] N. W. Ashcroft and N. D. Mermin, “Solid State Physics” (Holt-Saunders, 1976)；松原武生，町田一成 訳「固体物理の基礎 <上・I>，<上・II>，<下・I>，<下・II>」（吉岡書店，1981，1982）．
[17] J. M. Ziman, “Principles of the Theory of Solids” (Cambridge, 1972)；山下次郎，長谷川 彰 訳，「固体物性論の基礎」第 2 版（丸善，1976）
[18] 黒沢達美，「物性論 — 固体を中心とした —」（裳華房，1970）．
[19] 青木昌治，「電子物性工学」（コロナ社，1964）．
[20] 川村肇，「固体物理学」（共立出版，1968）．
[21] N. F. Mott and H. Jones, “The Properties of Metals and Alloys” (Dover, 1958)；吉岡正三，横家恭介 訳「金属物性論 <上>，<下>」（内田老鶴圃，1988）．
[22] F. Bloch, “Über die Quantenmechanik der Elektronen in Kristallgittern,” *Zeitschrift fur Physik*, Vol. 52, Issue 7-8, pp 555-600, (1929).

【国際単位系】

[1] “The Ninth SI Brochure” (2019).

索　引

あ行

か行

さ行

―――― た行 ――――

ま行

や行

ら行

著者紹介

沼居貴陽（ぬまい たかひろ）

慶應義塾大学工学部電気工学科卒.
同大学院修士課程修了後，日本電気株式会社光エレクトロニクス研究所，北海道大学助教授，キヤノン株式会社中央研究所を経て，現在，立命館大学教授，工学博士.

著　書「半導体レーザー工学の基礎」（丸善）
「固体物理学演習」（丸善）
「熱物理学・統計物理学演習」（丸善）
「論理回路入門」（丸善）
「改訂版　固体物理学演習」（丸善）
「固体物性工学」（オーム社）
「例題で学ぶ半導体デバイス」（森北出版）
「固体物性入門」（森北出版）
「固体物性を理解するための統計物理入門」（森北出版）
「大学生のためのエッセンス　電磁気学」（共立出版）
「大学生のためのエッセンス　量子力学」（共立出版）
「大学生のための電磁気学演習」（共立出版）
「大学生のための量子力学演習」（共立出版）
「材料物性の基礎」（共立出版）
"Fundamentals of Semiconductor Lasers"(Springer Verlag)
"Fundamentals of Semiconductor Lasers, Second Edition" (Springer Verlag)
"Laser Diodes and Their Applications to Communications and Information Processing" (John Wiley & Sons)

固体物性の基礎
Fundamentals of Solid State Physics

2019 年 8 月 25 日　初版 1 刷発行
2024 年 9 月 10 日　初版 2 刷発行

検印廃止
NDC 428.4
ISBN 978-4-320-03609-3

著　者　沼居貴陽　© 2019
発行者　南條光章
発行所　**共立出版株式会社**
東京都文京区小日向 4-6-19
電話　03-3947-2511（代表）
〒 112-0006／振替口座 00110-2-57035
www.kyoritsu-pub.co.jp

印　刷　啓文堂
製　本　協栄製本

一般社団法人
自然科学書協会
会員

Printed in Japan